SolidWorksで始める

3次元CADによる
機械設計と製図

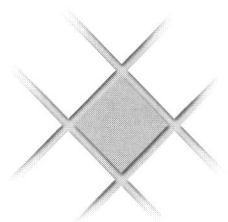

宋 相載・日高 慶明 著

共立出版

はじめに

　今，産業界ではコンピュータ支援によるものづくり技術が盛んである。これを支えるキーテクノロジーとして，3次元化デジタル技術とシミュレーション技術がある。コンピュータやインターネットなど情報技術 (IT: Information Technology) の進展と普及にともない，これらの両技術によって，ものづくりの高度化，デジタル化，スピード化がさらに加速している。顧客ニーズへのスピーディーな対応をはじめ，開発・設計の早い段階から不具合を取り除くことで経済性に富んだ高機能・高信頼の製品開発，失敗を繰り返さないカシコイものづくり，3次元製品データを中心としたコンカレント・エンジニアリング (Concurrent Engineering) 技術へと，ものづくりに求められる要件は複雑さを増している。

　一方，これまで日本経済をけん引してきた日本のものづくり技術が，若年層の工場におけるものづくりに対する興味が低下し，身につけるのに永年の習練を要する技能（スキル）の継承も難しくなっている。また，アジア諸国の技術進歩とコスト競争の優位性を背景として，高度な技術を必要とする製品が低価格で提供され，ものづくりの新たな進化が問われている。

　エクセレントなものづくりは，「よい製品 (Q: Quality) を，より安く (C: Cost)，必要なとき (D: Due Date)」に継続的に提供・サービスすることである。これを効果的に遂行するためには，3次元製品データを中心にものづくりの上流（開発段階）から下流（再生処理）に至るすべてのプロセスにおいて効率化が必要である。創発的なアイデアに基づく3次元デジタル化技術は，もはやものづくりの共通語となり，ものづくりの優しさ，楽しさ，明るさへとこれまでのものづくりイメージを一新する。

　本書では，機械系の学生を対象に，構想・概念設計から詳細設計に至る広範囲な一連の設計教育のなかで，ものづくりの3次元化に欠かせない3次元形状モデリングの基本とそれに基づく製図についてまとめている。

　すでに機械設計関係の教科書は数多く出版されている。本書では特に，初年時にはじめて習う機械設計教育に主眼をおき，実際3次元CADシステムを使いながら楽しく自学自習ができ，かつ体験的に教育できる教材作成に努めている。教員とともにモデル作成ができ，やってみせる教育にもなり，機械設計がビギナーでも身近なものとして感じられ，広範囲な設計教育の導入教育として動機付けにもなればと思う。併せて執筆に当たり次の点を留意した。

(1) 機械設計の導入教育として，従来の「コマンドベースのモデリング技

コンカレント・エンジニアリング：
狭義には，製品開発において概念設計／詳細設計／生産設計／生産準備など，各種設計および生産計画などの工程を同時並行的に行うこと。広義にはこれを拡張して，企画・開発から販売・廃棄に至る製品ライフサイクルの全フェーズに関連する部門が，製品の企画や開発，設計などの段階に参加・協働することで全体的なコストダウンをはかる。

モデリング：
さまざまな分野で用いられるが，製品設計では，「モデル（物体）の形状を作成すること」である。

法」から「機能性を重視した3次元形状モデリング」へと，その基本とその考え方について入門書を目指す．

(2) 3次元形状モデリングを通じて形づくりだけに止まらず，機能を作り込む設計や製作を考えた設計など，設計の基本プロセスも考えながらモデリングを行う．

(3) まずは，設計することは楽しいことだ，と感じられる教材づくりに力点をおき，学生たちの潜在的なものづくりのセンスとスキルを発掘・啓発する．

(4) 3次元CADを使用して，部品モデリング，作成した部品モデルから2次元図面の作成，そしてアセンブリを行う．また，そのプロセスから機能設計と生産設計間の相互理解を重視する．

(5) 3次元形状モデリングに際して，開始するスケッチ面の選び方や原点のとらえ方に注意を払い，何から，どこからモデリングするか設計基準を考えさせる．

　3次元CADシステムとしてSolidWorks 2006-2007バージョンを用いた．3次元ソリッドモデラーSolidWorksは，全世界で累計出荷台数50万台以上のライセンスのシェアをもち，ミッドレンジではトップクラスで，Windows完全準拠で使い勝手を徹底追求し初心者にも大変使いやすく，機能と操作性を併せもっている．

　一般的に設計は，製品に求められる機能と用途を考えたコンセプトづくりを行う「商品企画」から，そのコンセプトを実現するための仕様を決める「構想設計」，そして形状と寸法を具体化する「詳細設計」へと進めていく．創造的な作業から詳細設計が決まるまで，さまざまな意思決定プロセスを要する．このような設計の基本的な考え方をきちんと踏まえながら3次元形状モデルを作り上げることが肝要である．その試みはまだ満足する内容まで至っていないが，機械設計分野の人材育成は急務である．3次元による新しいものづくりをはじめ，機械設計に志の高い学生諸君の挑戦を期待したい．

2008年4月

著　者

目 次

第1章 ものづくりの3次元デジタル技術　　　1
  1-1　はじめに ･････････････････････････････････　2
  1-2　PDM と PLM ･･･････････････････････････････　2
      1-2-1　PDM の狭い意味 ･･････････････････････　2
      1-2-2　PDM の広い意味 ･･････････････････････　3
  1-3　ラピッドプロトタイピング (RP: Rapid Prototyping) ･･　5
  1-4　デジタル・モックアップ (DMU: Digital Mock-Up) ･･･　7
  1-5　デジタル・エンジニアリング ･･････････････････　8
     練習問題 ･････････････････････････････････････　10

第2章 設計の基本と3次元モデリング技法　　　11
  2-1　設計の基本プロセス ･････････････････････････　12
  2-2　設計の意思決定事項 ･････････････････････････　13
  2-3　設計の重要性 ･･･････････････････････････････　14
  2-4　Design for X (DfX) ･････････････････････････　15
  2-5　コンカレント・エンジニアリング ･････････････　16
  2-6　3次元モデリング技法 ･･･････････････････････　17
  2-7　フィーチャーベースパラメトリック設計 ･･･････　21
     練習問題 ･････････････････････････････････････　22

第3章 SolidWorks を使ってみよう　　　23
  3-1　始める前に ･････････････････････････････････　24
  3-2　3次元モデリングの考え方 ･･･････････････････　30
  3-3　立方体のモデリング ･････････････････････････　32
  3-4　立方体の編集 ･･･････････････････････････････　37
      3-4-1　寸法の変更 ･･･････････････････････････　37
      3-4-2　フィーチャー編集 ･････････････････････　37
      3-4-3　スケッチ編集 ･････････････････････････　38
      3-4-4　スケッチ平面編集 ･････････････････････　38
     練習問題 ･････････････････････････････････････　39

第4章 スケッチの詳細　　　41
  4-1　スケッチツールバーについて ･････････････････　42
  4-2　スケッチ拘束について ･･･････････････････････　44

目　次

- 4-3　寸法記入について ･････････････････････････････ 45
- 4-4　スケッチの色について ･･････････････････････････ 48
- 4-5　どのようなスケッチを描くか？ ･･････････････････ 49
- 　　　練習問題 ･･････････････････････････････････････ 51

第5章　3次元モデリング技法　　55

- 5-1　始める前に ････････････････････････････････････ 56
- 5-2　押し出し ･･････････････････････････････････････ 57
  - 5-2-1　押し出しフィーチャーのモデリング例 ････ 57
  - 5-2-2　押し出しフィーチャーの解説 ････････････ 58
  - 5-2-3　フィーチャーについての補足事項 ････････ 63
- 5-3　参照ジオメトリ ････････････････････････････････ 65
  - 5-3-1　参照ジオメトリを用いたモデリング例 ････ 65
  - 5-3-2　参照ジオメトリの解説 ･･････････････････ 66
- 5-4　回　転 ･･ 68
  - 5-4-1　回転フィーチャーのモデリング例 ････････ 68
  - 5-4-2　回転フィーチャーの解説 ････････････････ 69
- 5-5　穴ウィザード ･･････････････････････････････････ 71
  - 5-5-1　穴ウィザードを用いたモデリング例 ･･････ 71
  - 5-5-2　穴ウィザードの解説 ････････････････････ 72
- 5-6　フィレット ････････････････････････････････････ 74
  - 5-6-1　フィレットフィーチャーのモデリング例 ･･ 74
  - 5-6-2　フィレットフィーチャーの解説 ･･････････ 75
- 5-7　面取り ･･ 78
  - 5-7-1　面取りフィーチャーのモデリング例 ･･････ 78
  - 5-7-2　面取りフィーチャーの解説 ･･････････････ 79
- 5-8　シェル ･･ 80
  - 5-8-1　シェルフィーチャーのモデリング例 ･･････ 80
  - 5-8-2　シェルフィーチャーの解説 ･･････････････ 81
- 5-9　スイープ ･･････････････････････････････････････ 82
  - 5-9-1　スイープフィーチャーのモデリング例 ････ 82
  - 5-9-2　スイープフィーチャーの解説 ････････････ 83
- 5-10　ロフト ･･････････････････････････････････････ 84
  - 5-10-1　ロフトフィーチャーのモデリング例 ･････ 84
  - 5-10-2　ロフトフィーチャーの解説 ･････････････ 85
- 　　　練習問題 ･･････････････････････････････････････ 86

第6章　図面について　　93

- 6-1　図面の概要 ････････････････････････････････････ 94

6-2	図面作成の流れ	96
6-3	JIS における図面の形式	98
6-4	SolidWorks での図面の形式	100
6-5	文字について	102
6-6	線について	103
6-7	図形の表現について	106
	6-7-1　投影図および投影法について	106
	6-7-2　断面図について	111
	6-7-3　図形の省略について	115
	6-7-4　特殊な図示方法ついて	117
6-8	寸法の記入法について	121
	6-8-1　寸法の記入法に関する一般原則	121
	6-8-2　寸法の単位	122
	6-8-3　寸法記入要素について	122
	6-8-4　寸法補助線について	123
	6-8-5　寸法線について	124
	6-8-6　引出線と照合番号について	126
	6-8-7　寸法数値の記入法	126
	6-8-8　寸法の配置	128
	6-8-9　寸法補助記号	129
	6-8-10　寸法記入に関するその他の一般的注意事項	139
	6-8-11　図面内容の変更	141
	6-8-12　材料記号について	142
6-9	公　差	143
	6-9-1　公差について	143
	6-9-2　長さ寸法と角度寸法の公差	144
	6-9-3　普通公差	146
	6-9-4　はめあい	148
	6-9-5　表面性状	154
	6-9-6　幾何公差	158
6-10	機械要素について	168
6-11	ねじの表し方	170
	練習問題	174

第 7 章　アセンブリの基本　　183

7-1	アセンブリについて	184
7-2	構成部品の合致	187
7-3	アセンブリの例	191
7-4	設計について	202

7-5　3次元 CAD に関して ･････････････････････････ 205
　　　　練習問題 ･･････････････････････････････････ 208

　参考文献 ･････････････････････････････････････ 213
　索　　引 ･････････････････････････････････････ 216

第1章　ものづくりの3次元デジタル技術

1-1　はじめに
1-2　PDM と PLM
1-3　ラピッドプロトタイピング (RP)
1-4　デジタル・モックアップ (DMU)
1-5　デジタル・エンジニアリング
　　　練習問題

1-1　はじめに

　製造業を取り巻く環境は，グローバル化，スピード化の一途をたどり，品質や環境，低コストへの要求が日増しに高まっている。こうした環境の中で，製造業各社は，サプライヤ，協力会社などとのコラボレーションをはかり，スピーディーでスムーズな他社との協業を進めている。また，情報技術 (IT) とネットワーク技術を活用し，海外での資材調達や生産情報の共有化といった対応も必要となる。

　これらの要求にタイムリーに対処するため，コンピュータ支援によるものづくりのデジタル化が急速に進んでいる。ものづくりのデジタル化による期待効果として，

① 開発リードタイムの大幅な短縮がはかれる
② 顧客ニーズへの対応が迅速かつ容易になる
③ 生産コストが大幅に削減できる
④ 3次元化による製品情報や生産情報の共有化が容易になる
⑤ 早い段階で不具合を見つけ，それを取り除くための検証が容易で製品設計の品質が向上する
⑥ 資材調達，設計・生産，物流の統合化が容易である

などが挙げられる。

　以下，ものづくりのデジタル化技術を推進する代表的なコンセプトをとりまとめる。

1-2　PDMとPLM

　PDM (Product Data Management) は「製品データ（情報）管理」と呼ばれ，製品を構成する部品やユニットなどに関する情報を管理する狭い意味の概念から，製品に関する全般的な情報を統合一元的に管理し，製品の設計・開発・生産・保守等の場面において，必要なときに必要な人が参照できるようにしようとする広い意味まで用いられる。

1-2-1　PDMの狭い意味

　一般に製品は，多くの単体部品や複合部品（ユニット部品とも呼ぶ）から構成されており，1つの製品を生産するためには必要な部品数とその部品同士の組み合わせ方法を表す情報が必要である。これには部品構成表 (BOM：Bill Of Materials) がよく用いられるが，その中にはサマリサー表とストラクチャー表がある。さらにBOMには次の2種類があり，図 1.1 と図 1.2 ではそれを比較説明した。

- E-BOM (Engineering-BOM)：設計開発において製品と複合部品，単体部品，部品の相互関係や構造，構成数量を定義したもの。
- M-BOM (Manufacturing-BOM)：生産時に必要な部品量を計算し，在庫と照合して必要な部品数を手配するために使用するもの。これは生産管理システムやMRP(Material Requirements Planning：資材所要量計画)で主要な機能の1つとして用いられる。

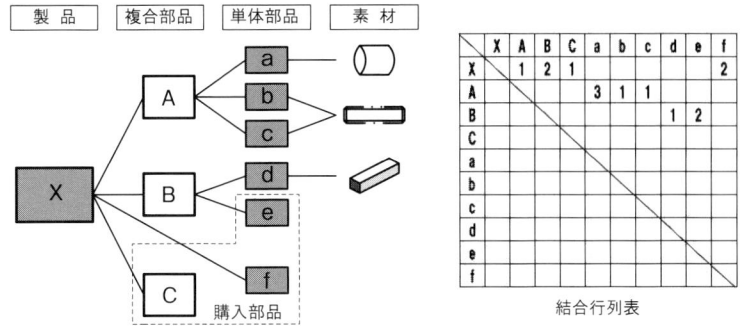

図 1.1　E-BOM によるストラクチャー表

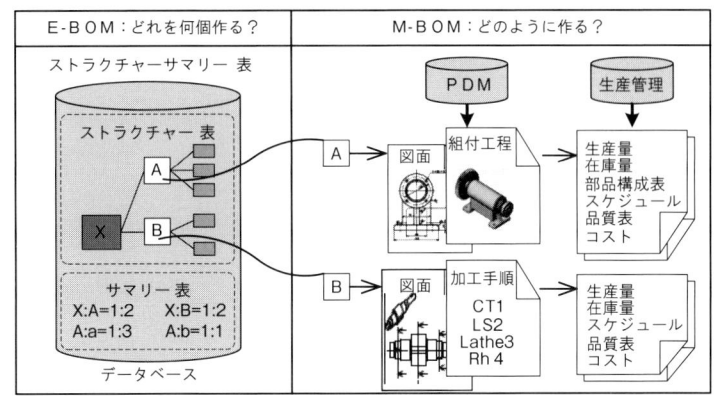

図 1.2　M-BOM による部品構成と製造工程の連携

製品ライフサイクル：
　マーケティング理論においては製品が市場に導入されて販売終了するまで，導入期，成長期，成熟期，衰退期の4段階に分けてそれぞれの期に適した販売戦略を立てる。
　製品設計分野では，原料の採取から製品廃棄まで製品の一生における諸活動を意味し，「製品のゆりかごから墓場まで」と説明されることも多い。特にこれは製品の一生にわたる環境負荷を定量的に評価する手法である LCA (Life Cycle Assessment) と関係が深い。
　一般的に，環境負荷の評価では，原料の採取，材料加工，生産，組立，輸送，メンテナンス，回収，再生処理，分解，廃棄，の段階に分けて，エネルギー・資源の使用，固形廃棄物，大気汚染，水質汚濁について環境影響度を分析する。

1-2-2　PDM の広い意味

　製品設計関連情報をデータベースにまとめて統合一元管理して，ものづくりの効率化や期間の短縮をはかる情報管理システムである。広い意味では，製品が企画されてから生産・廃棄されるまでに製品のライフサイクル全般で発生するあらゆる情報を対象として管理を行う。このような製品のライフサイクル全般を管理対象とする PDM を PLM (Product Lifecycle Management：製品ライフサイクル管理) と呼んでいる。主として PDM は，次の2つの効果をもたらす。

［PDM の効果その1］　設計関連情報の統合一元管理
　全社横断的にあらゆる製品情報を一元管理する PDM は，3次元 CAD データ，図面データ，部品表，仕様書などの文書データからなる設計に関するデータの管理や，製品を構成する部品の構成データの管理と購買・資材システムとの連携，生産・組み立て情報，メンテナンス，リサイクル処理，などに関する情報が中心となって構成される。

[PDM の効果その2] 設計業務のコラボレーション化

PDM がものづくりにおいて最も効果を発揮する場面が協調設計としての機能であり，この協調設計を実現する基盤システムとして PDM は非常に有効である．協調設計はコンカレント・エンジニアリングあるいはコラボレイト・エンジニアリングとして，最近製造業で特に注目され，重要課題として挙げられる設計手法である．この設計手法は部署間の縦割りの垣根を取り外し，製造やマーケティングなどの後工程部署からの評価を設計初期段階から導入をはかる．それにより，業務の実質的な前倒しや，後工程からの差し戻しによる設計変更の減少が可能になる．つまり，製品開発業務のフロントローディングによるリードタイム短縮と試作レスを目指したコスト削減を実現しようという考え方である．

さらに，3次元立体形状モデルを XVL のツールで軽量3次元データに変換してデザイン・レビューを実施するケースが増えてきており，設計業務のコラボレーション化による設計品質の向上が期待される．図 1.3 には3次元形状のモデリングとアセンブリされた製品について，HTML 形式の3次元立体モデルとプロダクト・ストラクチャー，SVG による2次元イラスト，そして，ドキュメントと画像データを統括した設計関連データを Web ブラウザーを介して情報共有化する一例を示した．

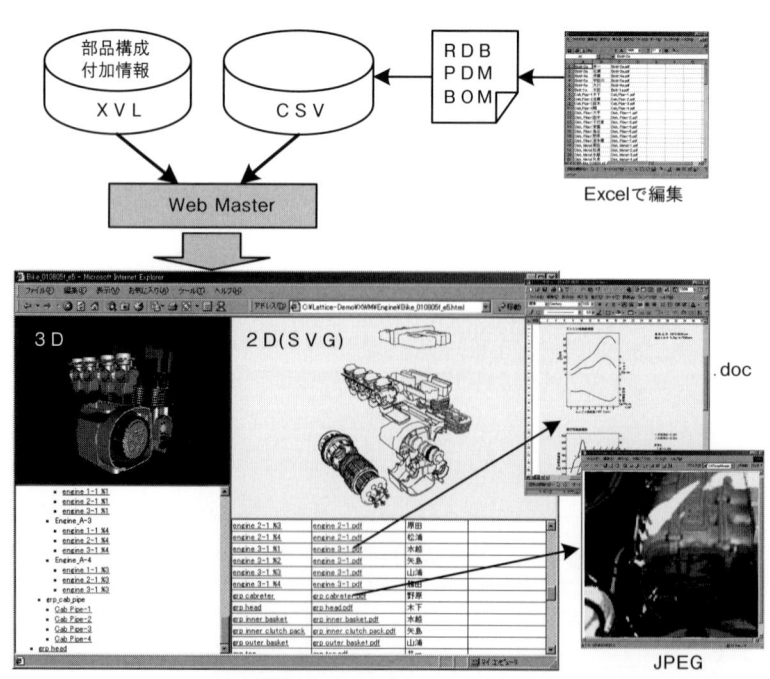

図 1.3　XVL による製品設計関連情報の統括管理

XVL (eXtensible Virtual world description Language)：
ラティス・テクノロジー (Lattice Technology) 社によって開発され，3次元データ活用によりものづくり全般の業務効率を上げるため，製造業のさまざまな分野で活用されている．

デザイン・レビュー (DR: Design Review)：
設計部門が作った設計案に対して，製造部門，資材部門，営業部門，サービス部門がそれぞれの立場から評価し，設計品質の客観的な確認を "組織的に行うこと" で，開発コスト低減と品質の向上をはかる．従来は，図面や試作品を見ながら検討するケースが一般的であったが，最近では3次元設計データを使うケースが増えてきた．

SVG (Scalable Vector Graphics)：
テキストファイルで構成された画像フォーマットの一種類で拡張子は .svg となる．

PDMという概念はCADやCAMに比べてまだまだ歴史は浅いが，自動車メーカーや家電メーカーをはじめとする製造業界では，ますます厳しくなっている昨今のビジネス環境を生き抜くために，競争優位な企業活動を支える基幹システムとして，ERP (Enterprise Resource Planning) やSCM (Supply Chain Management), CRM (Customer Relationship Management) などの中核データベースとなり着実に普及が進んでいる。

1-3 ラピッドプロトタイピング (RP: Rapid Prototyping)

製品設計の3次元化が進むにつれて，設計したモデルをすぐ見て確認したいという要望が高まってくる。3次元CADデータを基にコンピュータ支援による試作品 (prototype) を迅速 (rapid) に作成し，その現物を確認・検証しながら製品設計・開発を進めることで，設計ミスを未然に防ぎ，試作にかかる時間や費用を削減し，開発リードタイムを短縮する有効な手段の1つとして利用が進んでいる。

表 1.1 試作品の造形方法

方式	材料	造形方法	用途
NC切削法	金属、樹脂、ケミカルウッド	切削工具を用いNC加工機を使って切削加工し造形する	高精度な金属・樹脂モデル
光造形法	光硬化樹脂	レーザを光源としたスポット光を樹脂表面にあて、スライス断面ごとに樹脂を硬化させて積層する	樹脂モデル（強度、耐候性は低）
粉末焼結法	セラミック	スライス断面ごとに粉末をレーザにより焼結して積層する	鋳造型（ダイレクト型）
	金属粉末		成形型（ダイレクト型）
粉末固着法	樹脂粉末	スライス断面ごとに粉末にインクジェット方式で接着剤を塗布し積層する	樹脂モデル（強度、耐候性は低）
	石膏、コスターチ		石膏、澱粉モデル
溶融物堆積法	熱可塑性樹脂	溶融樹脂を稼働ノズル先端から押し出しながら造形する	樹脂モデル（強度、耐候性は低）
		スライス断面ごとに溶融樹脂をインクジェット方式で吐き出し積層する	強度の必要な樹脂モデル（ABS、ポリカーボネートなど）
薄板積層法	紙、樹脂シート	シート材をスライス断面ごとに切断し、シート同士を接着しながら積層する	樹脂モデル、木型代替

試作を効率化するラピッドプロトタイピング機は3次元プリンターとも呼ばれ，形状確認はもちろん機能確認，アセンブリ検討，生産計画のマスターモデルにもよく使われ，設計の初期段階から3次元プリンターを導入することで，設計変更で生じるコストやリスクが大きく改善できる。また，設計者同士や顧客間のコミュニケーションツールとしても利用できる。RP方式は，最も普及している積層造形方法と使用材料が豊富で精度が高いとされる機械加工による造形法と2つに分けられる。表1.1では試作品の製作に用いられる材料や用途によるRP方式の分類を示した。

表1.2では，直接利用と他の素材へ転用して使われる間接適応用とに分けて用途による応用法をとりまとめた。

表1.2 RPのさまざまな分野への適用法

直接利用	デザイン性の検討モデル
	設計形状確認モデル
	機能・性能評価モデル
	模型に研磨や塗装を行って客先にサンプルとして納入し商品性などを評価
他の素材に転用	成形のマスターモデル
	量産工程で用いられる治具として利用
	整形外科や歯科など医療用モデル
	樹脂や金属で作られた成形型への応用

図1.4に3次元CADデータを基に積層造形法による立体模型を製作する手順を示す。

> STL (Stereo Lithography)：
> 米3Dシステムズ社が開発したRP向けの3次元データファイルの形式。

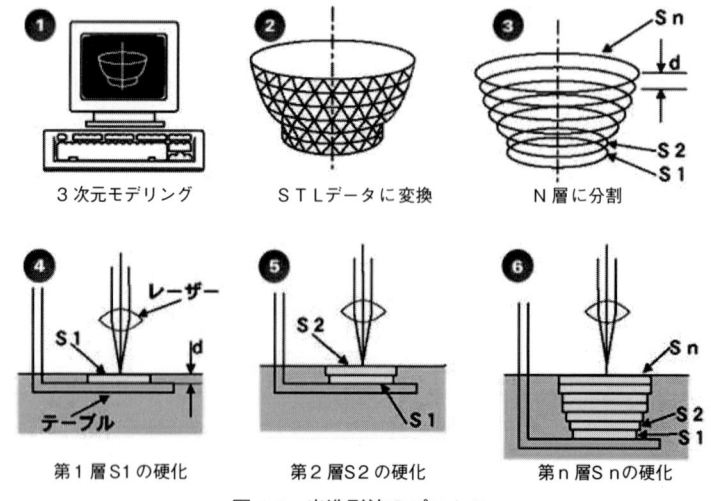

図1.4 光造形法のプロセス

1-4 デジタル・モックアップ (DMU: Digital Mock-Up)

工業製品の高機能化・高品質化に伴い，製品の部品数の増加や軽量化，機構系の複雑化が進み，次のような事態が効率的な設計業務の妨げの要因になっている．

(1) 設計段階の事前検証で漏れが発生する．
(2) 第三者が設計図面を理解するのに工数がかかる．
(3) 他部門との連携がスムーズに行えない．
(4) 生産・組立時に干渉等の問題が表面化する．

これらの課題に対処するため，製品設計・開発段階において3次元CADを用いて製品の外見や内部構造をアセンブリデータとして機構を定義し，コンピュータ内で実際の製品がどのような動きをするのかをシミュレーションするケースが増えてきている．コンピュータ内で作られた3次元モデルを「デジタル・モックアップ」と称して，製品開発の早い段階で事前検証を充実化させることで設計の質的向上がはかれる．

従来は設計変更が発生するたびに試作の必要があったが，デジタル・モックアップは，設計段階においてあたかも試作を行ったのと同等の検証を行うことができ，「試作レス」検証の重要なツールの1つであるといえる．

一般的にデジタル・モックアップ技法を用いて，3次元モデルを仮想的に動かしたり，部品の組み付けシミュレーションや動作干渉チェック，機構シミュレーション，人体や工具モデルでの操作性・保守性といった検証を行い，設計ミスを開発の早い段階から明確にし，対策を提案し，関連部門の協力のもとで改良することで，試作回数の削減，設計変更に伴う手戻りやトラブルを大幅に軽減できる．このような設計品質を初期の段階から高める支援策として，「デザイン・レビュー」がある．一般的にデザイン・レビューで検証する項目として次のようなものが挙げられる．

・設計機能の要求条件
・加工や組立容易さ（コストと大きく関係する）
・操作性や安全性，環境インパクト

図 1.5 では，デジタル・モックアップの応用例を例示する．

図1.5 デジタル・モックアップの応用例

1-5 デジタル・エンジニアリング

　設計はものづくりの原点でもあり，ものづくり関連技術は1950年代に入り，設計・生産分野にコンピュータが導入され始めてから今日に至るまで生産技術は飛躍的に発展してきた。これによって，設計や生産の方法も年々大きく変わってきており，CAD/CAM/CAE/CAT などは操作性，経済性，機能性，精度が大幅に改善されるようになった。

　昨今，ものづくり技法は，CAD/CAM/CAE/CAT を個別にかつシリアル的に扱うことではなく，各要素技術を連動させ，管理・運用することにより，開発から生産までものづくり全般の効率化をはかる「デジタル・エンジニアリング」へ移行しつつある。図1.6では，要素技術の流れと相互関連の概略を示している。

　従来，CAD は3次元モデリングが主流であったが，今は高機能性や低コストを実現するため設計の検証・評価ツールとして利用が拡大している。そして，CAM は設計と機械加工をつなげる重要な役割を果たしており，加工が行われる生産実施では，規定の品質（精度や性能），コスト，納期を確保するため，設備保全と加工物の検査・測定・計測に関してコンピュータ支援によるデジタル化が現今合言葉になっている。

　また，製品や試作品の寸法検査において，現物から得た測定データと設計情報から得た CAD データを比較することにより，作業の自動化や細部にわたる検討ができるようになる。

CAT(Computer-Aided Testing)：
　物体の3次元形状を接触式と非接触式センサを共用し，コンピュータ支援による計測・測定を自動的に行うこと。メリットは高速で高精度に連続測定が可能，計測後の解析結果もデータベース化が可能である。

1-5 デジタル・エンジニアリング

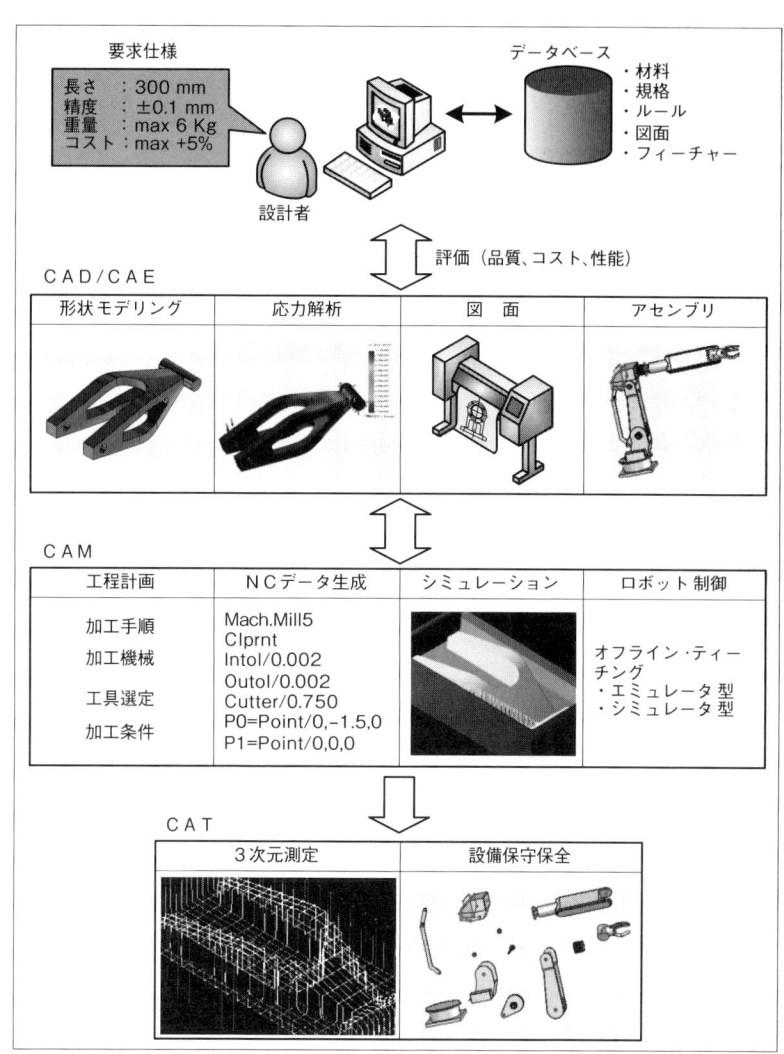

図 1.6 CAD/CAM/CAE/CAT の連携

練習問題

インターネット，書籍等を利用して，以下の用語について簡単に説明しなさい。

1	CAD	
2	CAM	
3	CAE	
4	CAT	
5	RP	
6	PDM	
7	PLM	
8	E-BOM	
9	M-BOM	
10	データベース	
11	生産管理	
12	MRP	
13	LCA	
14	ERP	
15	SCM	
16	デジタル・モックアップ	
17	デジタル・エンジニアリング	
18	XVL	
19	デザイン・レビュー	
20	モデリング	

第2章　設計の基本と3次元モデリング技法

2-1　設計の基本プロセス

2-2　設計の意思決定事項

2-3　設計の重要性

2-4　Design for X (DfX)

2-5　コンカレント・エンジニアリング

2-6　3次元モデリング技法

2-7　フィーチャーベースパラメトリック設計

　　　練習問題

2-1　設計の基本プロセス

我々の身の回りには人工物があふれている。それは機械や自動車のように目に見えるもの（有形物）からソフトウェアやビジネスモデルのように目に見えないもの（無形物）まで，さまざまである。しかし，どのような人工物であれ，設計の進め方は大きく異なるわけではない。

まず，企画の段階で，これから作ろうとする製品のコンセプトやその製品がもつべき機能と性質（設計仕様となる），製作コストなどを明確にすることから始め，その仕様を達成するために具体的な手段や方法を講じて，製品がもつべき性質を満たしていくプロセスは，あらゆる人工物において共通する。

ここで，設定された「設計仕様 (Functional Requirements)」を満たしていく具体的な手段や方法を検討する一連の活動を「設計プロセス」と呼ぶ。また，その設計プロセスは，問題が明確に規定されていない創造的な活動にあたる構想設計から，決められた構造や形状に対して細かな工夫を施す詳細設計へと検討が行われる。

ものづくりの主要な活動を大きく4つに分けるとCAD, CAPP, CAM, 生産管理となり，図2.1では，設計プロセスを軸として4つの活動間の意思決定の流れを示している。また，構想・概念設計では，機械設計の要求事項として，製品の信頼性，安全性，物理的な運動性質，ヒューマン・インターフェースから環境インパクト（影響度）までいろいろな事柄を考え，調べ，決定し，検討・評価をしたうえで製作に入る。

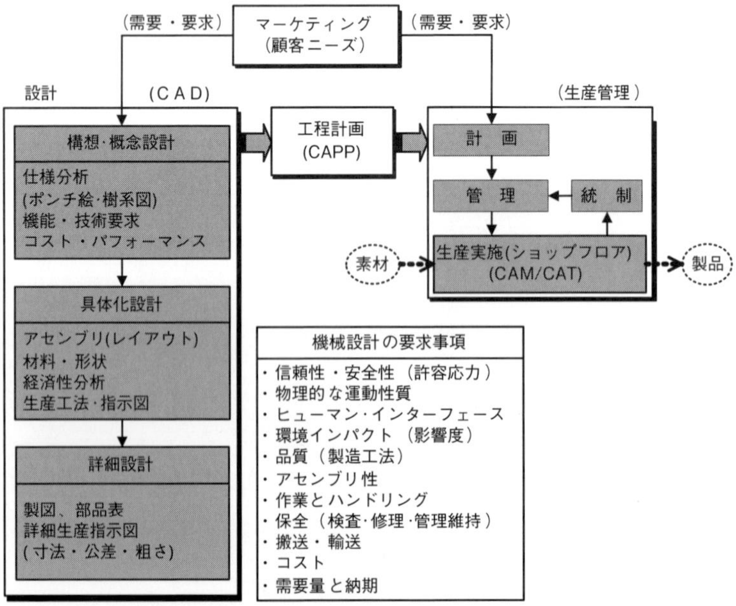

> **仕様 (Specification)：**
> 必要機能，仕様要求，要求定義とさまざまな表記がある。

> **CAPP (Computer Aided Process Planning)：**
> コンピュータ支援による工程設計（計画とも称される）の自動化をはかるもの。工程設計では製品を能率よく経済的に生産するために，加工・組立手順を決定し，それに必要な機械や工具，治具を選び，作業の順序と加工条件を最適に決める。

図2.1　設計から生産開始までの情報の流れ

2-2 設計の意思決定事項

設計プロセスの各段階で決定されるいろいろな事柄は互いに密接な関係がある。

一般的に，設計プロセスでは，要求される機能 (Function) に対する仕様を達成するため，「材料」「形状」「製造工法」を最適に決定しなければならない。

無数にある材料の中から使用目的に適した材料を選定することは，その材料で作られる製品・部品の形状に大きな影響を与える。また，その形状の決定は製造工法にも決定的な影響を与えることになり，機能，材料，形状，製造工法の間の相互作用を考えながら設計の意思決定を進めていくことが重要である。

創造性に富んだより優れた設計解を求めるためには，図 2.2 に示すように，機能 → 材料 → 形状 → 製造工法，といった一方向的な問題解決ではなく，再帰性をもった意思決定の流れが肝要である。

自動車を例に挙げれば，軽量化による燃費向上を目指して，鉄からアルミニウム，そしてマグネシウム，プラスチックへのシフトを進めている。軽量化による足りない強度を補うため，形状を蜂の巣の構造に変えたりする。

また，形状が複雑になったり，薄肉化が進むと，高速・高圧の射出成形機が不可欠となり，新たな製造工法の開発が求められるなど，製造工法を決めるとき，形状特性は大きな制約となる。さらに，製造工法を決める際にも要求される生産量（需要量）の大小によって，選択できる製造工法も大きく変わる。

材料選定：

マグネシウムの比重はアルミニウム比重の約 3 分の 2，鉄の比重の約 4 分の 1 と構造材として使用される実用金属中で最も軽い材料である。

マグネシウム (AM60) の比重 (g/cm^3) は 1.79，アルミニウム合金 (380) は 2.70，鉄鋼（炭素鋼）は 7.86，プラスチック (PC) は 1.23 となる。

マグネシウム成形法：

安全性や操作性のメリットが大きいチクソウモールド射出成形法は量産に向いている。また，コールドチャンバーによるダイカストは自動車など大きな部品製造に使われている。

マグネシウム合金は，プレス成形の方が，ダイカスト成形に比べ，時間が半分に短縮，コストが安い，歩留まりがよい，とされている。また，他の金属より切削抵抗が小さく機械加工のとき高速切削が可能。

材料と製造工法と形状との関係：

鋳造：
厚み最小値：0.125 インチ
公差：±0.02～±0.01 インチ
表面粗さ：500～1000 マイクロインチ
特徴：柔軟性に富んだ工法

ダイカスト：
厚み最小値：0.025 インチ
公差：±0.002～±0.005 インチ
表面粗さ：32～85 マイクロインチ
特徴：時間当たり生産率 100～200 個，ダイの寿命考慮

射出成形：
厚み最小値：0.03～0.25 インチ
公差：±0.003～±0.008 インチ
表面粗さ：8～25 マイクロインチ
特徴：サイクルタイムは 20～40 秒と長く，熱可塑性樹脂に向いている

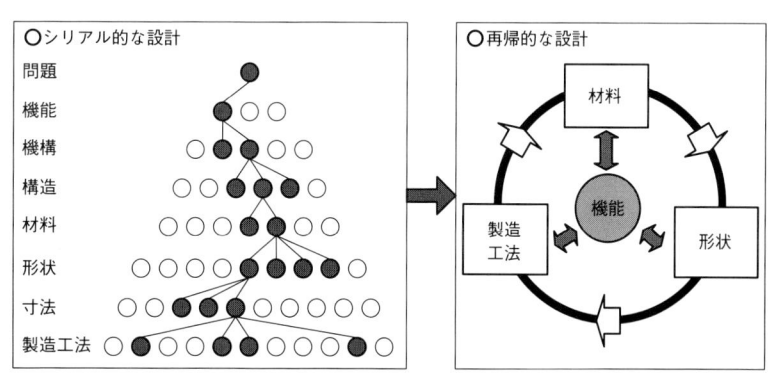

図 2.2　シリアル的な設計と再帰的な設計プロセス

2.3 設計の重要性

　企業や産業にまたがってものづくり活動が広がりを見せている中，最近，量産までの開発リードタイムの短縮や生産コストを削減するため，問題解決をできるだけ初期の設計段階に求める傾向が強い。その例として，生産設計や環境配慮設計，品質設計，そしてこれらをまとめたデザインフォーエックス (Design for X) など，上流設計を具体的に進めるための手法が注目されている。

　また，初期の設計・開発段階で行うさまざまな意思決定は，その後の生産をはじめ，完成品の輸送，保守，リサイクル，廃棄に至る製品の全ライフサイクルコストの70〜90 %を決めるといわれている（図2.3参照）。これは，製造や組立，リサイクル以降の変更は大きな後戻りを発生し，コストやスケジュール両面で製品開発に甚大な影響を与えることを意味する。したがって，より上流の概念設計段階では，可能なかぎり種々の側面からの検討を行うことが重要である。

　したがって，製品開発において上流設計は非常に重要な役割を担っている。その設計作業は，数式化や図形などによって表現できる工学的に行われる部分（形式知と呼ぶ）と人の創発的アイデアや経験・カンに頼れる部分（暗黙知と呼ぶ）がある。概念設計から詳細設計へ進むにつれ，実体のある設計情報は多くなるが，設計の自由度はかえって小さくなる。

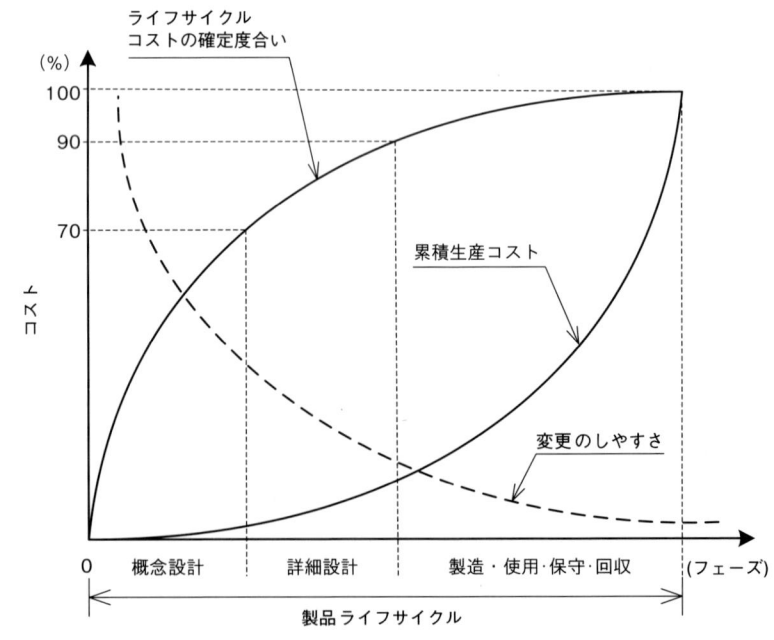

図2.3　生産コストの比率から見た設計の重要性

2-4 Design for X (DfX)

できるだけ早い段階で,生産・組立以降の下流工程でやり直しを極力減らす具体的な実施方法としてDfXがある。これは,製品のライフサイクルを通して発生すると想定される諸問題を,上流設計の段階で検討することによって,詳細設計以降の生産準備において後戻りを極力減らそうとする考え方である。したがって,コストや品質,製造・組立・保守性を考慮した設計,環境を配慮した解体性やリサイクル方法,人にとって使いやすさといった項目も評価の対象となる。よって,DfXのXは評価する項目を意味し,たとえば,製造性(Manufacturability)を考慮した生産(Manufacture)設計はDfM,環境(Environment)を重視した設計はDfEのように名付けることになる。

図2.4では,製品の全ライフサイクルに対してDfXの概念を例示している。

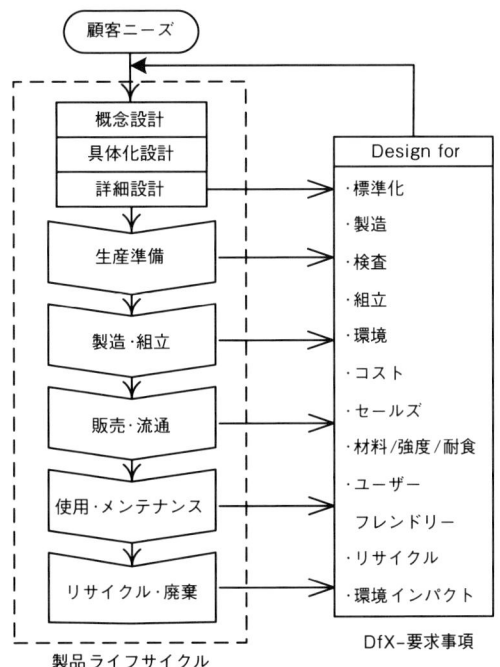

図2.4 DfXの流れと要求事項

2-5 コンカレント・エンジニアリング

コンカレント・エンジニアリング (Concurrent Engineering, CE) は，製品の設計，製造，リサイクルなどの製品生産に関わる一連の諸活動を同時並行的に処理することで，生産準備までの開発プロセスをできるだけ短期化するとともに，製品の品質向上，コスト削減などをはかる考え方である。

当初は，多種少量生産に効果的な一対策として設計と生産の高度な情報共有により，ものづくりの合理化を進めてきた。最近は，設計者に，発案から廃棄に至るまでの製品の全ライフサイクルに含まれるすべての要素について初期の段階から，可能なかぎりいろいろな検討を具体的に実施するための概念として導入されている。

従来の製品実現は設計から生産への逐次処理で，意思決定の流れは一方向であったが，協調的設計・生産作業の視点に立てば意思決定の流れは双方向となり，ものづくり全体のスリム化や生産性向上につながっていく。図2.5では，コンカレント・エンジニアリングとデジタル・エンジニアリングの概念とその期待効果についてまとめてある。

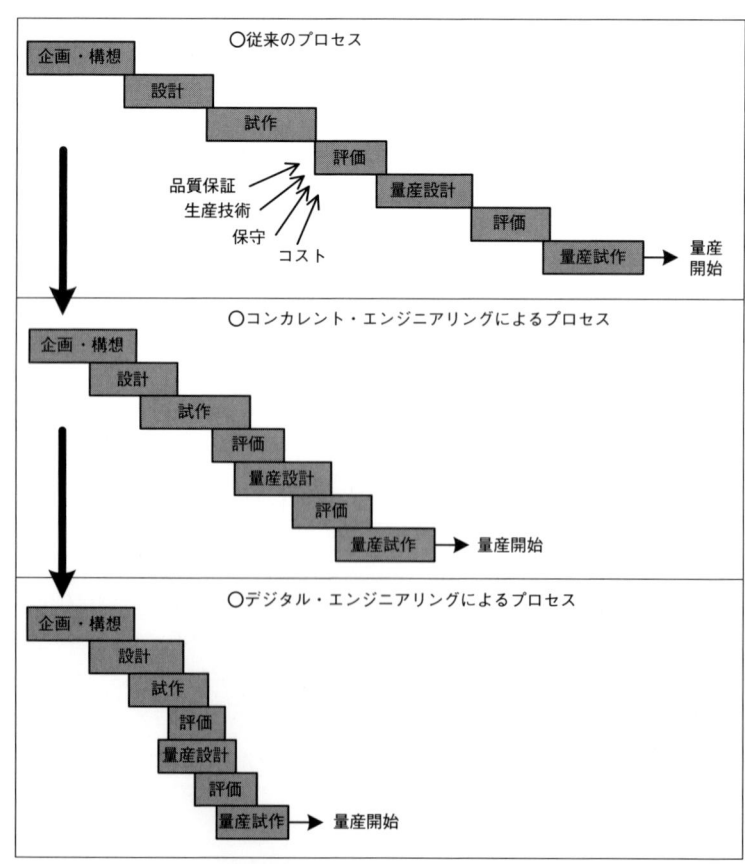

図 2.5　生産準備までものづくりプロセスの変革

2-6　3次元モデリング技法

最近，コンピュータの高速化に伴って，表示（レンダリング）や数値解析の処理能力が向上し，コンピュータ支援による3次元形状モデリングは，工業製品の設計だけでなく，産業デザインをはじめ金型産業，CAM，CAEなど多くの分野で利用されている。3次元の形状をコンピュータの仮想空間上に作り上げる表現方法としてワイヤフレームモデル，サーフェスモデル，そしてソリッドモデルの3種類がある。

(1)　ワイヤフレームモデル (Wire Frame Model)

頂点と頂点を結ぶ稜線（エッジ）のみで，面についての情報がなく，立体を表現する最小限の要素で形状を表現している。奥にある稜線まで見えるため，複雑な形状では立体的なイメージを把握しにくい。しかし，他のモデルに比べてデータの軽量化が可能で，複雑な形状に対して高速に処理・表示できるなどの利点がある（図2.6参照）。

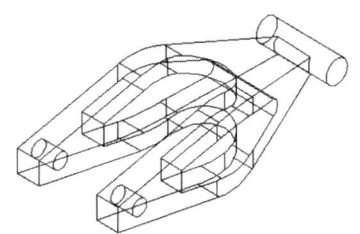

図2.6　ワイヤフレームモデルによる表現

(2)　サーフェスモデル (Surface Model)

頂点と頂点を結ぶ稜線と面で形状を表しており，ワイヤフレームモデルに面の情報を付加して形状を表現している。ワイヤフレームモデルとは違い，視覚的にも立体感があり形状を把握しやすい。しかし，中身の情報がないため，容積や質量，重心などの物理量の計算はできない。図2.7では，その一例を示す。

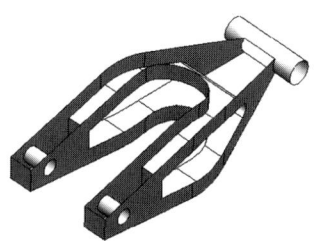

図2.7　サーフェスモデルによる表現

(3) ソリッドモデル (Solid Model)

頂点，稜線および面，さらに質量の情報をもち，現実物体に最も近い形状を表現している。重量や重心，干渉といった解析にも活用できるため，昨今の3次元CADは，ソリッドモデルによる形状表現が標準になりつつある。ソリッドモデルは，形状を表す情報（頂点，稜線，面，内部情報）量が多くなることで物体の形状把握がしやすく，3次元データの活用がいろいろな分野で拡大している。しかし，多くの情報を含んだ3次元データはデータ容量も肥大化するなど，これらの情報量を扱うソフトウェアやコンピュータ性能が重要になってくる。図2.8にはソリッドモデルによる表現の一例を示している。

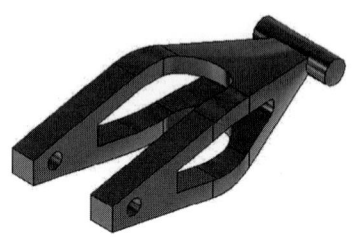

図2.8　ソリッドモデルによる表現

ソリッドモデルは立体の情報をもっているので，構成部品同士の干渉チェックができること，体積や重量を計算して求めることや，断面図の作成ができるなどメリットが大きい。

利用範囲が広いソリッドモデルを表現する方法として，現在3次元CADの主流をなすのは，CSG（Constructive Solid Geometry：固体構成法）とB-reps（Boundary Representation：境界表現）の2つである。

① CSGによるモデリング

基本的な立体形状である，立方体，球，多角柱，円錐，角錐，楕円，をプリミティブ形状と呼び，これらを組み合わせる（集合演算する）ことによってより複雑な立体を表現する方法で，多くの3次元CADではこの考え方を用いている。そのプリミティブ形状についても，長さや角度などのパラメータを変更することで，プリミティブ形状自体の変更も可能であり，より複雑なモデルを表現するためには，いろいろな基本形状を用意しておく必要がある。

プリミティブ形状に対する集合演算（ブーリアン演算とも呼ぶ）の種類として，和（結合），差，積（共通部分）の3つがある。次に円柱(A)と立方体(B)をもって3つの集合演算の一例を示す（図2.9）。図2.10ではシャフトガイドを例に取り上げ，除去加工をイメージした「差」と「和」によるモデリング方法を例示した。

その他のソリッドモデル表現：

ボクセル：微小立方体の集合として任意の多面体をモデリングする。

オクトリー：「八分木」とも呼ばれ，立体モデルをボクセル表現にするとデータ量が大きくなる弱点を補完するため，考案されたモデリング方法。立方体を各辺2等分により8分割（オクトリー：8分木）してゆき，その要素が完全に立体を含むかどうかみて，含まない場合にはそこで分割を止め，一部を含む場合はさらに分割を繰り返しながらモデリングする方法。

2-6　3次元モデリング技法

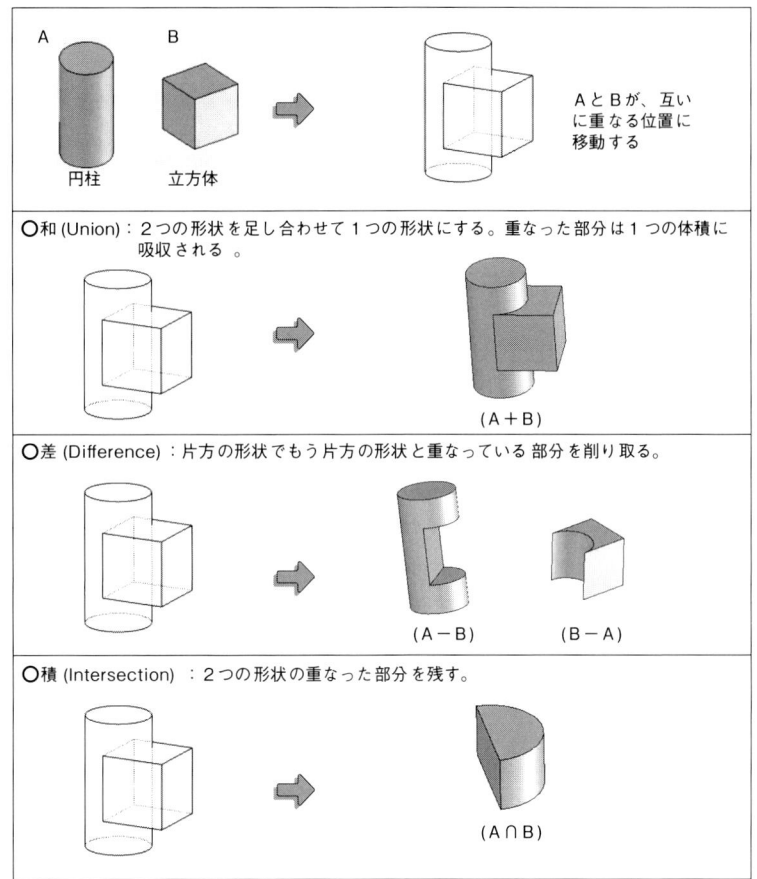

図 2.9　集合演算（和・差・積）の例

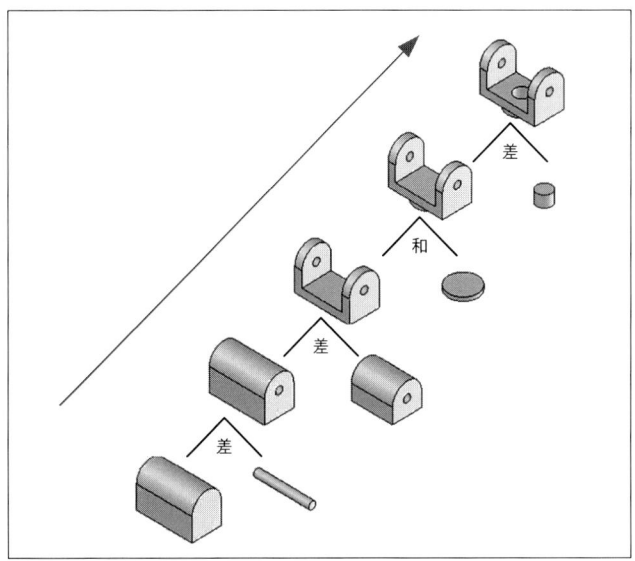

図 2.10　シャフトガイドの「差」と「和」によるモデリング

② B-Reps によるモデリング

3次元立体形状は，複数の面（平面，曲面）から構成されている。面と面の境界線は「稜線」と呼ばれ，稜線の端は「頂点」と呼ぶ。サーフェスモデルでは面や稜線，頂点だけで形状を表せるが，ソリッドモデルになるためには，「どの面がどの面と接しているか」といった境界線での接続関係（位相要素情報という）をもたせる必要がある。

したがって，B-Reps では，立体を構成している境界面で形状を表現する方法であり，その境界面は，面のどちらに実体が含まれているかの情報をもっている。図 2.11 では，その一例を示す。

> **位相要素情報：**
> 立体の頂点，稜線，面が互いにどのような関係でつながっているかを表したもの。このような密接な関係を持ち合いながらつながっている要素情報を位相情報（トポロジ）と呼ぶ。

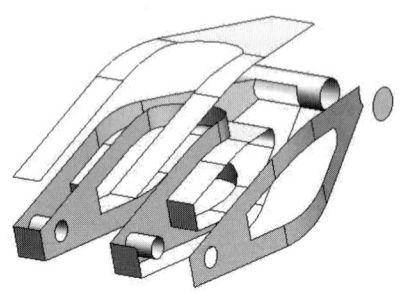

図 2.11　B-Reps によるモデリング

2-7　フィーチャーベースパラメトリック設計

3次元 CAD によるソリッドモデリングでは，現在，フィーチャーベースパラメトリック設計方法が最も広く用いられている。組立品を複数の部品から作り上げるのと同じように，3次元ソリッドモデルもいくつかの要素を組み合わせて目的の形状を作成する。

フィーチャーベースモデリングでは，直感的に理解できる穴や突起，カット，フィレット，リブ，面取り，抜き勾配などといった意味のある形状のまとまりを「フィーチャー」といい，そのフィーチャーの単位でモデリングしていく技法である。

フィーチャーは内部にフィーチャーの寸法拘束（大きさや長さ），幾何拘束などのパラメータや断面形状（スケッチ・フィーチャーと呼ぶ）といった属性情報を保持しており，その属性を変更することで形状を変えることができる。このようにパラメータ属性値を変更してさまざまな形状を創成する設計方法をパラメトリック設計と呼んでいる。図 2.12 では，モデリングした形状の属性情報を示した。

> **幾何拘束：**
> モデリングの際，平行度，接線，同心，垂直，一致などの幾何条件を与えて設計意図を正しくモデル上に保持させる機能。

> **パラメトリック機能：**
> 3次元形状を作成するときに設定した寸法拘束や幾何拘束を変数（パラメータ）化し，変数の値を変更して3次元形状を変化させる機能。

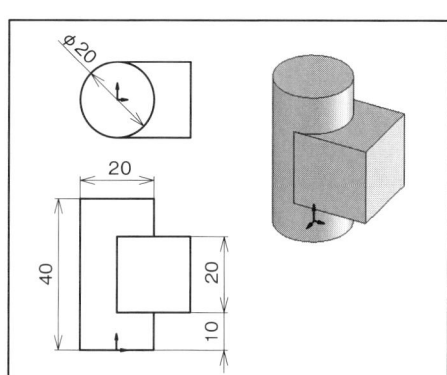

図 2.12　パラメータの属性情報について

練習問題

インターネット，書籍等を利用して，以下の用語について簡単に説明しなさい。

1	コンカレント・エンジニアリング	
2	設計仕様	
3	機能	
4	材料物性値	
5	DfX	
6	形式知	
7	暗黙知	
8	プリミティブ形状	
9	パラメトリック設計	
10	パラメータ	
11	ワイヤフレームモデル	
12	サーフェスモデル	
13	ソリッドモデル	
14	CSG	
15	B-reps	
16	ブーリアン演算	
17	稜線	
18	頂点	
19	ボクセル	
20	位相	

第3章　SolidWorksを使ってみよう

3-1　始める前に
3-2　3次元モデリングの考え方
3-3　立方体のモデリング
3-4　立方体の編集
　　　練習問題

第3章 SolidWorks を使ってみよう

3-1 始める前に

■ 新規ファイルの作成

SolidWorks を起動し，図 3.1 のように新規部品ファイルを作成する。

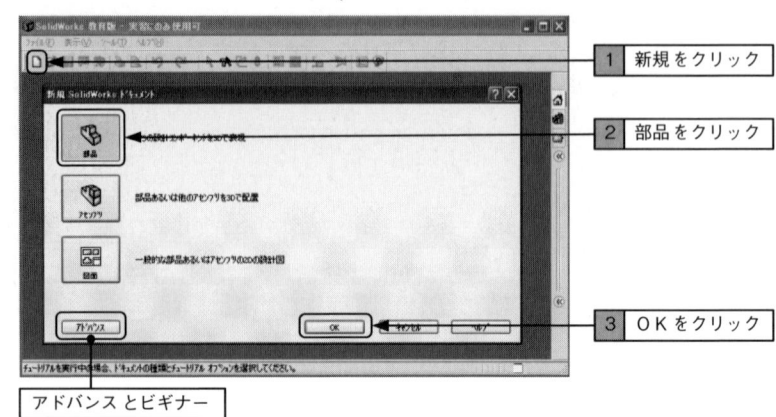

図 3.1 新規ファイル作成

> 保 存：
> ファイルの保存は，こまめに行うこと。

> バックアップ：
> バックアップの設定を確認し，バックアップファイルは定期的に削除すること。
> → オプション（メニュー）
> → システムオプション
> → バックアップ

> アドバンスとビギナー：
> ビギナーではデフォルトテンプレートファイルしか使用できない。アドバンスではその他のテンプレートファイルが使用できる。

■ ユーザーインターフェースの概要

SolidWorks で新規部品ファイルを作成すると図 3.2 のように表示される。

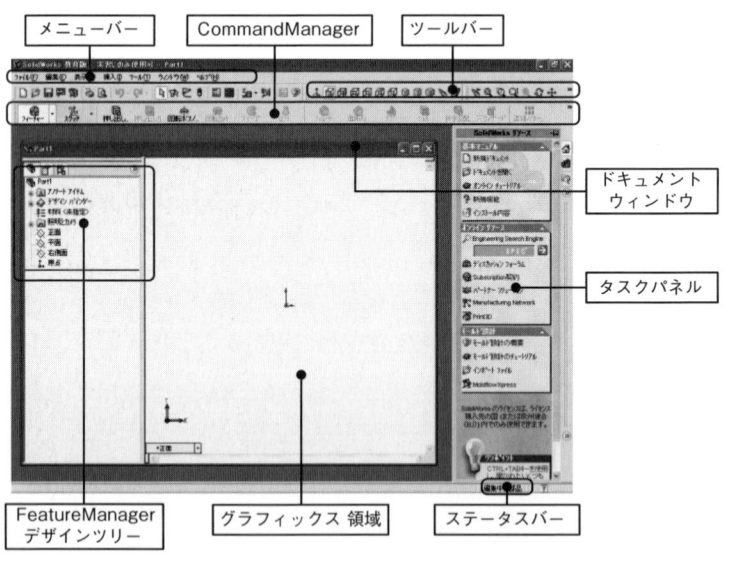

図 3.2 ユーザーインターフェース

・メニューバー (Menu Bar)：メニューバーから SolidWorks のすべての操作が行える。

> メニューバー：
> メインメニューやメニューとも呼ばれる。

3-1 始める前に

> **表示/非表示：**
> ツールバー，CommandManager，タスクパネル，ステータスバーは，ツールバーと同様の操作で表示/非表示の操作が行える。

- CommandManager：ツールバーが組み合わせられたもので，設定したツールバーを切り替えて表示が行える。

- ツールバー (Toolbar)：メニューから操作を実行するより早く操作が行えるようにアイコンが機能ごとにまとめられている。

- ドキュメントウィンドウ (Document Window)：Windows のその他のアプリケーションソフトと同様に複数のウィンドウが開ける。

- タスクパネル (Task Pane)：〈SolidWorks リソース〉〈デザインライブラリ〉〈ファイルエクスプローラ〉で構成される。

- ステータスバー (Status Bar)：現在実行している機能に関する説明が表示される。

- グラフィックス領域 (Graphics Area)：実際に作業を行う領域。部品，図面，アセンブリモデルが表示される。

> **FeatureManager：**
> フィーチャーは，順序の変更が行なえるため，作成された順番で表示されているとは限らない。
> 作成したフィーチャーは，名前の変更ができる。フィーチャーの上でゆっくりと2回クリックする。

- FeatureManager デザインツリー (FeatureManager Design Tree)：図 3.3（左）のように作成したフィーチャーが表示される。上にあるタブで他の Manager へ切り替えることができる。

- PropertyManager：操作を実行したときに図 3.3（中央）のように表示が自動的に切り替わり，操作についての指示や設定項目が表示される。

> **抑制（よくせい）：**
> 非表示や削除とは異なる。抑制を行うと抑制されたフィーチャーを含め，それ以降に関連のあるフィーチャーを除いたモデルが生成される。

- ConfigurationManager：図 3.3（右と例）のように穴を抑制，非抑制というように設定すると，同じファイルを別な形状として扱える。

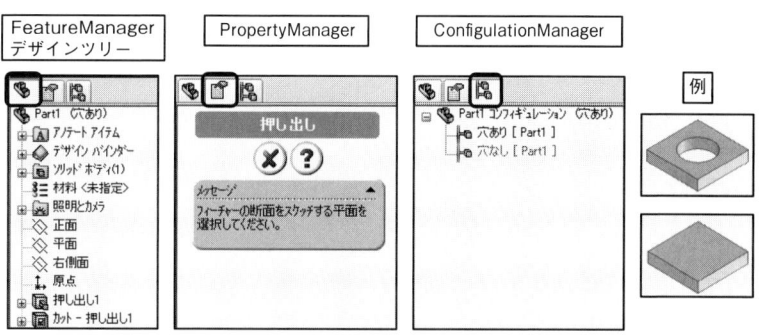

図 3.3 Manager について

■ よく使うツールバー

・CommandManager

デフォルトでは，図3.4のようにスケッチとフィーチャーのツールバーが設定されている。3次元モデルの作成は，スケッチツールとフィーチャーツールを使用する。また，○印の箇所をクリックすると隠れたメニューが表示される。

> CommandManager：
> CommandManagerを非表示にするとスケッチ，フィーチャー，参照ジオメトリのツールバーが表示される。

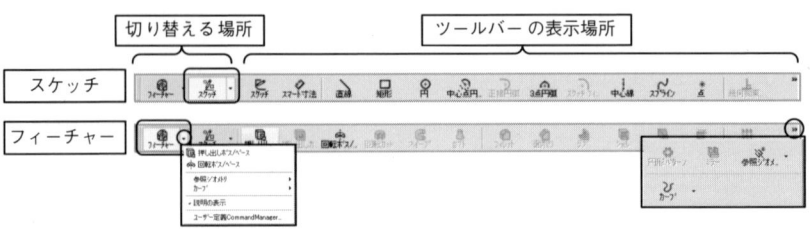

図 3.4　CommandManager

ポイント

3次元形状モデリングの基本手順
① 面を選択する。
② 面にスケッチを作成する。
③ スケッチを使用してフィーチャーを作成する。

・標準表示方向ツールバー (Standard Views Toolbar)

作業が行いやすいように標準的な表示方向の変更が行える（図3.5）。

> ショートカットキー：
> Ctrl キー + 1　正面
> Ctrl キー + 2　背面
> Ctrl キー + 3　左側面
> Ctrl キー + 4　右側面
> Ctrl キー + 5　平面
> Ctrl キー + 6　底面
> Ctrl キー + 7　等角投影
> Ctrl キー + 8　視線に垂直

> 視線に垂直：
> 一度コマンドを実行して，再度コマンドを実行すると180°回転する。
> Ctrl キーを押しながら2つの面を選択し，コマンドを実行すると2番目に選んだ面を上にして視線に垂直になる。

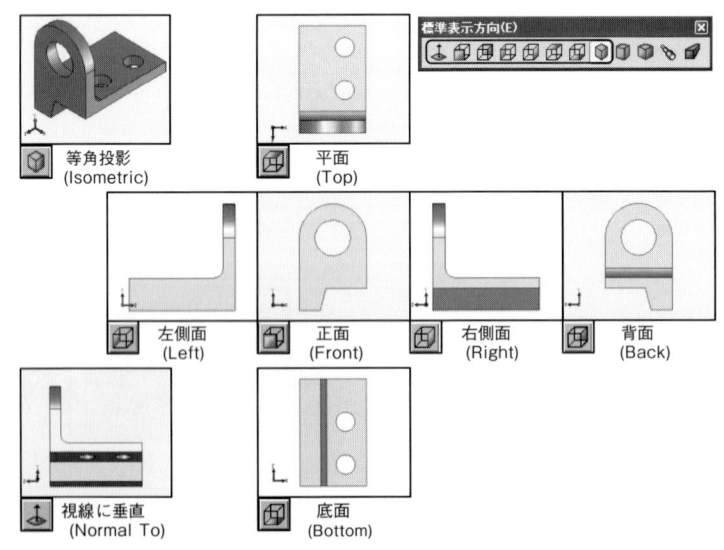

図 3.5　標準表示方向ツールバー

3-1 始める前に

・表示ツールバー (View Toolbar)

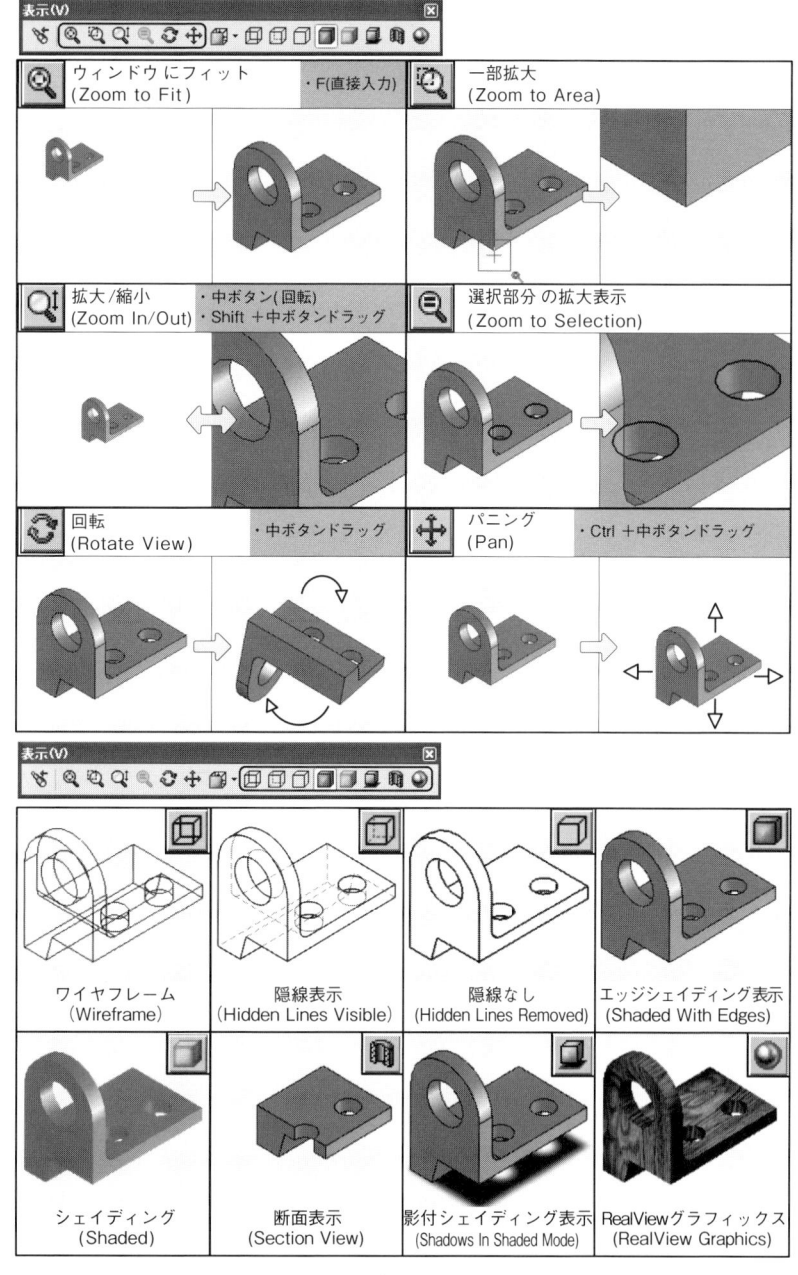

作業が行いやすいように表示の拡大縮小，移動や表示状態の切り替えが行える。■内にはショートカットキーで使用頻度の高いものを載せた。また，中ボタンとは，3つボタンがついたマウスの真ん中にあるボタンのことである（図3.6）。

ウィンドウにフィット (Zoom to Fit)	・F(直接入力)	一部拡大 (Zoom to Area)	
拡大/縮小 (Zoom In/Out)	・中ボタン(回転) ・Shift＋中ボタンドラッグ	選択部分の拡大表示 (Zoom to Selection)	
回転 (Rotate View)	・中ボタンドラッグ	パニング (Pan)	・Ctrl＋中ボタンドラッグ

ワイヤフレーム (Wireframe)	隠線表示 (Hidden Lines Visible)	隠線なし (Hidden Lines Removed)	エッジシェイディング表示 (Shaded With Edges)
シェイディング (Shaded)	断面表示 (Section View)	影付シェイディング表示 (Shadows In Shaded Mode)	RealViewグラフィックス (RealView Graphics)

図 3.6　表示ツールバー

図3.7のようにグラフィックス領域左下から表示方向の変更とビューポートの切り替えが行える。

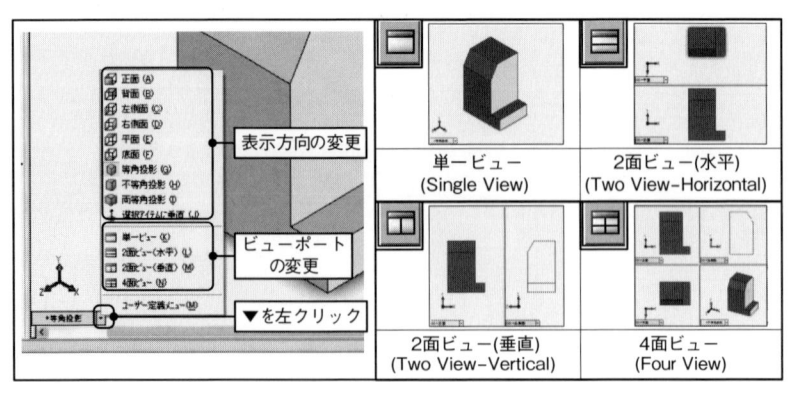

図3.7　表示の変更とビューポート

・表示の変更についての練習

　SolidWorksを起動し，実際に表示の変更について練習を行う。図3.8のようにエクスプローラを使用し，SolidWorksの部品ファイル（拡張子.sldprt）をSolidWorksがインストールされているフォルダ内から検索し，検索結果から任意のファイルを1つ選び，それを起動しているSolidWorksへドラッグアンドドロップする。表示の練習が終わったら保存せずにファイルを閉じる。

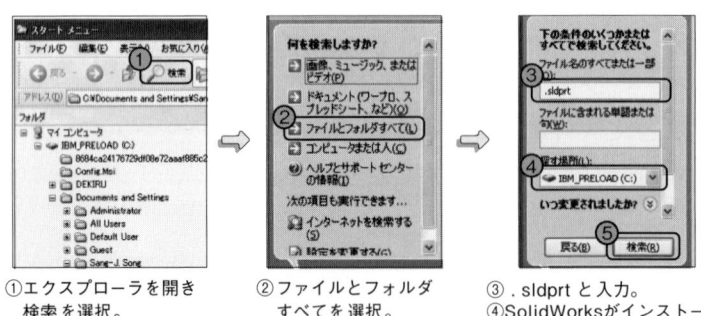

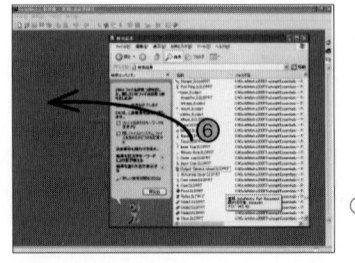

エクスプローラを開くには：
・スタートメニューを右クリックしエクスプローラ
・ショートカットキー
　Windowsロゴキー＋E

検索のショートカットキー：
Ctrlキー＋F

①エクスプローラを開き検索を選択。
②ファイルとフォルダすべてを選択。
③.sldprtと入力。
④SolidWorksがインストールされているフォルダを指定。
⑤検索を実行。
⑥エクスプローラから選んだファイルをSolidWorksへドラッグアンドドロップ。

図3.8　エクスプローラで部品ファイルの検索

■ デフォルト平面と原点

新規部品ファイルを作成すると図 3.9 のように面と原点というフィーチャーが用意される。

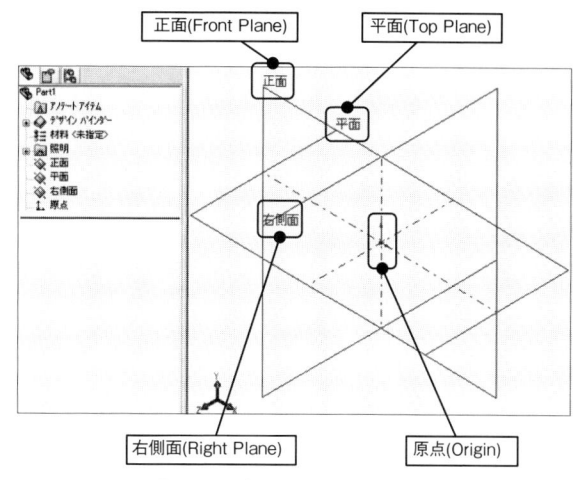

デフォルト平面：
図 3.9 は，デフォルト平面を表示させた状態。デフォルトテンプレートファイルでは，原点は表示，面は非表示になっている。また，デフォルト平面（正面，平面，右側面）は，単に平面とも呼ぶ。

平面の表示：
メニューバーの表示で平面にチェックが入っている必要がある。
FeatureManager で表示させたい面を選択し右クリックから表示が行える。

平面のサイズ：
平面は，ドラッグすることでサイズや位置が変更できる。適当なサイズに戻すには，FeatureManager で平面を右クリックから「自動サイズ」を選択する。

図 3.9 デフォルト平面と原点

3 次元モデルは，原点の位置の違いにより図 3.10 のようにデフォルト平面に対して同じ方向でも異なる場所に作成できる。

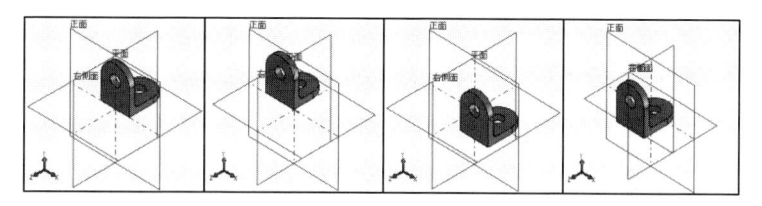

図 3.10 モデリングと原点

また，3 次元モデルは，デフォルト平面に対するモデリング方向の違いにより図 3.11 のように原点は同じでも表示される方向の違いが生じる。

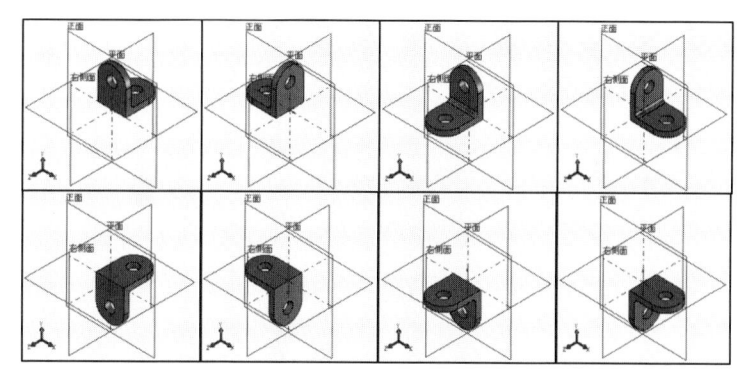

図 3.11 モデリングと方向

このように3次元モデルは，原点の位置とどの面を利用してどの方向にモデリングを行うのかによって異なる場所に作成できる。

> **ポイント**
> モデリング作業を行う前に考えること。
> ① 原点の位置。
> ② デフォルト平面に対する3次元形状の方向。

3-2 3次元モデリングの考え方

3次元モデリングは，フィーチャーを組み合わせて作成する。図3.12に示す基本的なフィーチャーの意味について理解しよう。

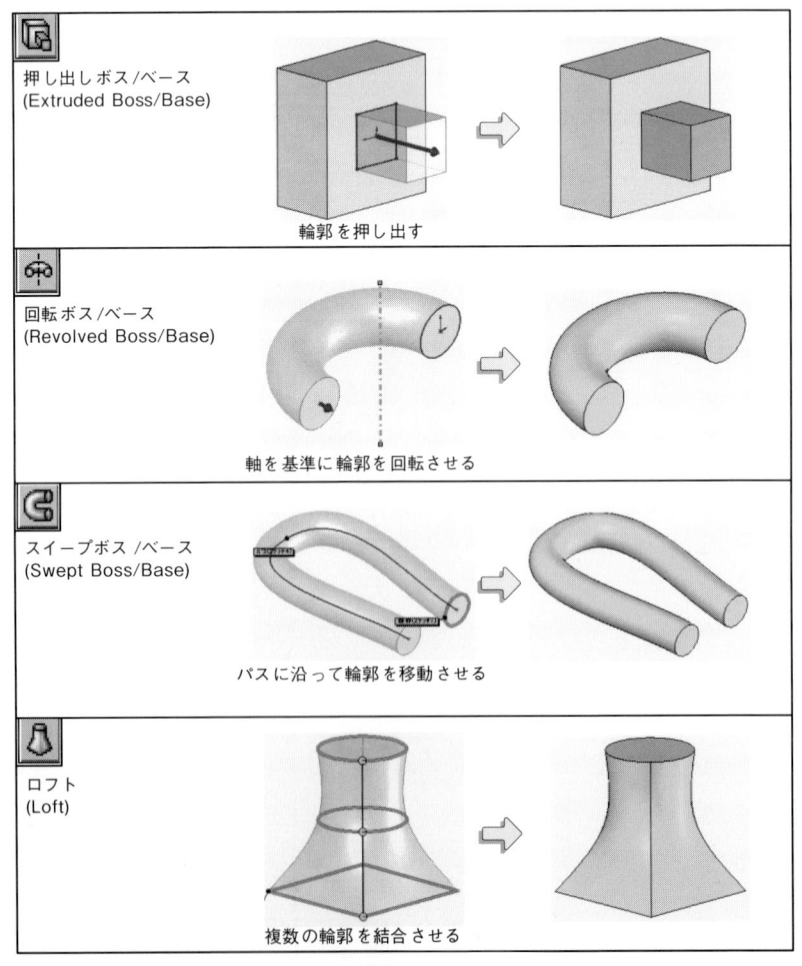

押し出しボス/ベース
(Extruded Boss/Base)
輪郭を押し出す

回転ボス/ベース
(Revolved Boss/Base)
軸を基準に輪郭を回転させる

スイープボス/ベース
(Swept Boss/Base)
パスに沿って輪郭を移動させる

ロフト
(Loft)
複数の輪郭を結合させる

図3.12 基本的なフィーチャー (1/2)

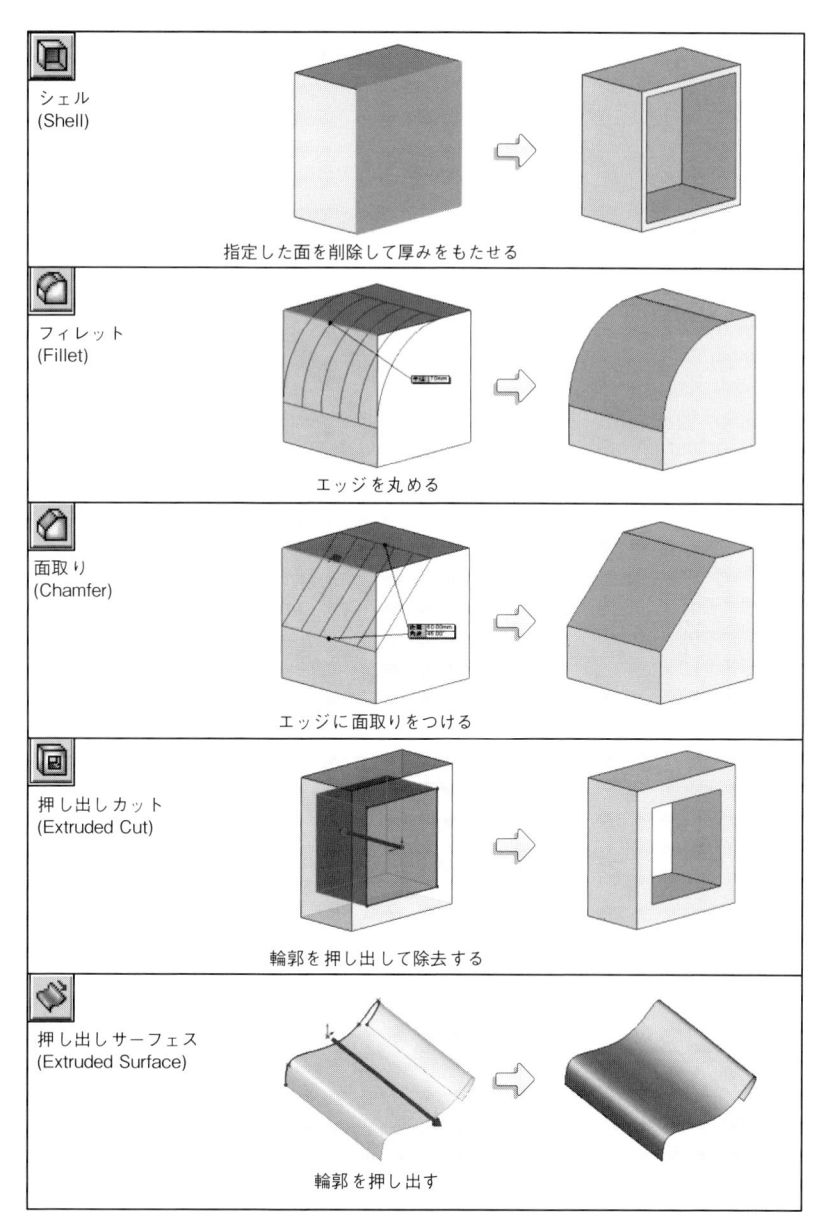

シェル(Shell)	指定した面を削除して厚みをもたせる	
フィレット(Fillet)	エッジを丸める	
面取り(Chamfer)	エッジに面取りをつける	
押し出しカット(Extruded Cut)	輪郭を押し出して除去する	
押し出しサーフェス(Extruded Surface)	輪郭を押し出す	

図 3.12 基本的なフィーチャー (2/2)

　カットとサーフェスについては，押し出しのみ紹介しているが，回転，スイープ，ロフトも同様に行える。これ以外にも多くのフィーチャーがあり，オプション機能も用意されている。必要なものはその都度理解していくようにしよう。

3-3 立方体のモデリング

図 3.13 に示す流れで $100 \times 100 \times 100 \text{(mm)}$ の立方体のモデリングを行う。

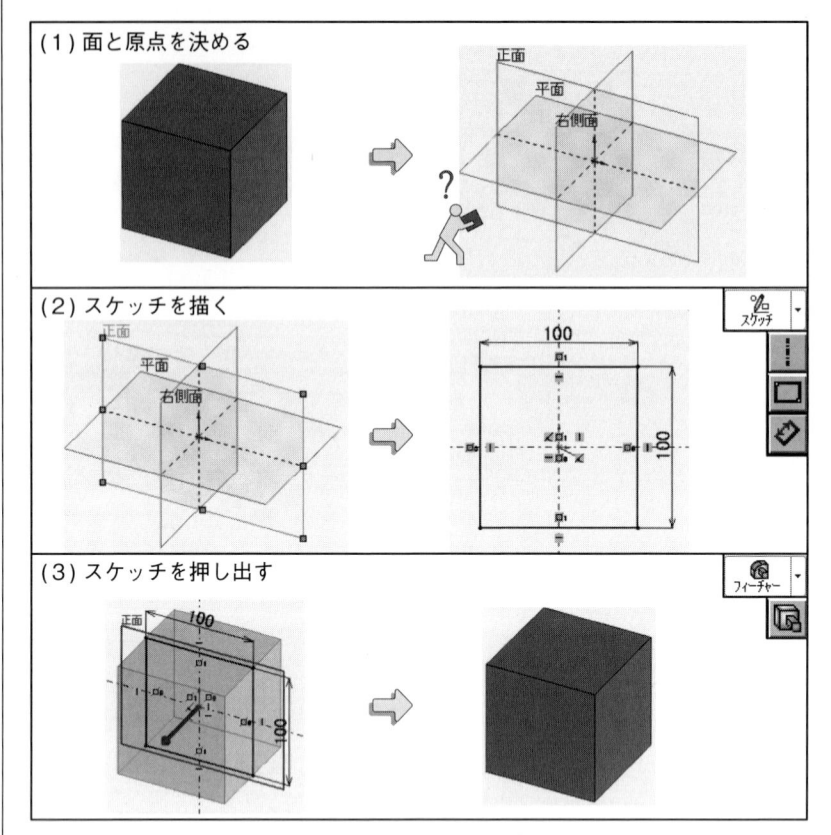

図 3.13 立方体のモデリングの手順

(1) 面と原点を決める

立方体は，作ろうと思えばどこにでも作ることができる。原点の位置，どの面を使用して押し出すのか，最初に決めておくことが重要である（図3.14）。

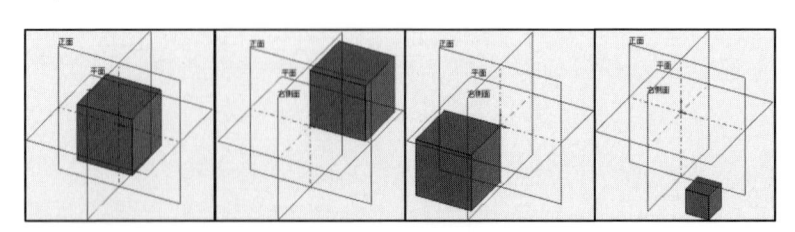

図 3.14 立方体の原点と平面

ここでは，立方体の真ん中を原点として正面を使用して両側に同じ距離を押し出すことにする。

参照ジオメトリ：
　面，軸は，フィーチャーとして任意の位置に作成できる。面を作成するには，
・→ 挿入（メニュー）
　　→ 参照ジオメトリ
　　→ 平面
・CommandManager からも作成できる。

(2) スケッチを描く

図 3.15 のような流れでスケッチを行う。

> スケッチについては，4 章で詳しく説明する。

① 中心線を描く　② 四角を描く　③ 対称の拘束をつける　④ 寸法を記入する

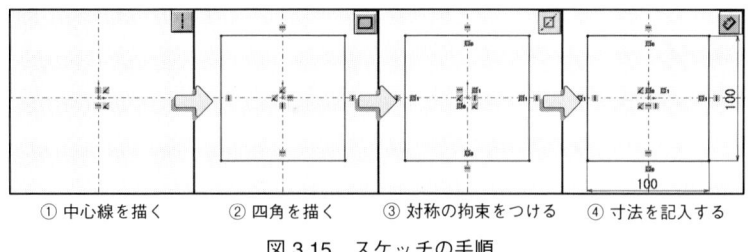

図 3.15　スケッチの手順

① 中心線を描く

図 3.16 のようにスケッチを開始し中心線のコマンドを選択する。

> 慣れたら：
> → 面を選択
> → 押し出し（フィーチャー）でよい。
> 　選択した面でのスケッチが開始し，スケッチを終了した時点で押し出しコマンドが実行される。

> 中心線を描く理由は，③の対称という拘束をつけるためである。

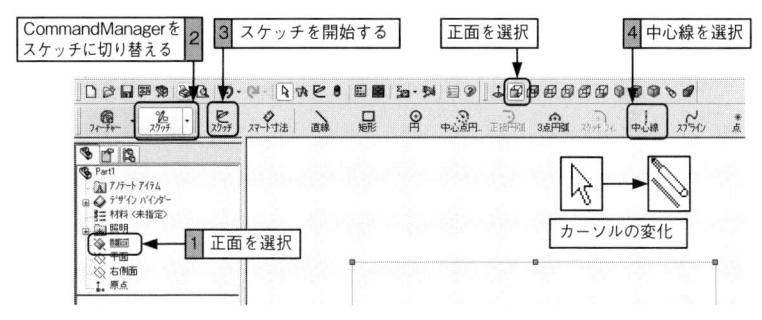

図 3.16　スケッチ開始と中心線コマンド

チェック
・表示の変更を利用し作業が行いやすいようにすること。
・カーソルの状態でどの操作が行えるかがわかるので注意すること。
・FeatureManager から PropertyManager に自動的に切り替わる。

図 3.17 のようにスケッチモードがあるので，中心線コマンドを使用して何本か描いて練習してみよう。

> チェーン (chain)：
> 　クリック-クリックモードでは，クリックするたびにチェーンが作成される。チェーン作成中は，直線や円弧への切り替えが行える。

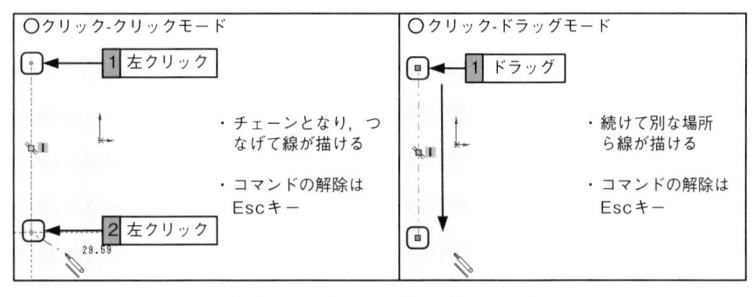

図 3.17　スケッチモードについて

コマンドの解除：
Esc キーで選択の状態になる。その他には，
・右クリック→選択
・標準（ツールバー）→選択

選択状態の解除：
Esc キーで行える。または，グラフィックス領域上の何もないところで左クリック。

推測線 (Inferencing line)
スケッチ中に表示される青い点線のこと。既存のスケッチや原点等を参照したり，拘束関係を推測する。

拘束：
幾何学的な関連を持たせること。詳しくは，4 章で説明する。

黄色のアイコン： 今から描くスケッチに対して表示されたアイコンの拘束をつけるという意味。

青色のアイコン： 表示されている拘束がついているという意味。

アイコンの上にカーソルを移動すると拘束名が確認できる。

矩形（くけい）：
4 つの角が直角の四角形のこと。正方形と長方形が描ける。

図 3.18 のように選択の練習をした後，全てのスケッチを削除（Del キー）しよう。

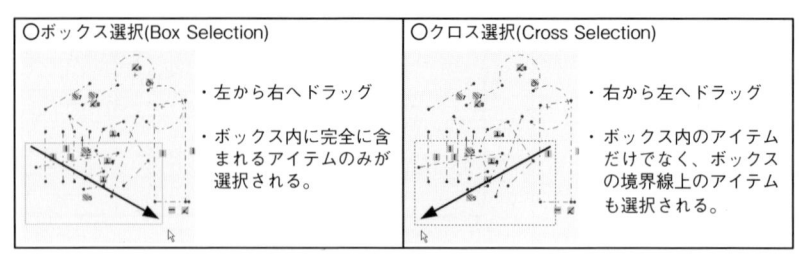

図 3.18 選択について

全て削除したら中心線のコマンドを選択する。図 3.19 のように PropertyManager の設定を変え中心線を描く。

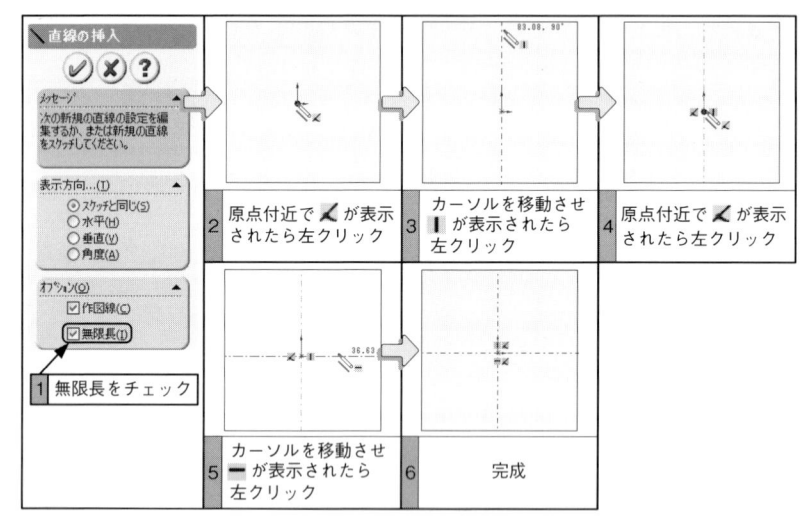

図 3.19 中心線の作成

② 四角を描く

図 3.20 のように矩形コマンドを使用して四角を描く。

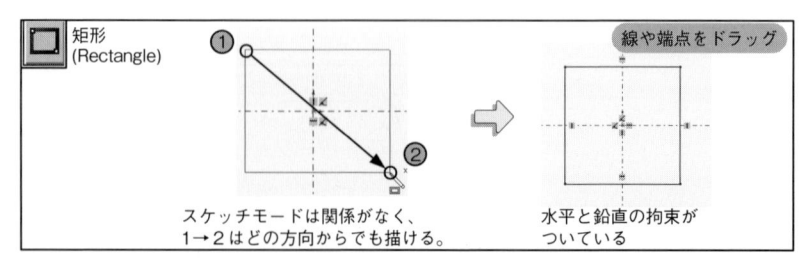

図 3.20 四角を描く

拘束を理解するために拘束や寸法を入れるたびに線の端点や線を選択しドラッグしてみよう。

3-3 立方体のモデリング

③ 対称の拘束をつける

図 3.21 のように，対称の拘束をつける。

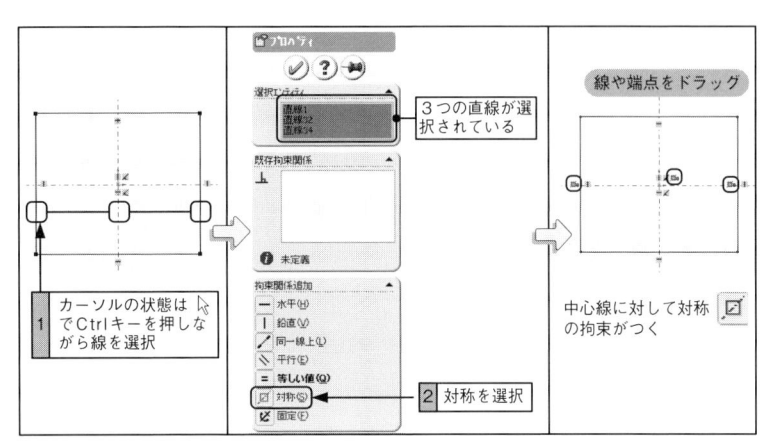

図 3.21　対称拘束をつける

水平な直線に対しても同様に対称の拘束をつける。図 3.22 はクロス選択を使用している。

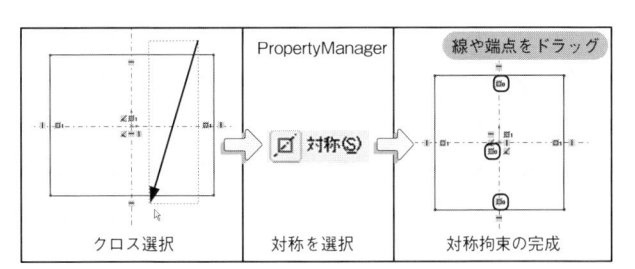

図 3.22　クロス選択による対称拘束

④ 寸法を記入する

図 3.23 のように寸法を記入する。

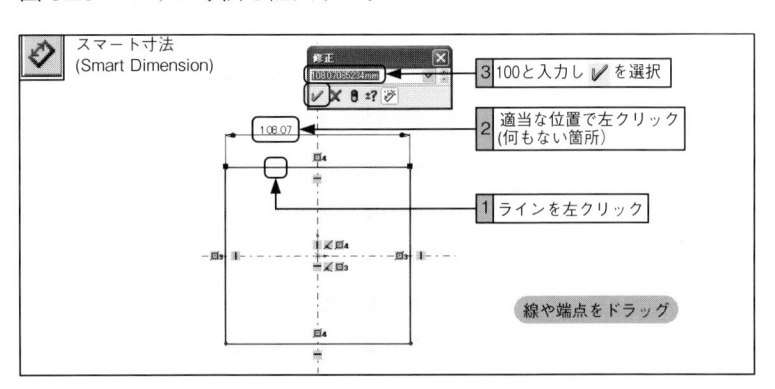

図 3.23　寸法の記入

ここで青色は動くが，黒色は動かない。黒色の状態を定義されているという。図 3.24 のように垂直方向にも寸法を入れると，全て黒色になり，動かなくなる。これを完全定義という。タスクバーで確認が行える。スケッチを終了する。

ここでスケッチを終了せずにそのまま押し出しコマンドを選択してもよい。

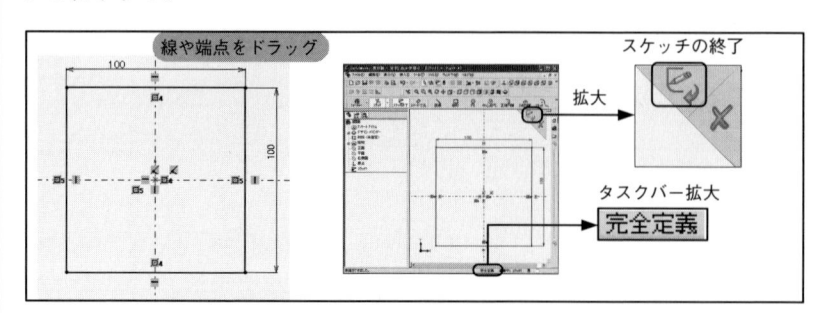

図 3.24　完全定義

チェック
・スケッチツール（直線，矩形，寸法）と Esc キー
・スケッチモードとチェーン。
・選択（ボックス，クロス）と Del キー。
・推測機能と拘束。
・スケッチの色と定義。

(3) スケッチを押し出す

図 3.25 のようにスケッチを押し出す。

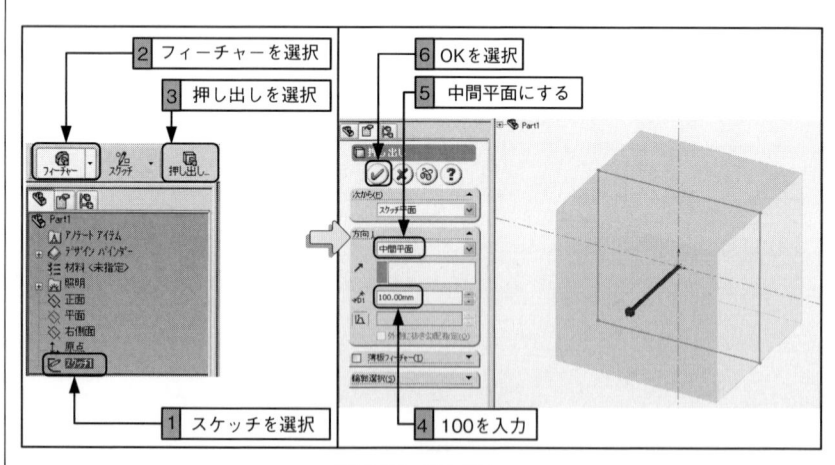

図 3.25　押し出し

立方体の完成である。

3-4 立方体の編集

3-4-1 寸法の変更

作成した立法体の寸法変更は，次のように行う。

1) グラフィックス領域上で立方体をダブルクリックする。
2) 表示された寸法数値をダブルクリックし，数値を変更する。
3) 寸法修正ダイアログボックス内の再構築ボタン 🔘 を選択した後，✔ をクリックする。

3-4-2 フィーチャー編集

フィーチャー編集は，図 3.26 のように FeatureManager のフィーチャーを右クリックからフィーチャー編集にアクセスできる。

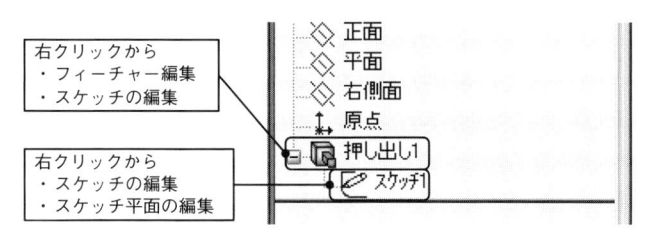

図 3.26 編集について

図 3.27 のように PropertyManager が押し出しフィーチャーの編集が行える状態になるので，押し出し状態，開始条件，数値を変更してみよう。変更後の状態がわからない場合は，平面を表示させてみること。押し出し状態をブラインドにするとそのすぐ左側に反対方向のアイコンが表示されるので実行して確認してみよう。

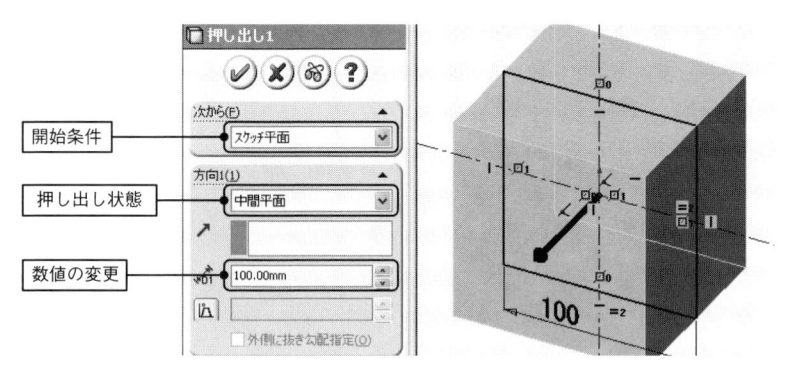

図 3.27 押し出しフィーチャーの編集

寸法の変更：
✔ を選択して修正ダイアログボックスを終了してから再構築のコマンドを実行してもよい。FeatureManager のフィーチャーや部品に再構築のマークがついている場合，変更がモデルに反映されないので気をつけること。

フィーチャー編集：
グラフィックス領域のソリッドのサーフェスを選択して右クリックからでもアクセスできる。
図 3.26 のスケッチ 1 を表示させるには，押し出し 1 の横の + をクリックする。

3-4-3 スケッチ編集

スケッチ編集は，図 3.26 のように，FeatureManager のフィーチャーまたは，展開したスケッチを右クリックからアクセスできる。対称拘束のアイコンを選択して Del キーで削除すると図 3.28（左図）のようになり，全てスケッチの色が青くなる。端点をドラッグして原点に一致させ，編集を終了する。

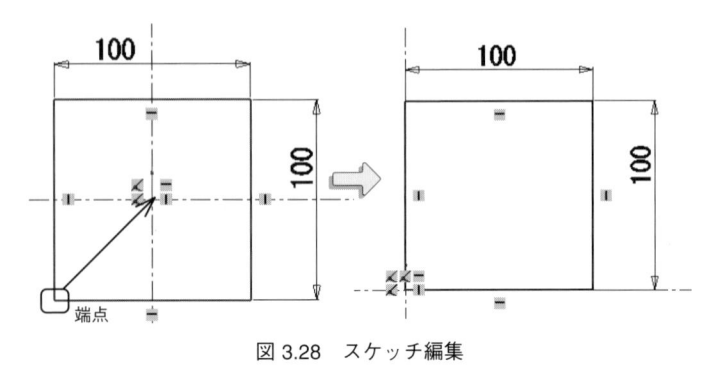

> **スケッチ編集：**
> グラフィックス領域のソリッドのサーフェスを選択して右クリックからでもアクセスできる。

図 3.28　スケッチ編集

3-4-4 スケッチ平面編集

スケッチ平面編集は，図 3.26 のようにフィーチャーを展開させたスケッチを右クリックからアクセスする。図 3.29 のように，グラフィックス領域の左上にフライアウト FeatureManager が表示されるので＋から展開し，その他の面（右側面や平面）を選択して状態を確認してみよう。変更後の確認は，平面を表示させ，押し出し状態をブラインドにして，正方形を長方形に変えた方が確認しやすい。

> **フライアウト FeatureManager：**
> 平面を表示させている場合はそのままグラフィックス領域上の面を選択すればよい。

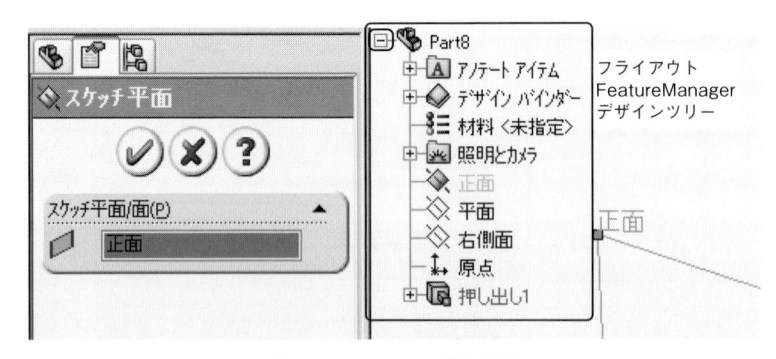

図 3.29　スケッチ平面編集

練 習 問 題

1 オンラインチュートリアル

オンラインチュートリアルのレッスン1は，ヘルプ（メニュー）からアクセスできる。説明やリンク機能もあり，30分くらいで1つのレッスンが行えるようになっている。

図 3.30 オンラインチュートリアルのレッスン1

2 色の変更

色の編集コマンドを使用して，色の設定や色の削除を行ってみること。図 3.31 のように開閉が行える部分を展開すると色，表示/非表示，抑制等の状態が確認できる。色の編集は，部品全体，ソリッドボディ，サーフェスに対して行える。

色・材料の編集：
コマンドを実行せずに FeatureManager やサーフェスを選択して右クリックから外観で編集が行える。

ソリッドボディの押し出し1を表示させるには，図 E1 のソリッドボディ(1) の横の＋をクリックする。

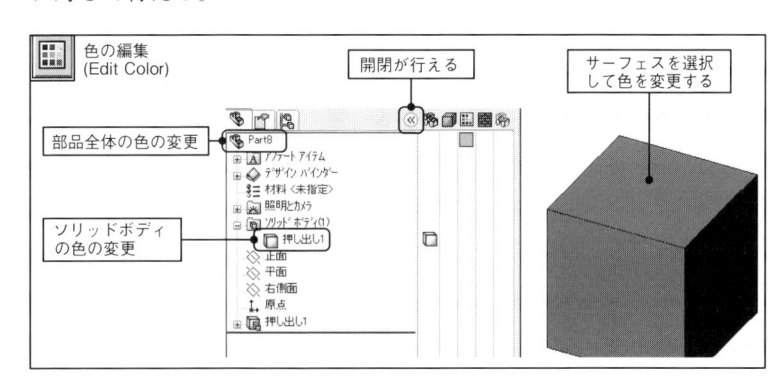

図 3.31 色の変更について

3 材料の編集

(1) 材料の設定

材料の編集は，FeatureManager から材料を選択し，右クリックから「材料編集」を選択することで設定が行える。材料の物性値は，材料編集の PropertyManager の一番下にある「物理プロパティ」から確認できる。

(2) RealView グラフィックス

材料の設定後に，RealView グラフィックスのコマンドを使用して表示状態を変更してみよう。

材料の編集：
物理プロパティの編集や追加は，新規にデータベースを作成することで可能になる。作成する場合はもとのファイルのバックアップを必ずとっておくこと。質量等の値は，物理プロパティを利用して計算される。本書では使用しないが，CAE 等の解析を行う際にも必要になる。

4 用語に関する問題

SolidWorksのヘルプ，インターネット，書籍等を利用して，以下の用語について簡単に説明しなさい。

1	ユーザーインターフェース	
2	デスクトップ	
3	マウスカーソル（ポインタ）	
4	アイコン	
5	メインメニュー	
6	テンプレートファイル	
7	オンラインヘルプ（ヘルプ）	
8	ショートカット（キー）	
9	ダイアログボックス	
10	ドラッグアンドドロップ	
11	ドラッグ	
12	拡張子	
13	ツールバー	
14	チュートリアル	
15	アプリケーション（ソフト）	
16	デフォルト	
17	ステータスバー	
18	フィーチャー	
19	ボックス選択	
20	クロス選択	

第4章　スケッチの詳細

4-1　スケッチツールバーについて

4-2　スケッチ拘束について

4-3　寸法記入について

4-4　スケッチの色について

4-5　どのようなスケッチを描くか？

　　　練習問題

4-1 スケッチツールバーについて

図 4.1 は，スケッチツールバーに表示される基本的なコマンドの解説と簡単な例を示したので，実際に使ってみるのがよい。

> スケッチツールバーの機能も含め基本的な機能は，全て右クリックからアクセスできる。

アイコン	名称	例	説明
	スケッチ/スケッチ終了 (Sketch)/(Exit Sketch)	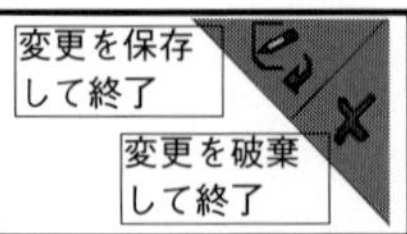 変更を保存して終了／変更を破棄して終了	・2Dスケッチの開始と終了を行う。 ・終了はウィンドウ右上、左図でも行える。
	スマート寸法 (Smart Dimension)	 10	・寸法の記入が行える。
	直線 (Line)	 ①②	・①②ともに任意の位置を指定。
	矩形 (Rectangle)	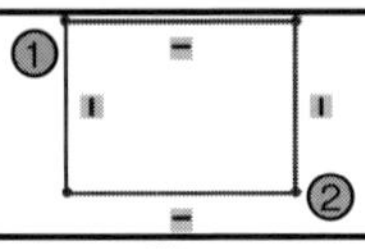 ①②	・①②ともに任意の位置を指定。 ・鉛直と水平の拘束がつく。
	円 (Circle)	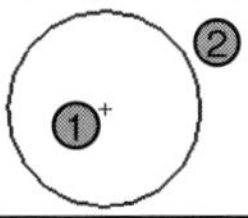 ①②	・①中心点、②円周上の位置を指定。
	中心点円弧 (Centerpoint Arc)	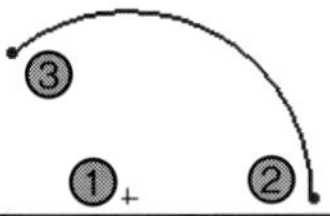 ①②③	・①中心点、②開始位置、③終了位置を指定。
	正接円弧 (Tangent Arc)	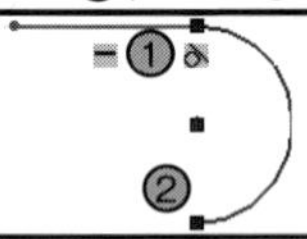 ①②	・①既存のスケッチの端点、②任意の位置を指定。 ・正接の拘束がつく。
	3点円弧 (3 Point Arc)	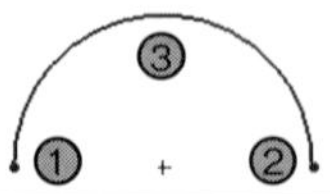 ①②③	・①開始位置、②終了位置、③任意の位置を指定。
	スケッチフィレット (Sketch Fillet)	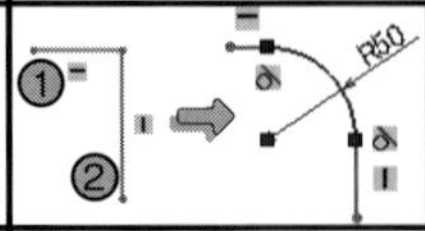 R50	・①②ともに既存の線を選択。または交点を選択。 ・正接の拘束と寸法がつく。
	中心線 (Centerline)	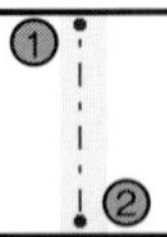 ①②	・①②ともに任意の位置を指定。
	スプライン (Spline)	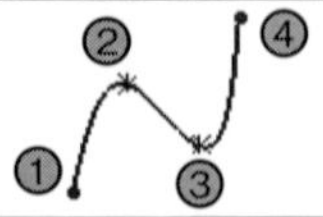 ①②③④	・スプライン点の位置を指定。 (例は4点を指定)
	点 (Point)	✻	・任意の位置を指定。 ・主に穴フィーチャーで使用する。

中心線：
　オプションが作図線なだけで，直線コマンドと同じである。

図 4.1　スケッチツールバー (1/2)

4-1 スケッチツールバーについて

幾何拘束の追加：
　コマンドを実行しなくてもエンティティを複数選択しPropertyManagerで拘束の設定が行える。

幾何拘束の表示/削除：
　コマンドを実行しなくてもグラフィックス領域上のアイコンを選択しDelキーで削除が行える。

スナップ：
　フィルタ機能となり点なら点だけを選択できるようになる。
　スナップ機能，推測機能，自動拘束機能がデフォルトで設定されており，基本的にスナップ機能は使用しなくてもよい。

ミラー：
　単純に中心線を対称にコピーしているのではない。例でいうと下の水平な線は1本の線になっている。

トリム：
　トリム機能選択時に右クリックから延長コマンドに切り替えができる。
　ヘルプにはGIF形式の動画ファイルによる説明がある。

エンティティの移動：
　ドラッグによる移動とは異なり複数のエンティティをそのままの状態で移動できる。
　移動と同様の機能として回転，コピー，スケール変更のコマンドがある。

アイコン	名称	画像	説明
	幾何拘束の追加 (Add Relation)		・コマンドを実行し ①グラフィックス領域上のエンティティを選択、 ②追加する拘束を選択する。
	幾何拘束の表示/削除 (Display/Delete Relations)	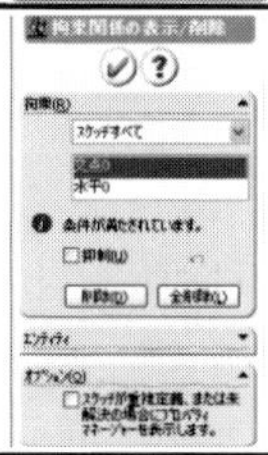	・幾何拘束の表示と削除が行える。
	クイックスナップ (Quick Snaps)	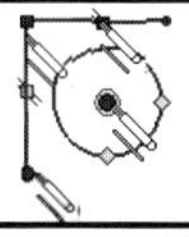	・スナップ機能が使用できる。
	エンティティのミラー (Mirror Entities)	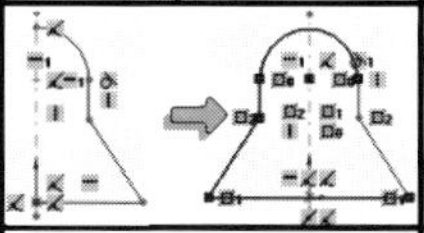	・①中心線とエンティティを選択 ②コマンドを実行する。 ・拘束がつき、線が接続される。
	エンティティの変換 (Convert Entities)	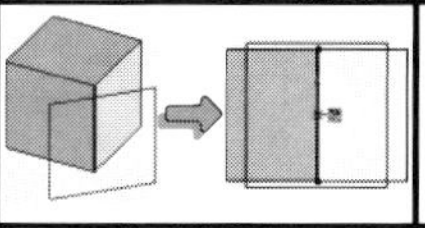	・①エンティティを選択、 ②コマンドを実行するとスケッチ平面にエンティティが投影できる。 ・エッジ上という拘束がつく。
	エンティティのオフセット (Offset Entities)	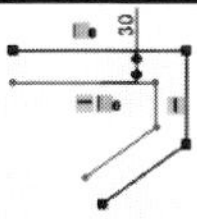	・コマンドを実行し、参照するエンティティを選択。 ・オフセット拘束と寸法がつく。
	エンティティのトリム (Trim Entities)	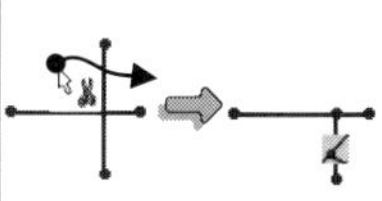	・ここでは、パワートリムでドラッグしトリムした。 ・トリム後は一致の拘束がつく。
	作図ジオメトリ (Construction Geometry)	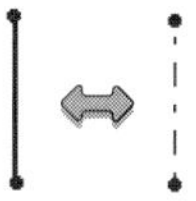	・スケッチエンティティと作図ジオメトリの切り替えが行える。 ・作図ジオメトリは作図用でフィーチャー作成時は無視される。
	エンティティの移動 (Move Entities)	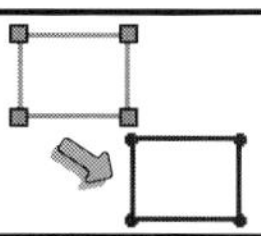	・エンティティの移動が行える。
	3Dスケッチ (3D Sketch)	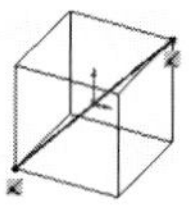	・3Dスケッチの開始と終了を行う。

図 4.1　スケッチツールバー (2/2)

4-2 スケッチ拘束について

図 4.2 は，基本的な幾何拘束について簡単な例と，選択するエンティティの説明を示したので，実際に使ってみよう。

自動拘束機能：
スケッチ中に自動拘束機能や推測機能を働かせたくないときは Ctrl キーを押しながらスケッチを行う。

スケッチ拘束の表示/非表示の切替え：
次から切り替える。
→ 表示（メニュー）
→ スケッチ拘束

拘束	①	②	説明
水平 (Horizontal)	直線の例	点の例	①1つ以上の直線。②2つ以上の点(点、端点、中心点等)。
鉛直 (Vertical)	直線の例	点の例	①1つ以上の直線。②2つ以上の点(点、端点、中心点等)。
等しい値 (Equal)	直線の例	円弧の例	①2つ以上の直線。②2つ以上の円弧。
平行 (Parallel)			・2つ以上の直線
垂直 (Perpendicular)			・2つの直線
同一線上 (Collinear)			・2つ以上の直線
対称 (Symmetric)			・1つの中心線と点(点、端点、中心点等)、円弧、直線等それぞれ2つ。例は直線2つ。
中点 (Midpoint)	直線の例	円の例	・①②ともに直線と点(点、端点、中心点等)。
一致 (Coincident)	直線の例	円弧の例	・①②ともに点(点、端点、中心点等)とその他のジオメトリ(端点同士、端点と中心点はマージになる)。
マージ (Merge)	直線の例	円の例	・①2つの端点。②端点と中心点。
交点 (Intersection)			・①2つ以上のジオメトリ(直線、円弧、スプライン等)と点(点、端点、中心点等)
同心円 (Concentric)	円弧の例	円弧と点の例	・①は円弧2つ以上、②は円弧と点。

図 4.2　幾何拘束について (1/2)

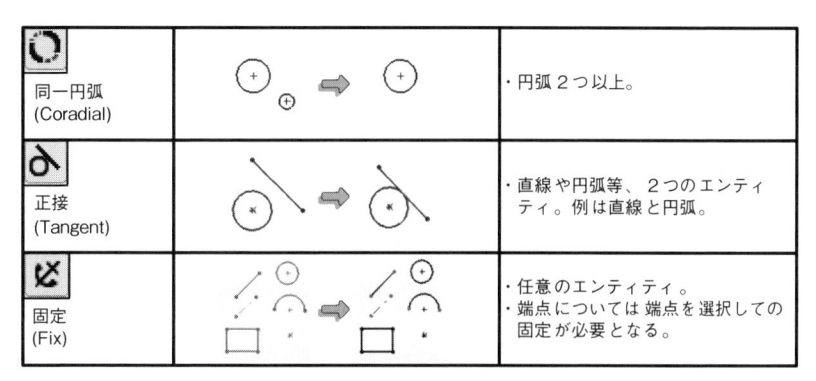

アイコン	名称	図例	説明
○	同一円弧 (Coradial)		・円弧2つ以上。
♂	正接 (Tangent)		・直線や円弧等、2つのエンティティ。例は直線と円弧。
⚓	固定 (Fix)		・任意のエンティティ。 ・端点については端点を選択しての固定が必要となる。

図 4.2　幾何拘束について (2/2)

　グラフィックス領域上での拘束アイコンの色の変化は4種類あり，次に示す色は，デフォルトの色で後から変更は可能である。

- ・白色：スケッチ作成時やジオメトリを移動する際に表示され，推測や基準のような働きで実際に拘束はつかない。
- ・黄色：スケッチ作成時やジオメトリを移動する際に表示され，拘束が追加される。
- ・青色：アイコンの拘束がついているという意味。
- ・ピンク色：アイコンを選択した状態。

4-3　寸法記入について

■ スマート寸法

　図 4.3 は，スマート寸法による寸法記入例と解説を示しており，実際に使ってみるのがよい。水平寸法，垂直寸法のコマンドもあるが，スマート寸法のコマンドでほとんどの寸法が記入できる。図面作成の際にも同じ機能を使用して寸法記入を行う。

> スマート寸法：
> 　一度配置した寸法は，選択してドラッグすると配置の移動が行える。また，矢印の向きが変えられる。

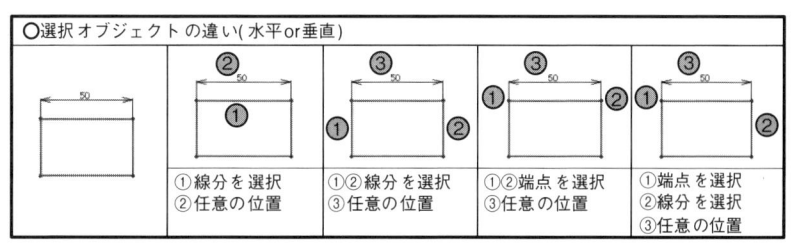

○選択オブジェクトの違い(水平or垂直)

①線分を選択 ②任意の位置	①②線分を選択 ③任意の位置	①②端点を選択 ③任意の位置	①端点を選択 ②線分を選択 ③任意の位置

図 4.3　スマート寸法 (1/2)

第 4 章 スケッチの詳細

寸法プロパティ：
　寸法プロパティは，次からアクセスする。
→ 寸法を右クリック
→ プロパティ

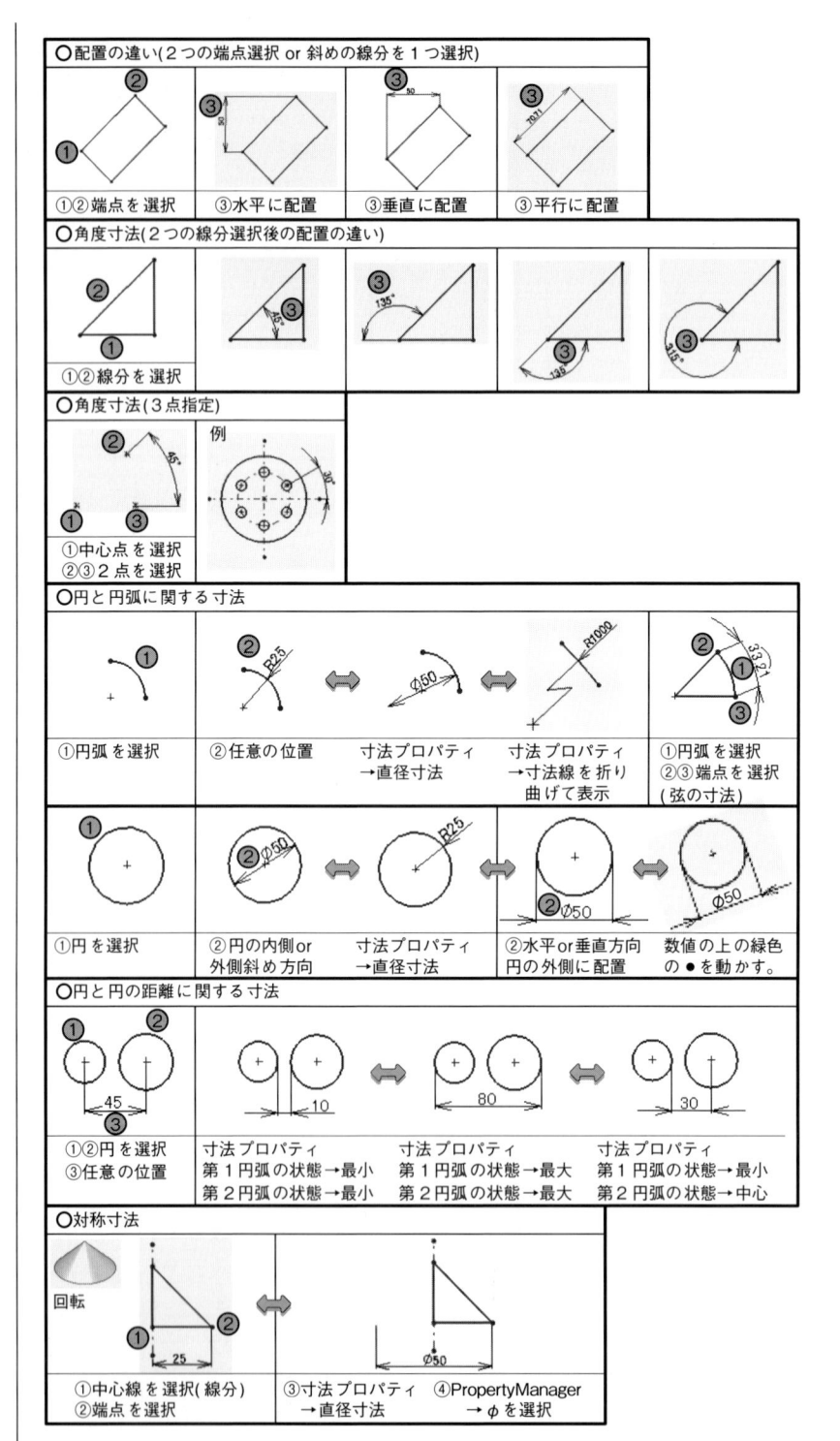

図 4.3　スマート寸法 (2/2)

累進寸法と自動寸法

図 4.4 に示すように累進寸法の記入が行える。累進寸法は，ある基準（点，線）からの寸法を記入する方法で 1 本の寸法線で記入が行える。累進寸法や自動寸法は，予め拘束をつけてから寸法を記入するとよい。

> 累進寸法：
> メニューやアイコンからもアクセスできる。
> 累進寸法への追加は，配置してある累進寸法を右クリックから「累進寸法に追加」を選択。

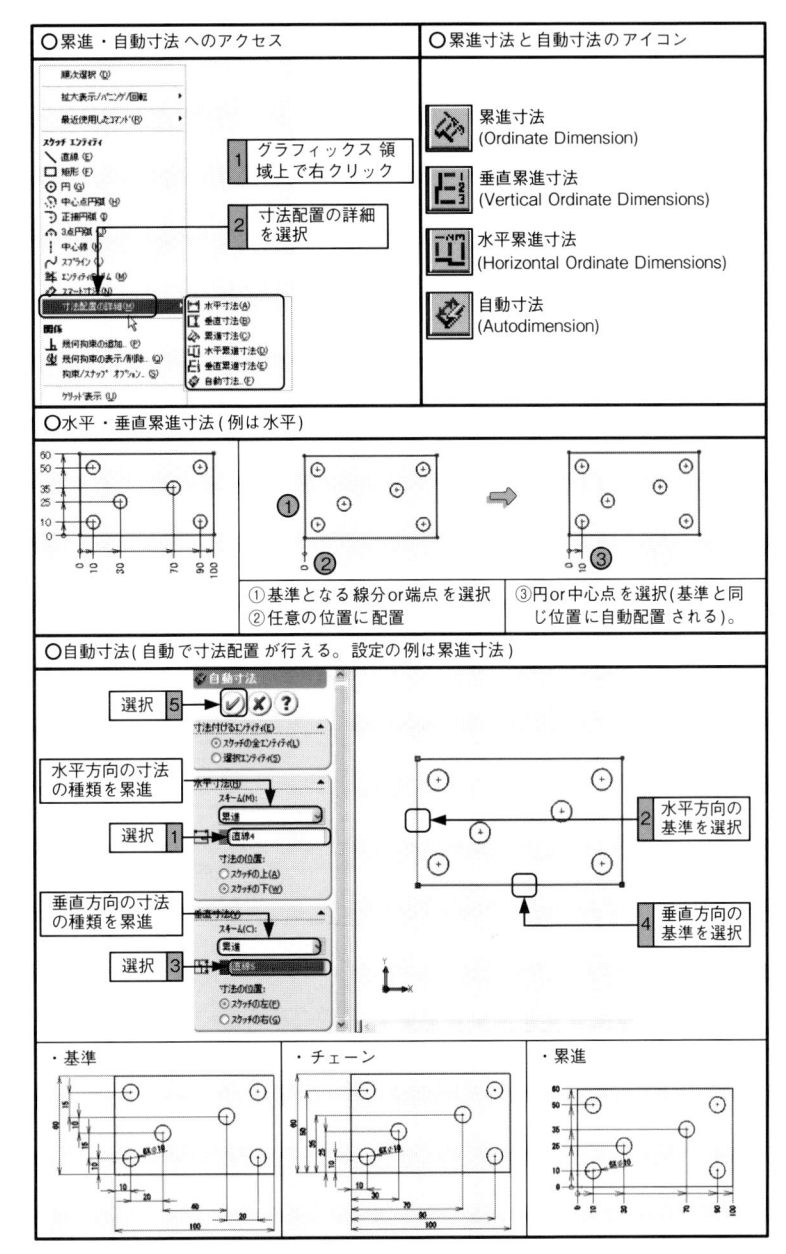

図 4.4　累進寸法と自動寸法

第4章 スケッチの詳細

従動寸法:
図面では重複寸法はもちろん禁止である。必要な場合は ( ) を用いて記入する。ここでは，スケッチ用として描いており，色も違うため他人が見ても判断できる。PropertyManager で ( ) をつけてもよい。

■ 駆動寸法と従動寸法

図 4.5（色についてはデフォルト設定）は駆動寸法と従動寸法について示している。従動寸法は，図 4.5 のように駆動寸法で完全定義されているが，さらに全体の長さを知りたいときなどに配置しておくとよい。

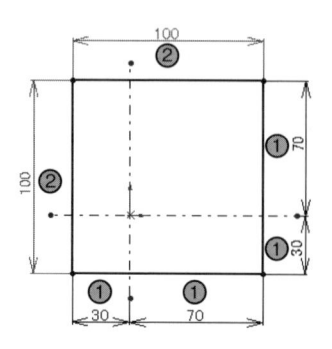

駆動寸法 (Driving Dimension)
・図の①、色は黒色。
・値の設定、変更が行える。

従動寸法 (Driven Dimension)
・図の②、色は灰色。
・参照用寸法として表示され、値の変更はできない。
・更新は自動的にされる。

図 4.5 駆動寸法と従動寸法について

■ 寸法の変更

寸法修正は，配置した寸法をダブルクリックすると，図 4.6 のように修正ダイアログボックスが表示されるので，寸法変更が行える。

修正ダイアログボックス:
ダイアログボックスが開いた時点で値が選択されているので Del キーを押さなくても数値を入力すると置き換わる。

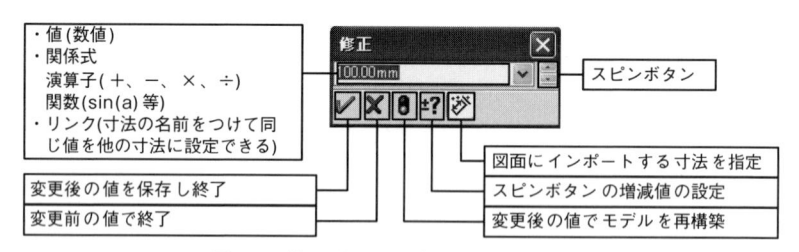

・値 (数値)
・関係式
　演算子 (+、ー、×、÷)
　関数 (sin(a) 等)
・リンク(寸法の名前をつけて同じ値を他の寸法に設定できる)

変更後の値を保存し終了
変更前の値で終了
図面にインポートする寸法を指定
スピンボタンの増減値の設定
変更後の値でモデルを再構築

図 4.6 修正ダイアログボックスについて

4-4 スケッチの色について

下に示した色はデフォルトの色である。青色，黒色の状態でエラーメッセージが表示されずにモデリングが行える。基本的に黒色の完全定義でスケッチを終了すること。その他の色は，修正が必要になる。

- 青色〈未定義 (Under Defined)〉：拘束や寸法が不十分な状態。
- 黒色〈完全定義 (Fully Defined)〉：拘束や寸法が必要十分な状態。
- 赤色〈重複定義 (Over Defined)〉：拘束や寸法が必要以上にある状態。
- 茶色〈拘束先が不明 (Dangling)〉
- ピンク〈未解決 (Not Solved)〉
- 黄色〈無効 (Invalid Geometry)〉

スケッチの完全定義:
ステータスバーをチェックすることでもよいが，オプション設定で完全定義でないとスケッチを終了させないようにすることもできる。

→ ツール（メニュー）
→ システムオプション
→ スケッチ
→ 完全に定義されたスケッチを使用

完全定義の状態でもスケッチをドラッグして移動させることで寸法を変更できるようにすることもできるが，使用しない方がよい。

→ ツール（メニュー）
→ システムオプション
→ スケッチ
→ ドラッグ/移動による寸法修正

4-5　どのようなスケッチを描くか？

■ いろいろなスケッチ

図4.7に示すように，どのようなスケッチを描いても3次元形状モデルは作れる。中には注意が必要となるスケッチもある。複雑なスケッチを描いて3次元モデリングをした方が，再構築時間は短くなる。特にフィレットフィーチャーを使用するよりも，スケッチに含めた方が再構築時間は短くなる。簡単なスケッチを作成し，フィーチャーを積み重ねてモデリングをした方がわかりやすい場合もある。

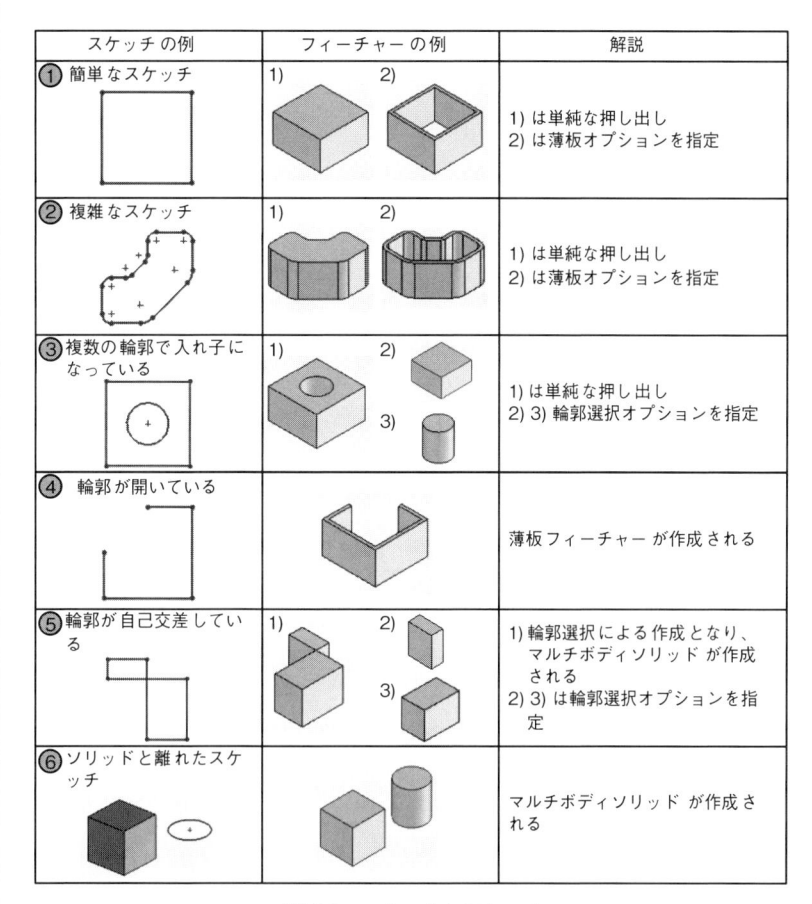

スケッチの例	フィーチャーの例	解説
① 簡単なスケッチ	1) 2)	1) は単純な押し出し 2) は薄板オプションを指定
② 複雑なスケッチ	1) 2)	1) は単純な押し出し 2) は薄板オプションを指定
③ 複数の輪郭で入れ子になっている	1) 2) 3)	1) は単純な押し出し 2) 3) 輪郭選択オプションを指定
④ 輪郭が開いている		薄板フィーチャーが作成される
⑤ 輪郭が自己交差している	1) 2) 3)	1) 輪郭選択による作成となり、マルチボディソリッドが作成される 2) 3) は輪郭選択オプションを指定
⑥ ソリッドと離れたスケッチ		マルチボディソリッドが作成される

図4.7　いろいろなスケッチ

ポイント
・状況に合わせたスケッチやモデリングをする。
・シンプルでわかりやすいようにした方がよい。
・変更や修正が行いやすいようにした方がよい。

■ 設計意図 (Design Intent)

　原点，平面，スケッチ，幾何拘束，寸法，フィーチャーの作成の仕方により 3 次元モデルの状態は異なる。図 4.8 に示すスケッチのように，拘束の入れ方や寸法の配置の仕方によって寸法の変更後の状態は異なる。自分の意図する 3 次元モデルを作成するようにスケッチを描くこと。

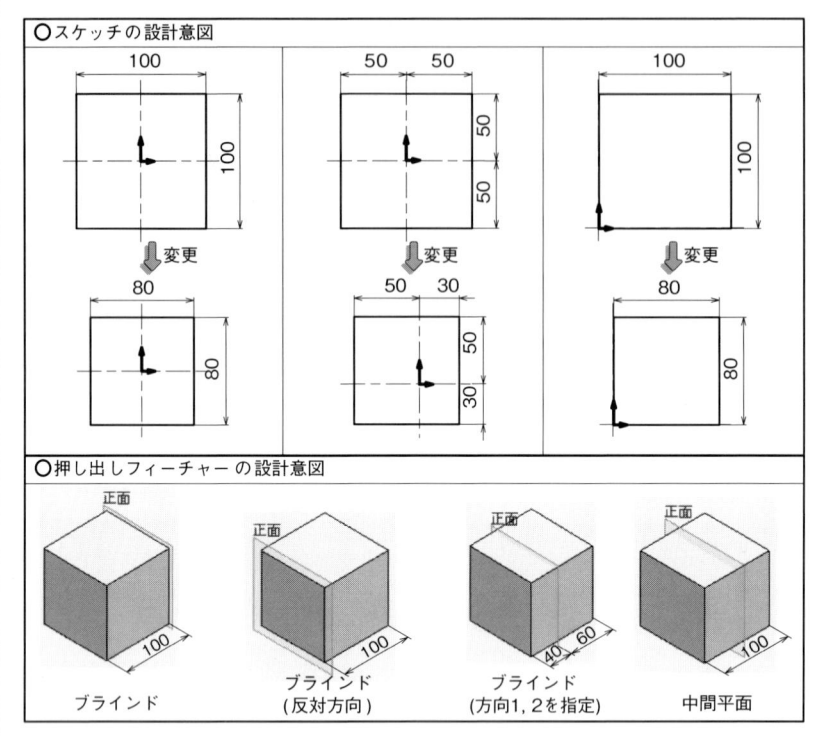

図 4.8　設計意図について

■ 作成できないソリッドモデル

　図 4.9 に示すような厚みがゼロのジオメトリは作成できない。厚みがゼロのジオメトリは，ソリッドモデルの頂点やエッジが適切に接続されていない場合に起こる。数学的な問題やエラーとなるので作成できない。

> 厚みがゼロのジオメトリでは，モデリングの断面表示や図面での断面図の作成ができない。

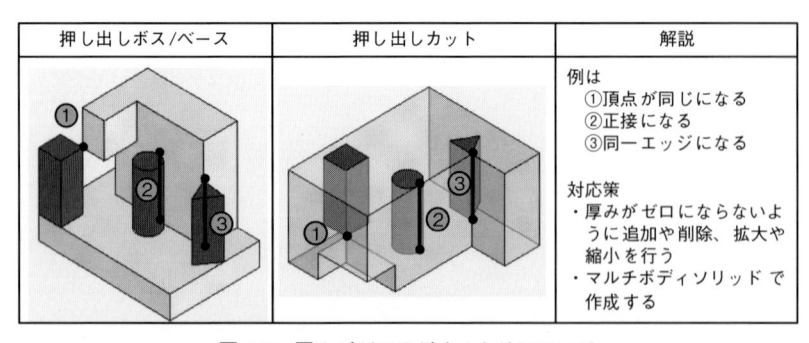

図 4.9　厚みがゼロのジオメトリについて

練習問題

1 スケッチの練習

図4.10には必要な寸法しか入れていないので，拘束を追加し完全定義の状態にしなさい。

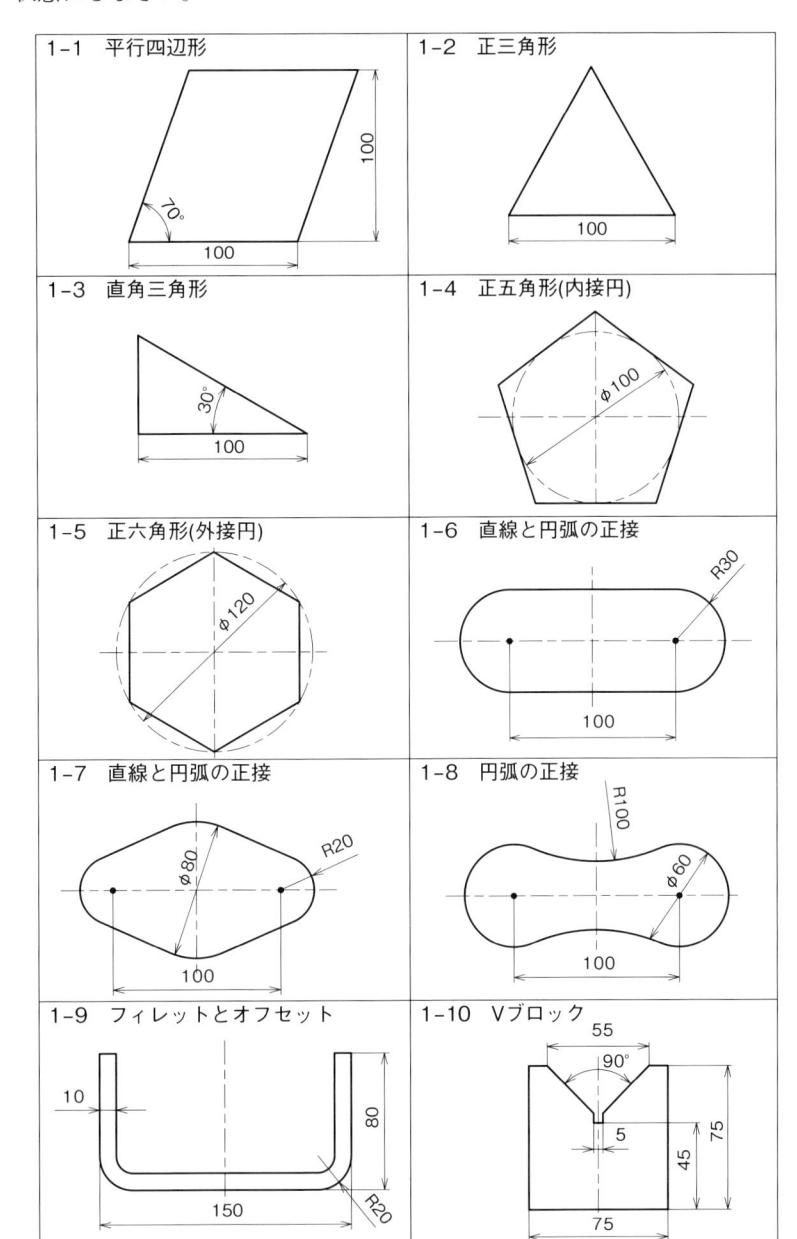

1-1 平行四辺形 （100, 100, 70°）
1-2 正三角形 （100）
1-3 直角三角形 （100, 30°）
1-4 正五角形(内接円) （φ100）
1-5 正六角形(外接円) （φ120）
1-6 直線と円弧の正接 （R30, 100）
1-7 直線と円弧の正接 （φ80, R20, 100）
1-8 円弧の正接 （R100, φ60, 100）
1-9 フィレットとオフセット （10, 80, 150, R20）
1-10 Vブロック （55, 90°, 5, 75, 45, 75）

図 4.10　スケッチの練習

直線と円弧の正接について：
1-7のように直線と円弧が接するポイントは，円の中心線の位置ではない。これは，3次元の形状でも同じで，球体に勾配をつける場合，球の中心面から勾配をつけないこと。

多くのソフトウェアでは，チュートリアル，ヘルプ，pdfファイルでマニュアルが用意されていたり，ソフトメーカー，販売店，ユーザーのホームページに操作手順の解説があったりする。これらを利用することで基本的な操作方法が修得でき，便利な機能が見つかることもある。

2 オンラインチュートリアル

モデリングについては5章で，図面については6章で詳細な説明を行うので，予習のつもりで取り組んでみよう。高度な内容のものもあるが，解説に従って進めていくと作成が容易である。

○レッスン2-アセンブリ

　レッスン1で作成した部品を基に簡単なアセンブリを作成しながら、以下について学習できる。

・アセンブリに部品を追加する
・アセンブリの構成部品を移動、回転する

○レッスン3-図面

　レッスン1とレッスン2で作成した部品とアセンブリの図面を作成しながら、以下について学習できる。

・図面テンプレートを開き、シートフォーマットを編集する
・部品モデルの標準3面図を挿入する
・モデルと参照アノテートアイテムを追加する
・別の図面シートを追加する
・方向指定ビューを挿入する
・図面を印刷する

○30分間レッスン

　右図のようなモデルと図面を作成しながら、以下について学習できる。

・スケッチからのベースやボス、カットフィーチャーの作成
・滑らかなエッジへのフィレットの追加
・円形パターンの作成
・図面ビューの追加
・図面への中心線、中心マーク、寸法の追加

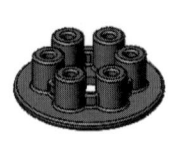

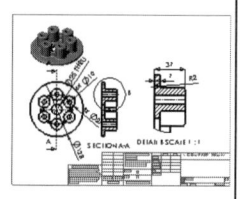

○3Dスケッチ

　右図のようなモデルを作成しながら、以下について学習できる。

・座標系を基準とするスケッチ
・3D空間での寸法配置
・フィーチャーのミラー

○平面を利用した3Dスケッチ

　右図のようなモデル(デザインモデル)を作成しながら、以下について学習できる。

・選択平面上で3Dスケッチを開く
・3Dスケッチ平面の追加
・3Dスケッチの作成
・サーフェスロフトの作成

図4.11　オンラインチュートリアル

3 用語に関する問題

SolidWorks のヘルプ，インターネット，書籍等を利用して，以下の用語について簡単に説明しなさい．

1	トリム	
2	ミラー	
3	フィレット	
4	スナップ機能	
5	拘束	
6	矩形	
7	オフセット	
8	作図ジオメトリ	
9	完全定義	
10	重複定義	
11	推測機能	
12	端点	
13	スプライン	
14	駆動寸法	
15	従動寸法	
16	順次選択	
17	再構築	
18	自己交差	
19	厚みがゼロのジオメトリ	
20	マルチボディソリッド	

第5章　3次元モデリング技法

5-1　始める前に
5-2　押し出し
5-3　参照ジオメトリ
5-4　回　転
5-5　穴ウィザード
5-6　フィレット
5-7　面取り
5-8　シェル
5-9　スイープ
5-10　ロフト
　　　練習問題

5-1 始める前に

5章では，9つのフィーチャーを使用しながら簡単なモデルの作成例を示す。また，各フィーチャーについてオプションの解説や注意事項を示している。各例題には，原点の位置（●で指定している）と投影法のなかの三角法で描かれた3つの投影図を示している。さらに，等角投影表示や不等角投影表示にしたときの図を示しているので，その図のようにモデリングを行うのがよい。図5.1は，例題で使用する投影法の三角法について示す。

図面について：
実際の図面では，必要な投影図や断面図のみ描く。投影図1つで表せる場合もあれば，数多くの投影図や断面図が必要な場合もある。また，正面図（主投影図）は，対象物の機能や形状を最も明瞭に表す面を選ぶので実際には，三角法の説明に使用した面を正面図に選ぶ。

各例題について：
モデリング例には，拘束をつけていないが，各スケッチに必要な拘束をつけること。

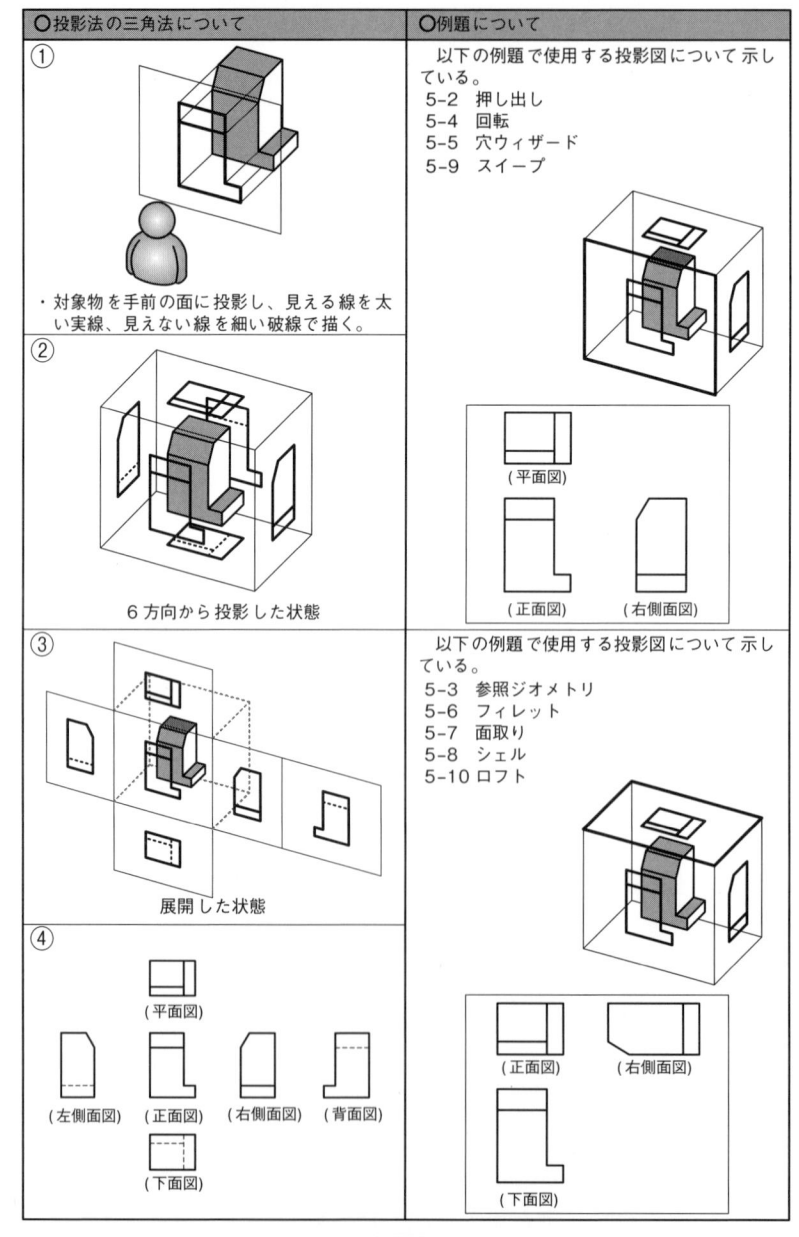

図5.1 投影図について

5-2 押し出し

5-2-1 押し出しフィーチャーのモデリング例

図 5.2 は，3 面図と等角投影図を示している。モデリングは，等角投影表示にしたとき，図 5.2 のような向きと原点（●）の位置にすること。図 5.3 と 5.4 は，押し出しボス／ベースと押し出しカットのコマンドを使用したモデリングの例を示している。

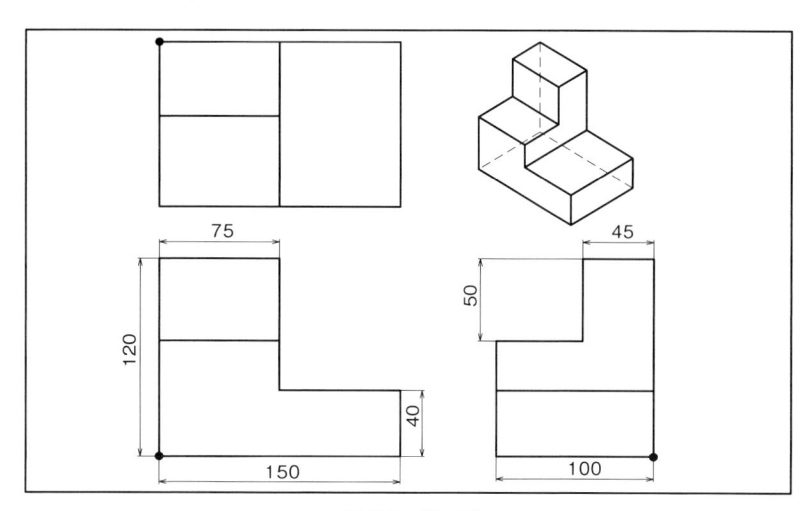

図 5.2　例　題

① 平面にスケッチをして押し出しボス／ベース。

② 面にスケッチをして押し出しボス／ベース。

③ 面にスケッチをして押し出しボス／ベース。

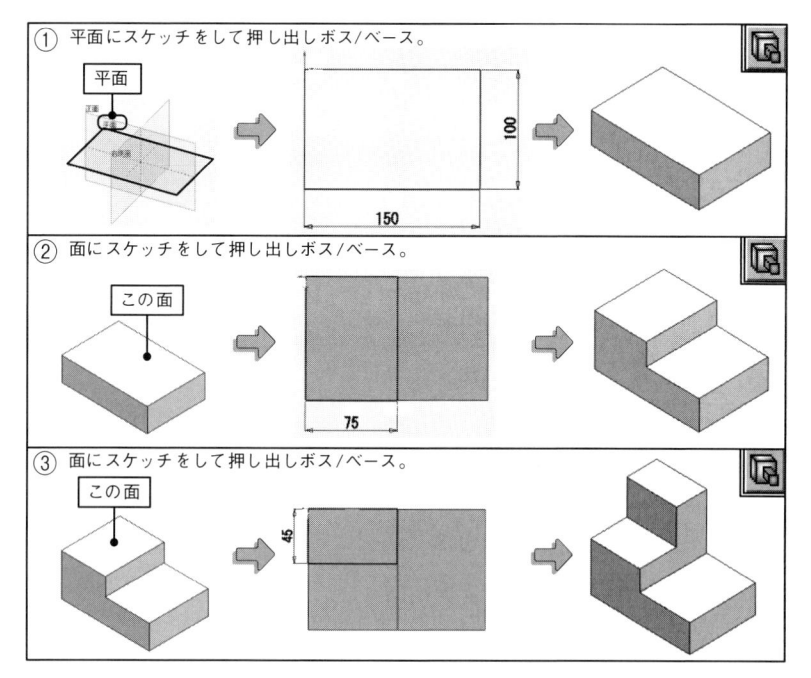

図 5.3　モデリング例 1

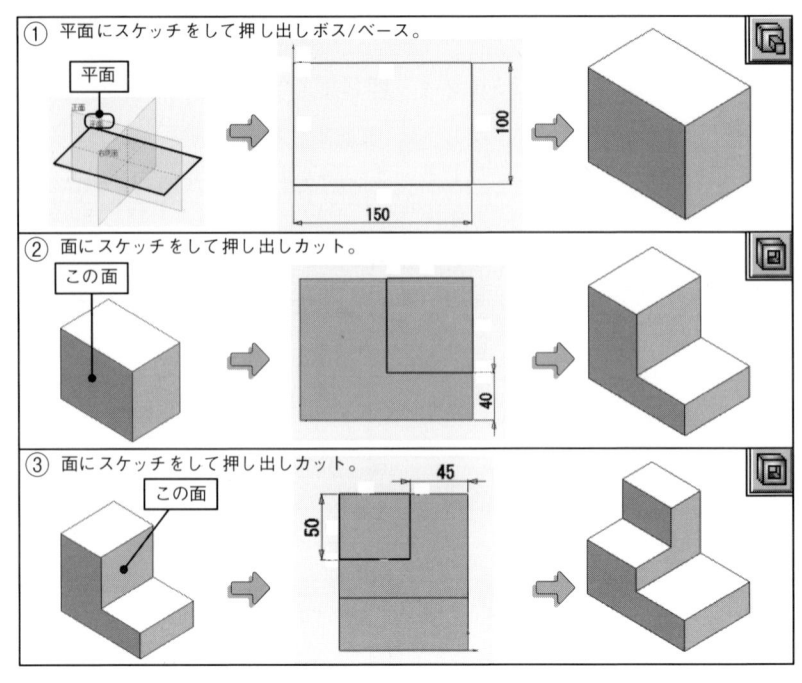

図5.4 モデリング例2

5-2-2 押し出しフィーチャーの解説

押し出しフィーチャーは，輪郭を押し出してボス/ベース，カット，サーフェスが作成できる。図5.5は，押し出しボス/ベース，押し出しカットのPropertyManagerについて説明している。

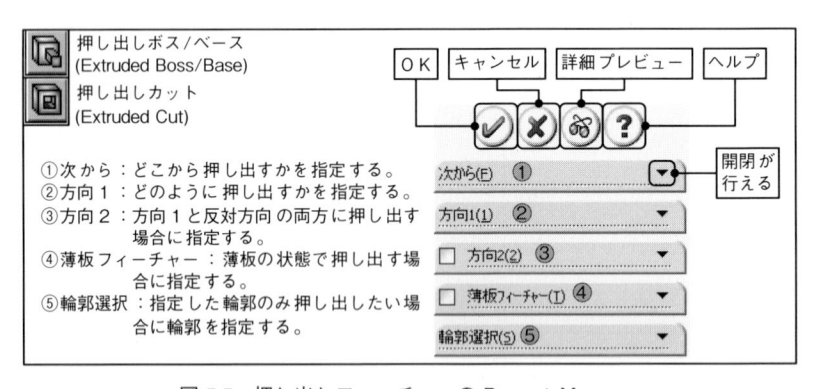

図5.5 押し出しフィーチャーのPropertyManager

ここでは，次から，方向1，薄板フィーチャー，輪郭選択について説明する。方向2は，基本的に方向1と同じになるので説明を省く。なお方向1が中間平面の場合，方向2の指定はできない。

薄板フィーチャーについて：
最初にフィーチャーを作成するときにしか指定できない。後からのフィーチャー編集で変更ができない。このように後からフィーチャー編集ができないオプションもある。

① 「次から」について

次からでは，どこから押し出すかを指定する（図5.6）。

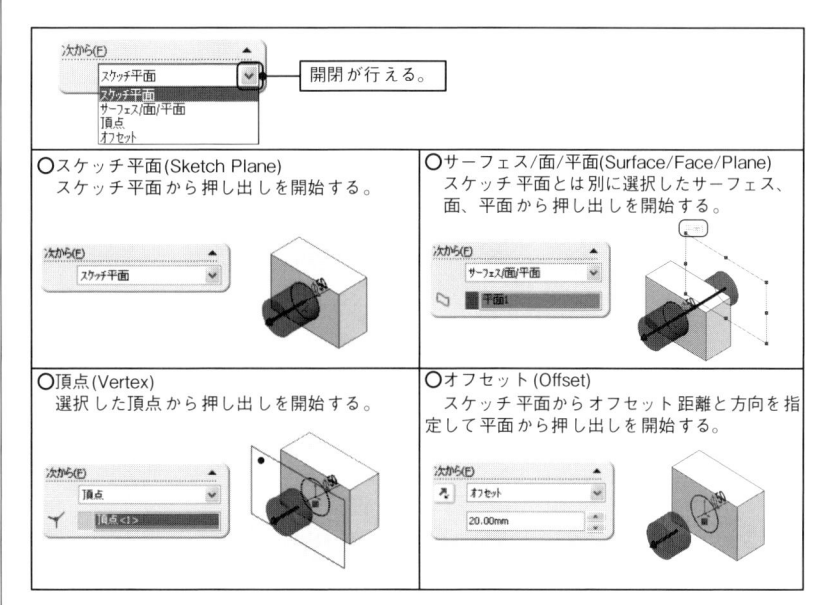

図5.6　「次から」について

② 「方向1」について

方向1では，どのように押し出すかを指定する（図5.7）。

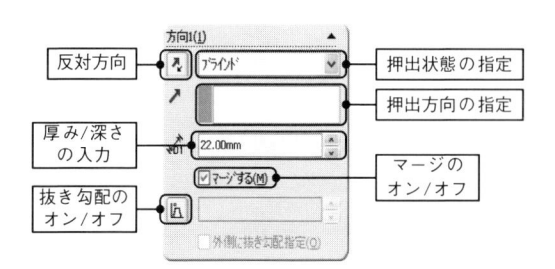

図5.7　「方向1」について

反対方向をクリックして，押し出す方向を反対方向に切り替えることができる。

厚み/深さの入力で，指定したい数値を入力する。

②-1 「押し出し状態」について

それぞれの押し出しフィーチャーの押し出し状態について図5.8に示している。モデリングの状態によって表示される項目は異なる。

「反対側をカット」について：
　これはブラインドしか説明していないが，その他も同様に行える。

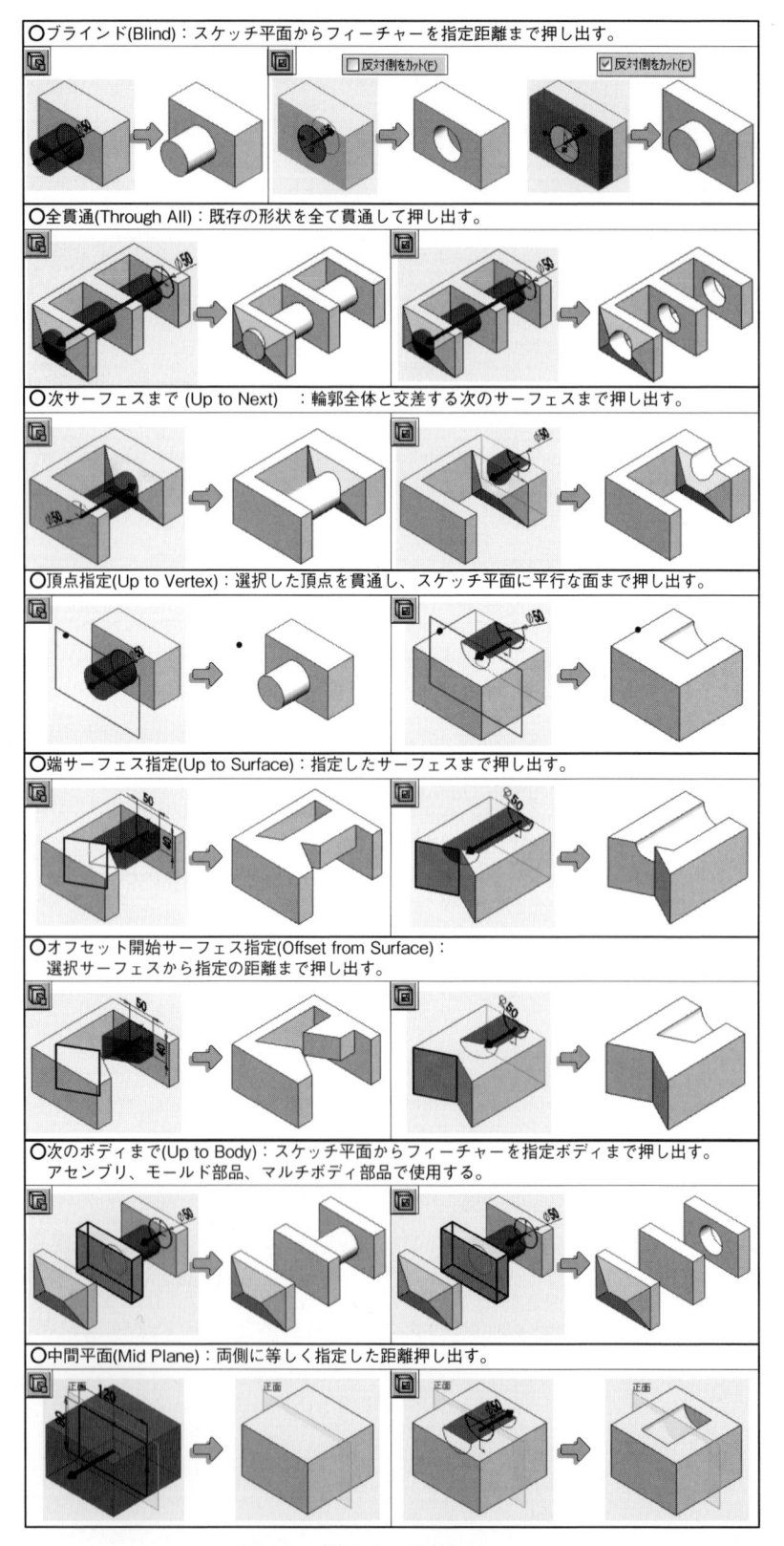

○ブラインド(Blind)：スケッチ平面からフィーチャーを指定距離まで押し出す。

○全貫通(Through All)：既存の形状を全て貫通して押し出す。

○次サーフェスまで (Up to Next)：輪郭全体と交差する次のサーフェスまで押し出す。

○頂点指定(Up to Vertex)：選択した頂点を貫通し，スケッチ平面に平行な面まで押し出す。

○端サーフェス指定(Up to Surface)：指定したサーフェスまで押し出す。

○オフセット開始サーフェス指定(Offset from Surface)：
　選択サーフェスから指定の距離まで押し出す。

○次のボディまで(Up to Body)：スケッチ平面からフィーチャーを指定ボディまで押し出す。
　アセンブリ、モールド部品、マルチボディ部品で使用する。

○中間平面(Mid Plane)：両側に等しく指定した距離押し出す。

図 5.8 「押し出し状態」について

②-2 「押し出し方向」について

スケッチやモデルのエッジ等を方向ベクトルとして選択し，スケッチ輪郭に垂直でない方向にスケッチを押し出す（図5.9）。

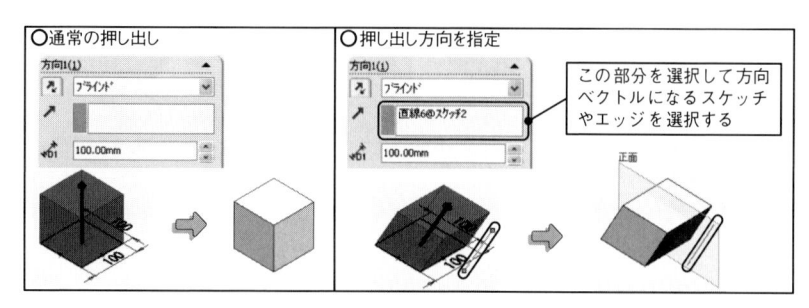

図 5.9 「押し出し方向」について

②-3 「マージする」について

最終的に1つの部品が1つのソリッドになるのが基本である。マルチボディの状態でモデリングを行う場合は，フィーチャーのスコープを利用してフィーチャーをどのソリッドモデルに対して適用するのかを指定する。図5.10は，マージとフィーチャーのスコープについて示している。

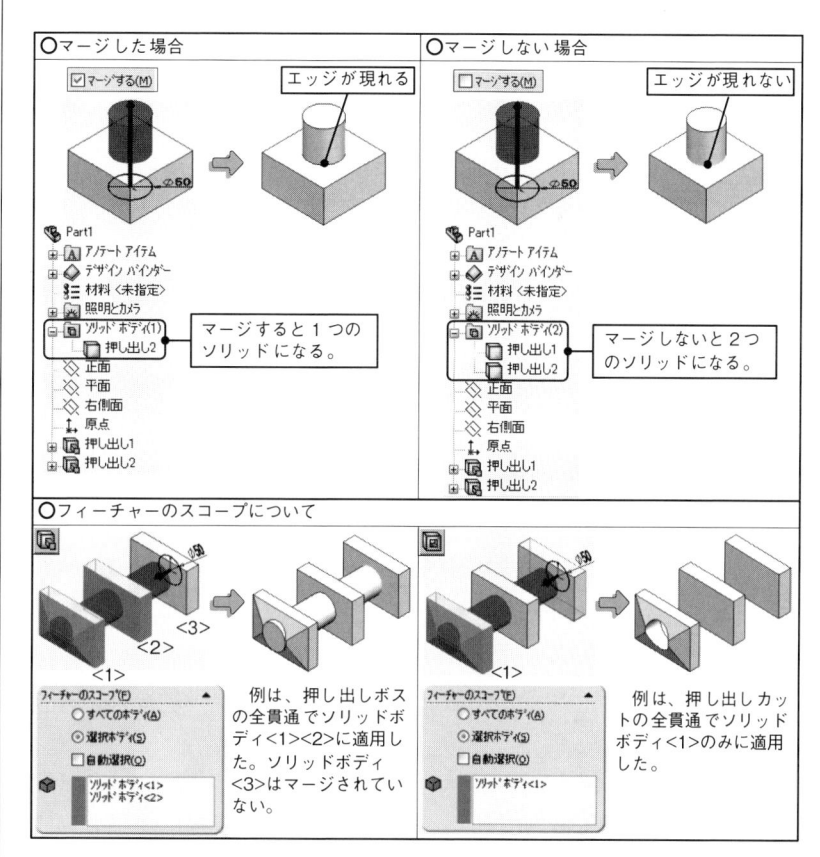

図 5.10 マージとフィーチャーのスコープについて

マルチボディ：
1つの部品ファイルに複数のソリッドが存在している状態。

抜き勾配について：

押し出しフィーチャーの抜き勾配のオプションでは，全面同一角度でしか指定できない。異なる角度を指定する場合，抜き勾配のコマンドを使用する。

抜き勾配のオン/オフ，薄板フィーチャー，輪郭選択は，押し出しボスしか説明していないがカットも同様に行える。

②-4 「抜き勾配オン/オフ」について

押し出しフィーチャーに勾配を追加することができる（図5.11）。

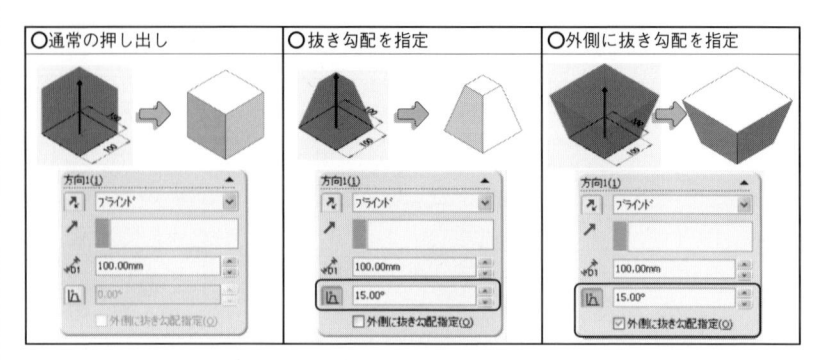

図 5.11　抜き勾配について

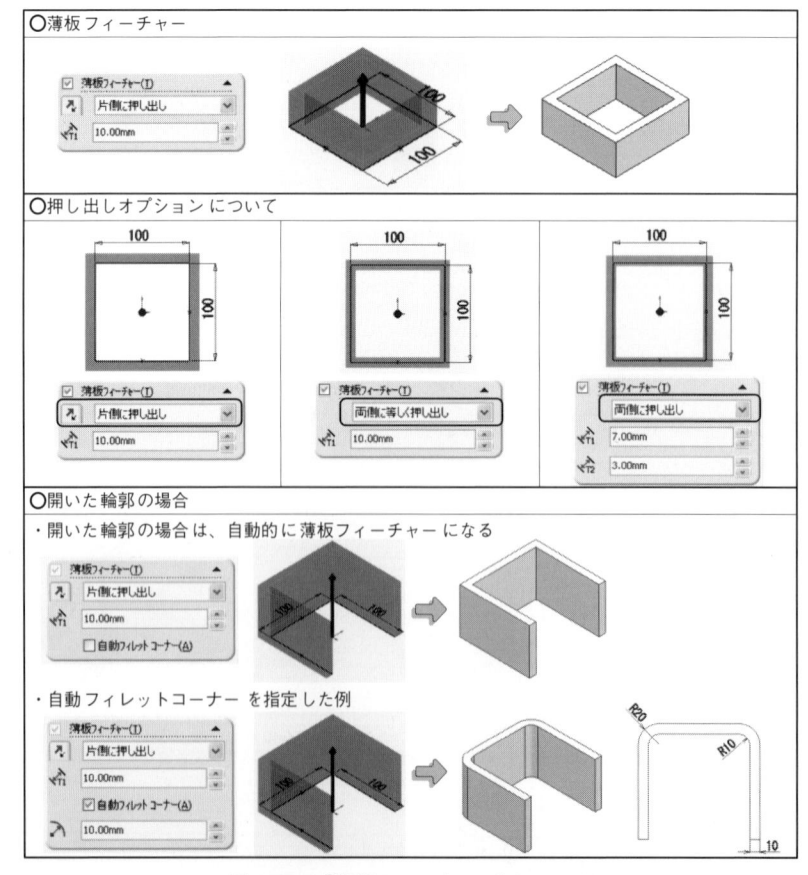

③ 「薄板フィーチャー」について

薄板フィーチャーにすることで普通の押し出しと違う薄板形状の形状が作成される。また，開いた輪郭は，自動的に薄板フィーチャーになる。図5.12 は，薄板フィーチャーについて説明する。

図 5.12　「薄板フィーチャー」について

④ 「輪郭選択」について

輪郭選択では，押し出したいスケッチの輪郭を指定して，押し出しフィーチャーを作成する。(図 5.13)。

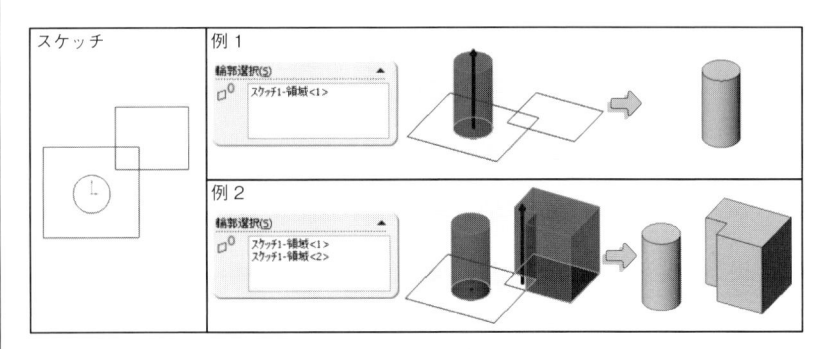

図 5.13　「輪郭選択」について

5-2-3　フィーチャーについての補足事項

ここでは，フィーチャーについての補足事項として親子関係，フィーチャーの挿入，フィーチャーの順序の入れ替えについて説明する。

■ 親子関係 (Parent/Child Relationships)

モデリングを行う際に，最初に作成するソリッドフィーチャーをベースフィーチャーという。フィーチャーは通常，既存のフィーチャーを元に作成する。例えば，ベースフィーチャーを作成し，そのベースフィーチャーの面を使用して新たなボスやカットを作成する。そのとき，元のベースフィーチャーが親フィーチャーであり，新たに追加したボスやカットのフィーチャーが子のフィーチャーとなる。子のフィーチャーは，既存のフィーチャーに依存される。フィーチャーを作成する際に使用したスケッチを既存のフィーチャーの端点などに拘束させる場合も親子関係となる。

3D モデリングは，フィーチャーを積み重ねていく。親子関係が生じている場合，モデリングの変更や修正を行うときに影響が生じる。親子関係の確認は，図 5.14 のように FeatureManager から行える。

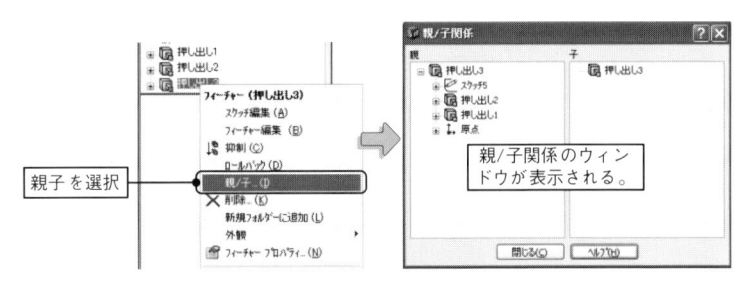

図 5.14　親子関係の確認

■ フィーチャーの挿入

フィーチャーの挿入を行うには，図5.15のように挿入したい場所の下側のフィーチャーを右クリックしロールバックを選択するか，ロールバックバーを挿入したい位置まで移動させる。

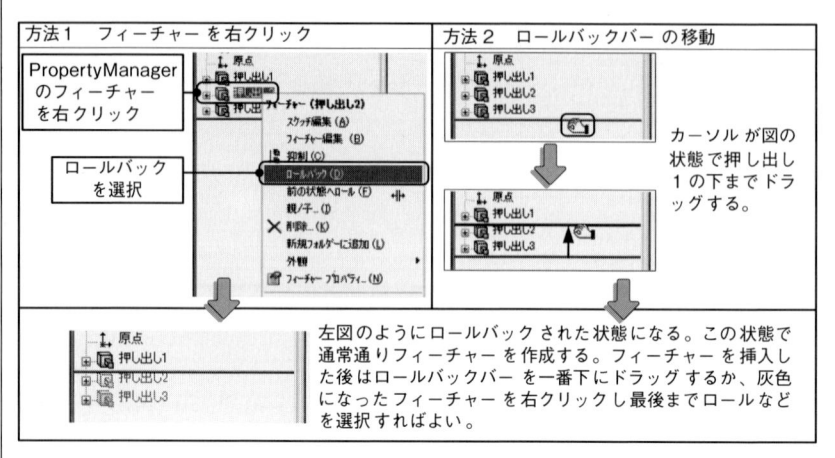

図5.15 フィーチャーの挿入について

■ フィーチャーの順序の入れ替え

図5.16のようにフィーチャーをドラッグすることでフィーチャーの順序の入れ替えが行える。

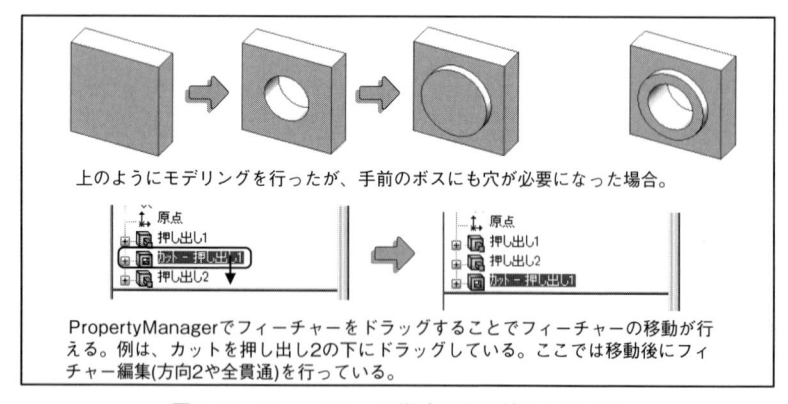

図5.16 フィーチャーの順序の入れ替えについて

図5.16の押し出し2のスケッチをカットの円と同心円にしていた場合，エラーメッセージが表示されるので移動はできない。親子関係がついているフィーチャーを移動させたい場合，親子関係がついている拘束や寸法などを削除し，移動後に再度拘束や寸法を付け直す必要がある。

5-3 参照ジオメトリ

5-3-1 参照ジオメトリを用いたモデリング例

図 5.17 は，3 面図，A 方向から投影した図，等角投影図を示している。モデリングは，等角投影表示にしたとき，図 5.17 のような向きと原点（●）の位置になるようにする。図 5.18 は，モデリングの例を示している。参照ジオメトリの平面と軸のコマンドを使用してモデリングを行っている。

> **A 方向の投影図について：**
> A 方向の投影図を描いている理由は，R20 の寸法を記入したいためである。下面図の R20 の部分は，円弧ではなく曲線（スプライン）となる。

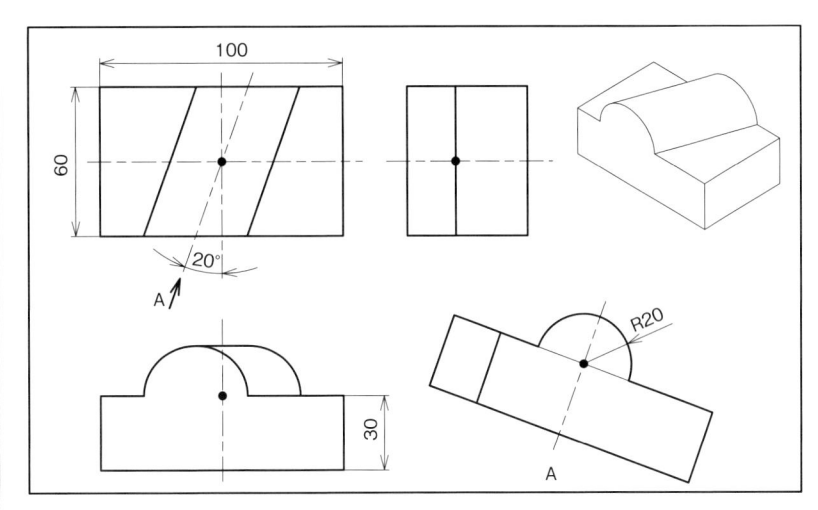

図 5.17 例 題

> 図 5.18 の②では，先に「平面 2 つ」のオプションを選択すると，平面しか選択できなくなる。また，平面を 2 つ選択すると自動的に「平面 2 つ」のオプションがチェックされプレビュー状態になる。

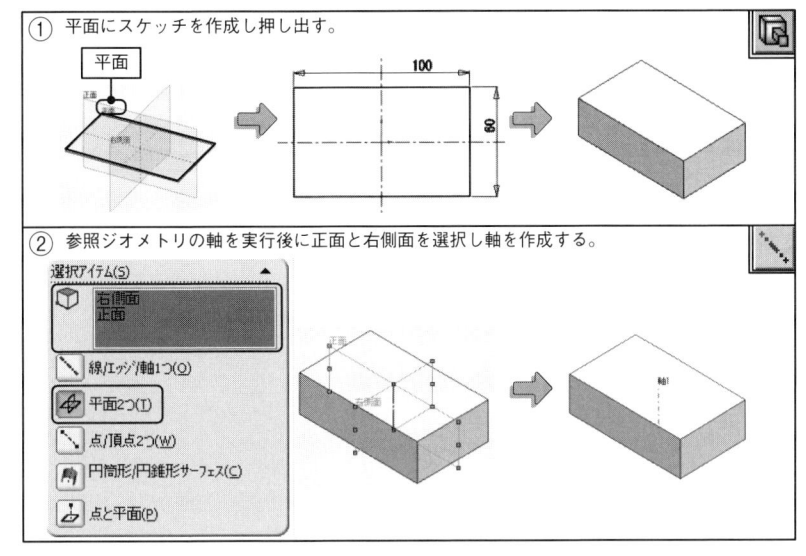

図 5.18 モデリング例 (1/2)

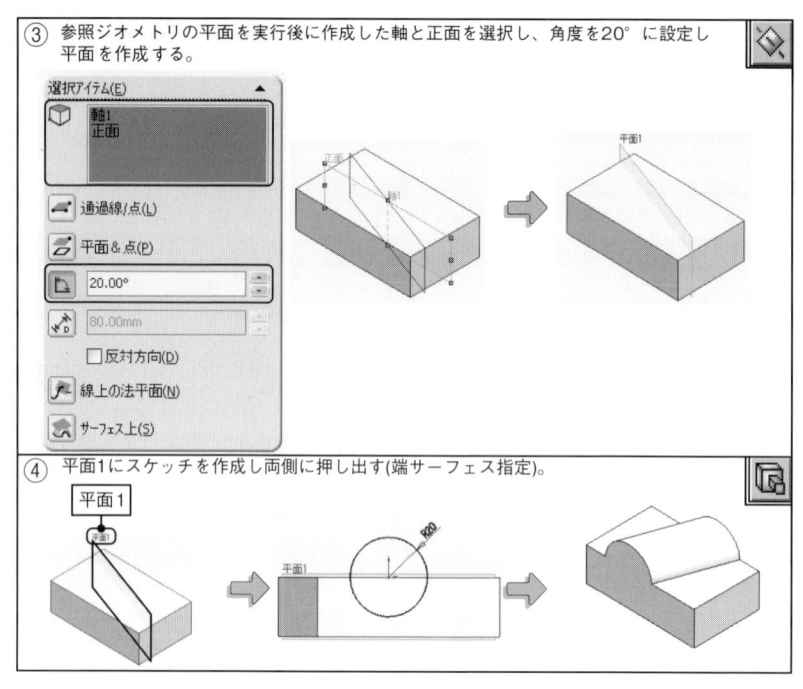

③ 参照ジオメトリの平面を実行後に作成した軸と正面を選択し、角度を20°に設定し平面を作成する。

④ 平面1にスケッチを作成し両側に押し出す(端サーフェス指定)。

図 5.18　モデリング例 (2/2)

5-3-2　参照ジオメトリの解説

参照ジオメトリには面，軸，座標系，点，合致参照がある（図 5.19）。ここでは，平面と軸のオプションについて説明する。

	平面 (Plane)	参照平面が作成できる。参照平面はスケッチや、フィーチャー作成の際の指定平面、断面図の作成などに使用できる。
	軸 (Axis)	参照軸が作成できる。参照軸は参照平面の作成、アセンブリの合致、円形パターンなどで使用される。
	座標系 (Coordinate System)	座標系の定義ができる。ファイルのエクスポートや測定・質量特性のツールを使用する際の座標系として指定できる。
	点 (Point)	参照点の作成ができる。他の参照ジオメトリの作成やフィーチャーの参照点などに使用できる。
	合致参照 (Mate Reference)	部品に合致参照を予め作成しておくことで、部品をアセンブリするときに自動で合致させる機能。

図 5.19　参照ジオメトリについて

> 合致参照について：
> 合致参照を使用しなくてもアセンブリファイル内で合致条件を指定すればよい。

■ 軸のオプションについて

図 5.20 は，軸のオプションについて示している。

	線/エッジ/軸1つ (One Line/Edge/Axis)	スケッチ線、モデルエッジ、一時的な軸から参照軸を作成する。
	平面2つ (Two Planes)	平坦な面や、平面2つから軸を作成する。
	点/頂点2つ (Two Points/Vertices)	点 (スケッチ点、モデルの頂点、中点) 2つから軸を作成する。
	円筒形/円錐形面1つ (Cylindrical/Conical Face)	円錐形や円筒状の面を選択し中心軸から軸を作成する。
	点と面/平面 (Point and Face/Plane)	点を貫通し平面やサーフェスに垂直な平面を作成する。

図 5.20　参照ジオメトリの軸のオプションについて

5-3 参照ジオメトリ

■ 平面のオプションについて

図 5.21 は，平面のオプションについて示している。

アイコン	説明
通過線/点 (Through Lines/Points)	・直線(エッジ、軸、スケッチ線)と点を指定し平面を作成する。 ・3点を指定し平面を作成する。
平面＆点 (Parallel Plane at Point)	・選択した平面または面と平行かつ選択した点を貫通する平面を作成する。
角度 (At Angle)	・直線(軸、エッジ、スケッチ線)を貫通し、平面(または面)から角度を指定して平面を作成する。 ・方向と数の指定も行える。
オフセット距離 (Offset Distance)	・選択した平面(または面)から指定距離オフセットさせた平面を作成する。 ・方向と数の指定も行える。
線上の法平面 (Normal to Curve)	・点を貫通し、エッジ、軸、カーブのいずれかに垂直な平面を作成する。
サーフェス上 (On Surface)	平坦でない面やサーフェス上に平面を作成する。

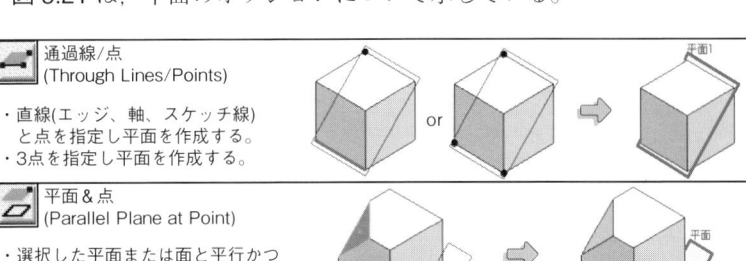

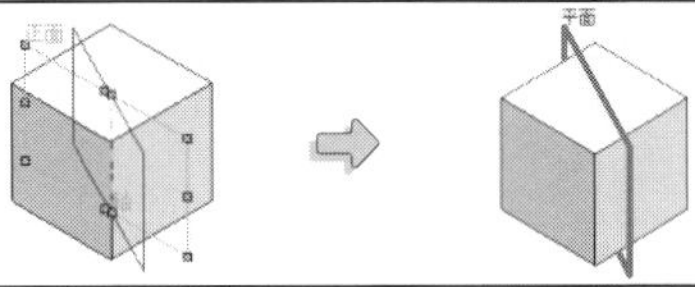

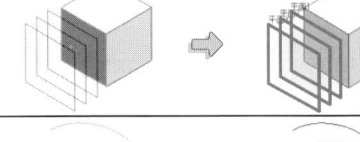

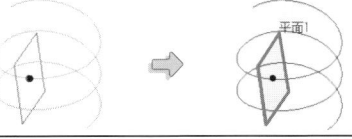

○点（サーフェス上にない）とサーフェスを使用

・点とサーフェスを使用して平面を作成する。
・例は、平面1に描いたスケッチ点とサーフェスを使用してサーフェスに垂直な平面を作成している。

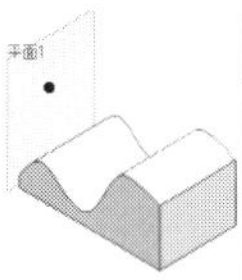

例1 オプション
◉ サーフェスの最も近い位置に投影(P)

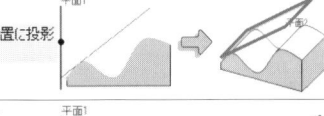

例2 オプション
◉ 垂直なスケッチ平面に沿ったサーフェスに投影(S)

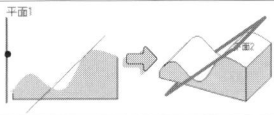

○円筒形の面と平面を使用

・円筒形の面と円筒形の軸と交差する面を使用して平面を作成する。
・オプションの法線面で角度の指定が行える。

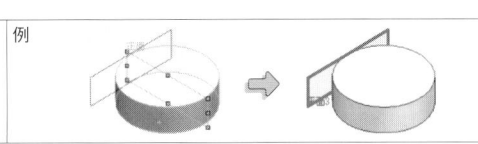

○円錐形の面と平面を使用

・円錐形の面と円錐形の軸と交差する面を使用して平面を作成する。
・オプションの法線面で角度の指定が行える。

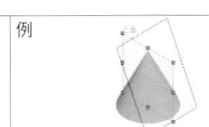

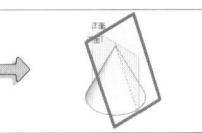

○サーフェス、平面、エッジを使用

・サーフェス、平面、エッジを選択し、選択したエッジと平面が交差する点でサーフェスに対して正接した平面を作成する。

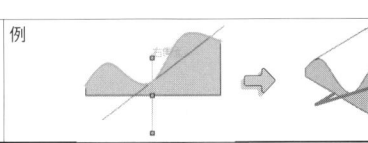

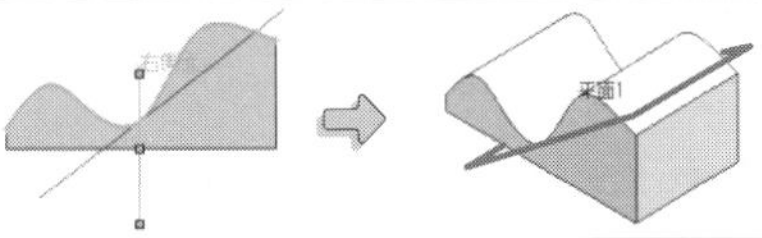

図 5.21 参照ジオメトリの平面のオプションについて

サーフェスカット：
作成した平面を使用してカットのコマンドが使用できる。次からアクセスする。
→ 挿入（メニュー）
→ カット
→ サーフェス使用

オフセット距離について：
平面のコマンドを実行せずに Ctrl キーを押しながら既存の平面をドラッグ＆ドロップすることでも平面が作成できる。

円筒形，円錐形の面について：
円筒形，円錐形の軸と交差していない面を選んでも作成できる。この場合，オプションの法線面を指定する必要がある。

5-4 回　　転

5-4-1　回転フィーチャーのモデリング例

図 5.22 は，3 面図と不等角投影図を示している。モデリングは，不等角投影表示にしたときに図 5.22 のような向きと原点（●）の位置にする。図 5.23 と図 5.24 は，回転ボス/ベースと回転カットのコマンドを使用したモデリングの例を示している。

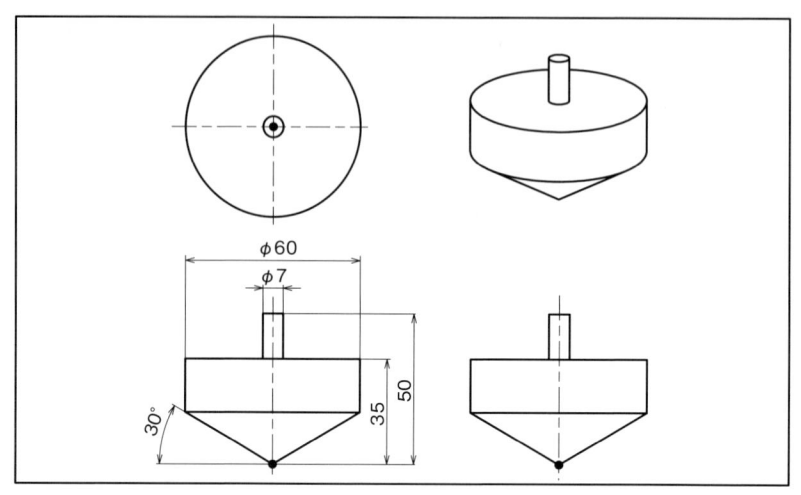

図 5.22　例　題

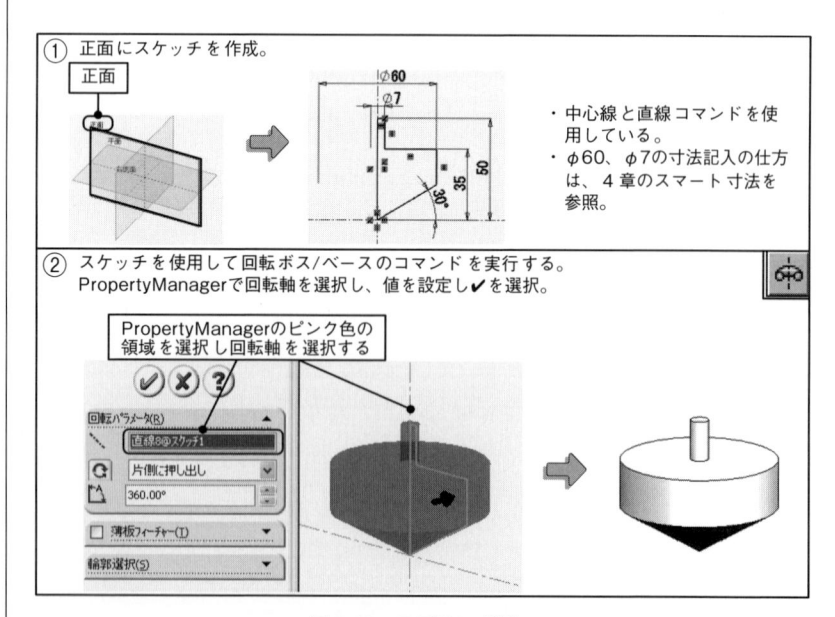

図 5.23　モデリング例 1

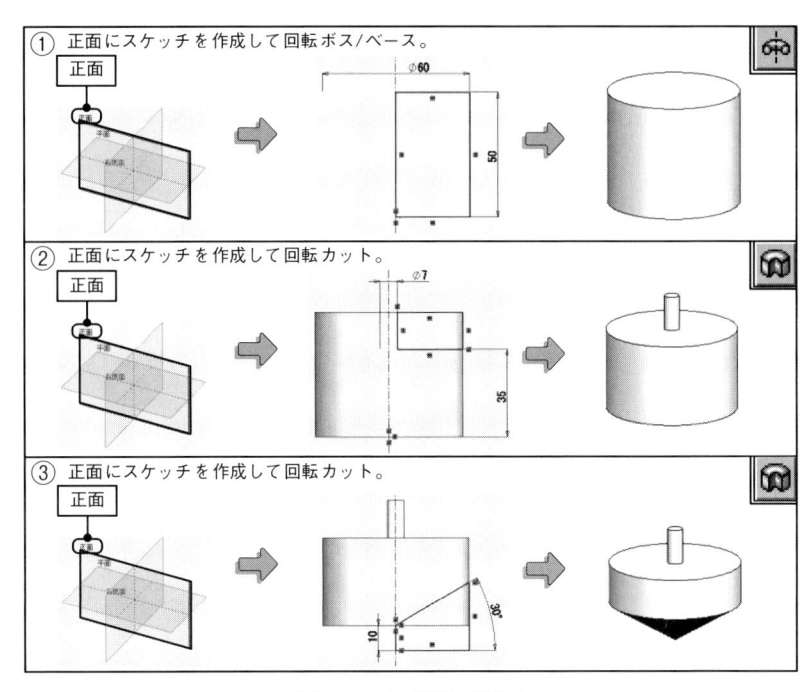

図 5.24　モデリング例 2

5-4-2　回転フィーチャーの解説

回転フィーチャーは，軸を基準に輪郭を回転させて作成する。

図 5.25 は，回転ボス/ベース，回転カットの PropertyManager について説明している。

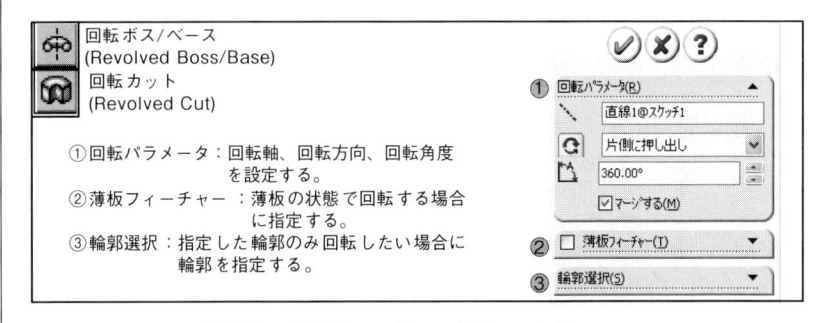

図 5.25　回転フィーチャーの PropertyManager

マージ，薄板フィーチャー，輪郭選択，回転パラメータは，基本的に押し出しフィーチャーと同様になる。以下では，回転フィーチャーのスケッチについて説明する。

■ 回転フィーチャーのスケッチについて

図 5.26 は，回転フィーチャーのスケッチについて示している。回転軸には，一般的に中心線を使用するが，スケッチの線や，エッジ（回転フィーチャーに使用するスケッチと同じ面にある）が指定できる。

○作成可能なスケッチ		
スケッチの例	フィーチャーの例	解説
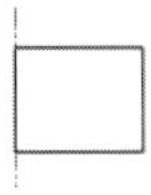 （長方形）	 （円柱）	輪郭が回転軸と接している。
（長方形）	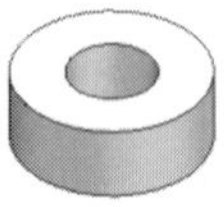 （ドーナツ状）	スケッチが回転軸と離れている。
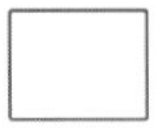 （長方形）	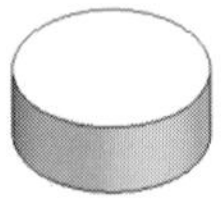 （円柱）	中心線がない場合や中心線が複数本でも作成できる。回転軸にはスケッチ線、中心線、エッジ(スケッチと同一面)が1つ指定できる。
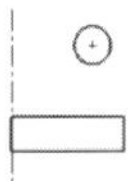 （円と長方形）	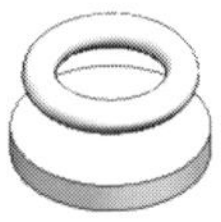 （二段リング）	輪郭が複数の場合も作成できる。輪郭選択を使用することもできる。 例は、マルチボディ
 （開いた輪郭）	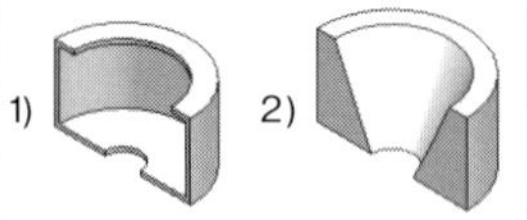 1) 2)	薄板フィーチャーか自動的に閉じたスケッチにするか問われる。 1)薄板フィーチャー 2)スケッチを自動的に閉じた例
○作成は可能だが注意の必要なスケッチ		
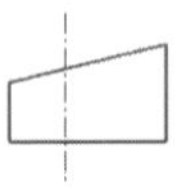 （台形）	 （円柱）	左のスケッチで回転軸が中心線の場合、輪郭選択で回転軸の右側か左側を選択しないと作成できない(例は中心線の右側を選択)。
○作成できないスケッチ		
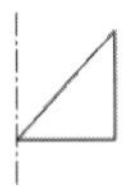 （三角形）	なし	直線ではなく直線の端点のみが回転軸に接している場合、作成できない。

開いた輪郭について：
スケッチによっては，自動的にスケッチを閉じるを選択しても上手くいかない場合もある。

図 5.26　回転フィーチャーのスケッチについて

5-5 穴ウィザード

穴フィーチャーには，穴ウィザード以外にも単一穴，穴シリーズというコマンドがある。基本的には，穴ウィザードのコマンドを使用すればよい。

単一穴：単純な穴を1つ作成できる。単純な穴の場合は，単一穴を使用した方が穴ウィザードを使用するより処理が高速になる。

穴シリーズ：アセンブリの各部品に連続した穴を作成するときに使用する。

5-5-1 穴ウィザードを用いたモデリング例

図 5.27 は，3 面図と等角投影図を示している。モデリングは，等角投影表示にしたときに図 5.27 のような向きと原点（●）の位置になるようにする。図 5.28 は，穴ウィザードのコマンドを使用したモデリングの例を示している。

> **図 5.27 の表記について：**
> 4×6.6 キリ，
> 11 深座ぐり深さ 6
>
> 4 箇所に $\phi 6.6$ のキリ穴と $\phi 11$ で深さ 6 のザグリ穴が開いているという意味である。

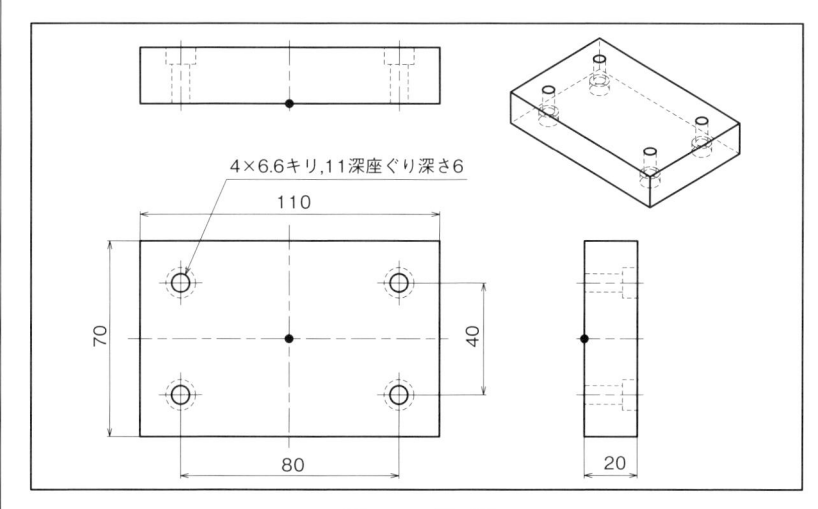

図 5.27　例　題

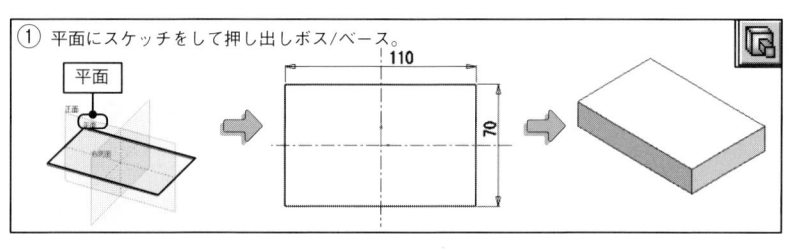

図 5.28　モデリング例 (1/2)

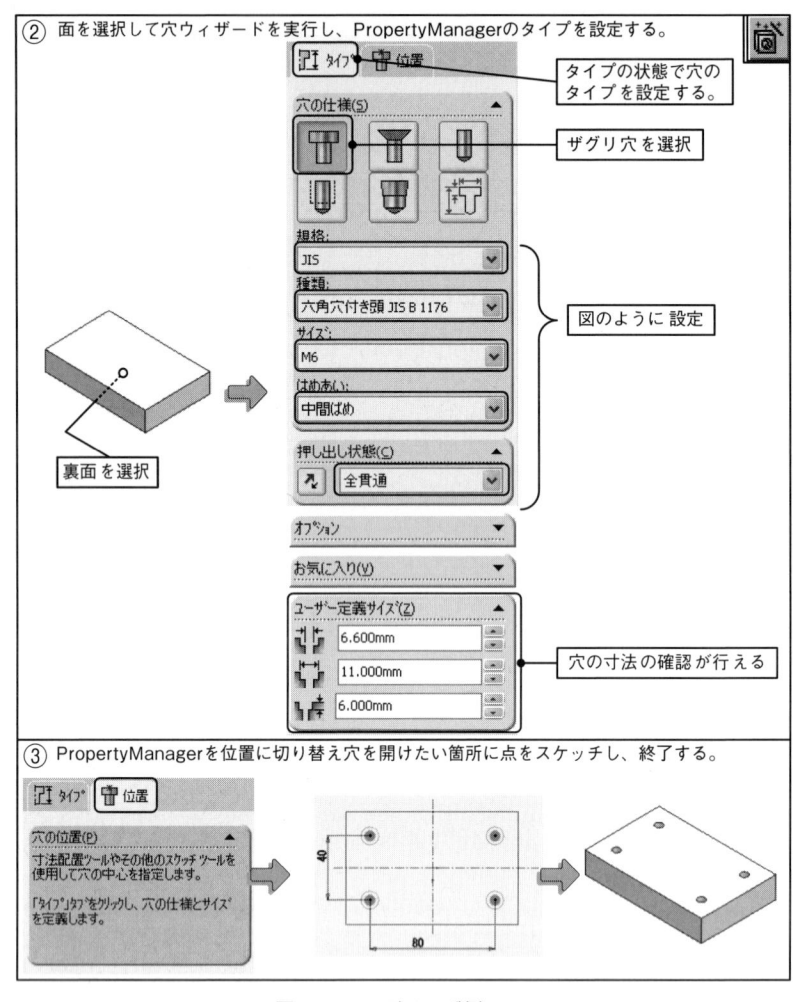

② 面を選択して穴ウィザードを実行し、PropertyManagerのタイプを設定する。

図 5.28　モデリング例 (2/2)

穴ウィザードについて：
面を選択せずに穴ウィザードのコマンドを実行すると位置のスケッチは、3D スケッチになる。

図 5.28 の②の規格は、さまざまな規格が使用できるが、JIS 規格を使用する。選択した規格に基づいて穴の種類が選択できる。

図 5.28 の③の位置を選択すると自動的にスケッチ点を配置するコマンドに切り替わるので、必要のない箇所に点を配置しないように注意すること。

穴ウィザードについて：
JIS 規格に沿っているが、鵜呑みにせず実際には、書籍や、社内の規格とユーザー定義サイズを参照し確認した方がよい。
はめあいやオプションを変更した後の寸法などもユーザー定義でどのように変化したか確認すること。

5-5-2　穴ウィザードの解説

　穴ウィザードで作成したフィーチャーは、スケッチを見るとわかるように回転フィーチャーである。図 5.28 の②の PropertyManager で押し出し状態は、押し出しフィーチャーと同じになるので説明を割愛する。お気に入りでは、設定した穴を登録しておくことで他のモデルで簡単に使用できる。ユーザー定義サイズでは、穴の寸法の確認と寸法の設定が行える。ここでは、穴の仕様と種類、オプションについて説明する。

■ 穴の仕様，種類，オプション

　図 5.29 は、穴ウィザードで作成できる穴の仕様，種類，オプションについてに示している。管用（くだよう）ねじと従来型の例以外は、2つの部品を描いており、ハッチングを施してある方が穴ウィザードで作成した穴を示している。

5-5 穴ウィザード

首下や裏面の皿穴について：
首下や裏面の皿穴は，面取りのこと。特に指示が必要な箇所はモデリングを行うが，不必要なモデリングはしない方がよい。

ねじ山 (Cosmetic Threads) について：
ねじ山にチェックを入れるとモデルはドリル穴の直径でモデリングされ，タップの直径のねじ山スケッチが作成される。図面作成の際に便利な機能であるが注意が必要である。

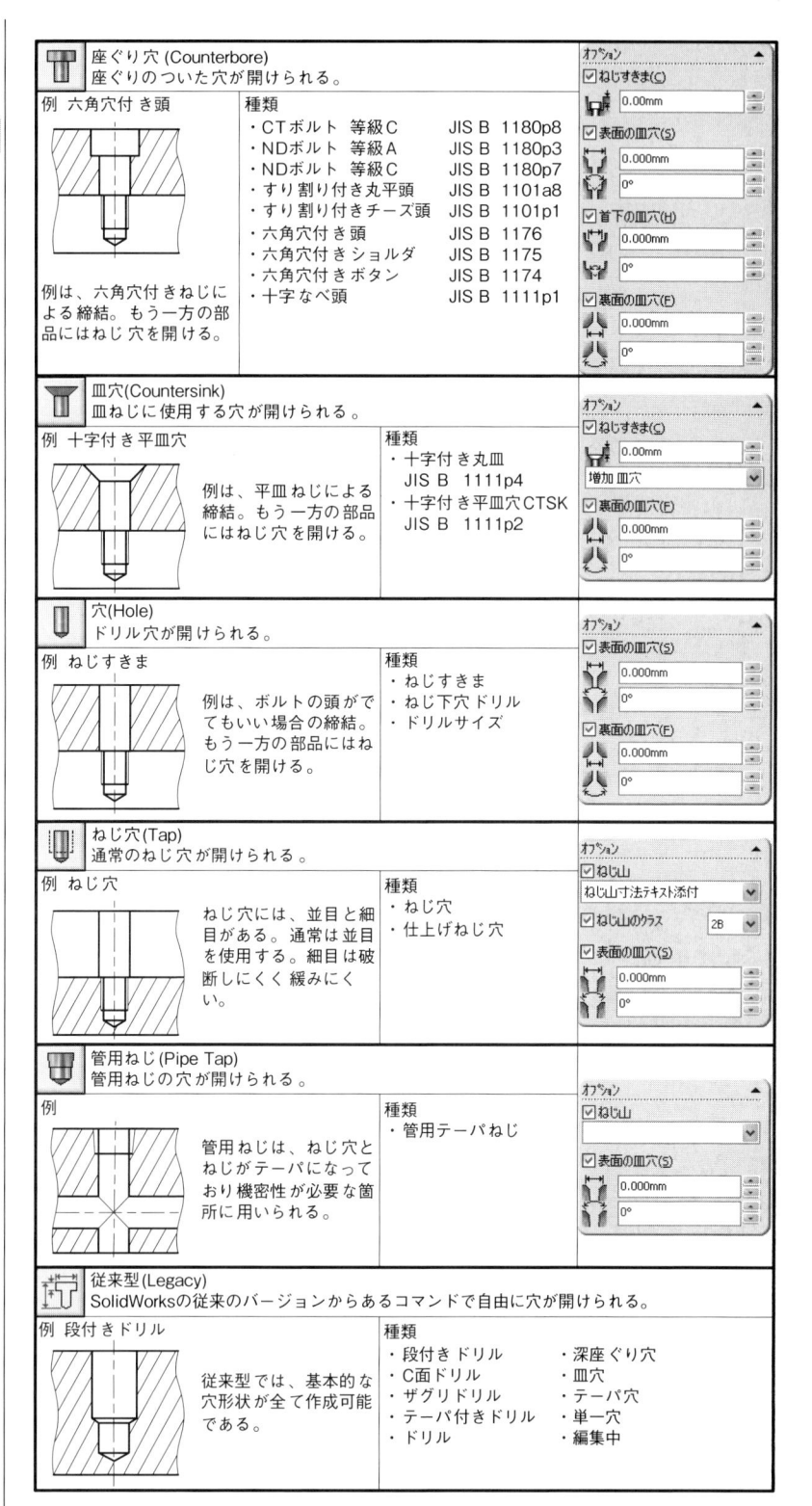

座ぐり穴 (Counterbore) 座ぐりのついた穴が開けられる。		
例 六角穴付き頭	種類 ・CTボルト 等級C　JIS B 1180p8 ・NDボルト 等級A　JIS B 1180p3 ・NDボルト 等級C　JIS B 1180p7 ・すり割り付き丸平頭　JIS B 1101a8 ・すり割り付きチーズ頭　JIS B 1101p1 ・六角穴付き頭　JIS B 1176 ・六角穴付きショルダ　JIS B 1175 ・六角穴付きボタン　JIS B 1174 ・十字なべ頭　JIS B 1111p1	
例は、六角穴付きねじによる締結。もう一方の部品にはねじ穴を開ける。		
皿穴 (Countersink) 皿ねじに使用する穴が開けられる。		
例 十字付き平皿穴	例は、平皿ねじによる締結。もう一方の部品にはねじ穴を開ける。	種類 ・十字付き丸皿　JIS B 1111p4 ・十字付き平皿穴CTSK　JIS B 1111p2
穴 (Hole) ドリル穴が開けられる。		
例 ねじすきま	例は、ボルトの頭がでてもいい場合の締結。もう一方の部品にはねじ穴を開ける。	種類 ・ねじすきま ・ねじ下穴ドリル ・ドリルサイズ
ねじ穴 (Tap) 通常のねじ穴が開けられる。		
例 ねじ穴	ねじ穴には、並目と細目がある。通常は並目を使用する。細目は破断しにくく緩みにくい。	種類 ・ねじ穴 ・仕上げねじ穴
管用ねじ (Pipe Tap) 管用ねじの穴が開けられる。		
例	管用ねじは、ねじ穴とねじがテーパになっており機密性が必要な箇所に用いられる。	種類 ・管用テーパねじ
従来型 (Legacy) SolidWorksの従来のバージョンからあるコマンドで自由に穴が開けられる。		
例 段付きドリル	従来型では、基本的な穴形状が全て作成可能である。	種類 ・段付きドリル　・深座ぐり穴 ・C面ドリル　・皿穴 ・ザグリドリル　・テーパ穴 ・テーパ付きドリル　・単一穴 ・ドリル　・編集中

図 5.29　穴の種類について

5-6 フィレット

5-6-1 フィレットフィーチャーのモデリング例

図 5.30 は，3 面図と等角投影図を示している。モデリングは，等角投影表示にしたときに図 5.30 のような向きと原点（●）の位置になるようにする。図 5.31 は，フィレットのコマンドを使用したモデリングの例を示している。

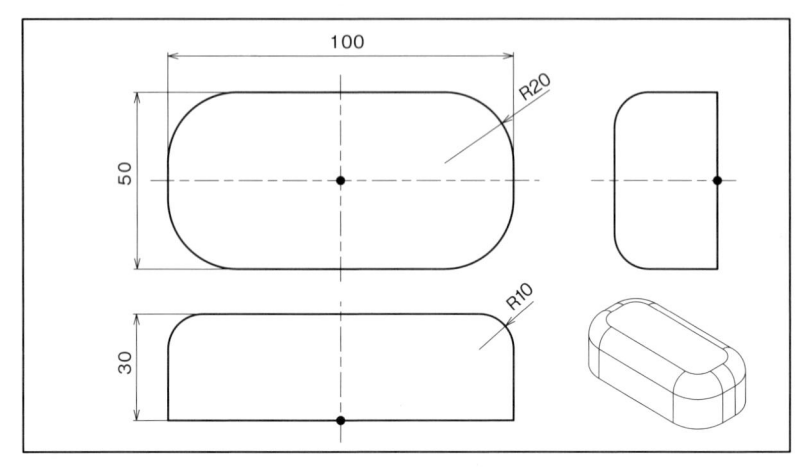

図 5.30　例　題

① 平面にスケッチを作成し押し出す。

② フィレットを実行後に数値を入力し，4つのエッジを選択してOKを選択。

正接の継続について：
　図 5.31 の②のように「正接の接続」に ✔ をつけることで，図 5.31 の③のように 1 つのエッジを選択したら正接するエッジを自動的に選択してくれる。逆に正接を継続したくない場合は，✔ を外す。

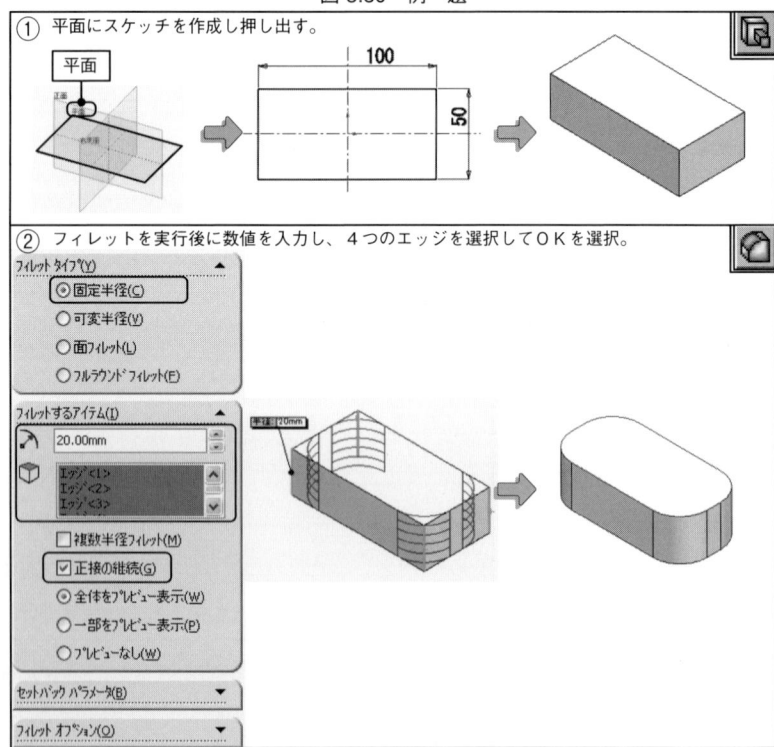

図 5.31　モデリング例 (1/2)

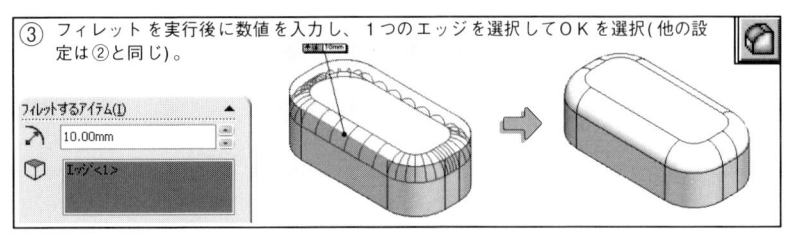

③ フィレットを実行後に数値を入力し，1つのエッジを選択してOKを選択(他の設定は②と同じ)。

図 5.31 モデリング例 (2/2)

5-6-2 フィレットフィーチャーの解説

フィレットは，部品のエッジを丸め，部品の内側や外側にラウンドされた面を作成する。フィレットを作成する際の注意点について次にまとめる。

- 半径値の大きいフィレットから作成する。

  特に1つの頂点にいくつものフィレットが重なる場合，注意が必要である。半径値の小さいフィレットから作成すると作成しにくく，また異なる形状になることもある（図 5.32）。

- フィレットは，抜き勾配をつける前と後のどちらに作成するかによって形状が異なる（図 5.32）。

- 装飾的なフィレットは最後に作成する。

  特にフィレットは，曲線部分が多く，モデルの生成や表示に時間がかかる。複雑なモデルでは，PCが固まることもあるので保存をこまめに行うとよい。場合によっては，装飾的なフィレット作成後は，形状の変更やフィレットの変更が大変であることも挙げられる。

図 5.32 の R20 のフィレットのみ正接の継続の ✔ を外している。正接の継続をしていると R10 の部分まで R20 のフィレットが作成される。

○1つの頂点にいくつものフィレットが重なる場合

○抜き勾配を作成した前か後かによってフィレットは異なる
- フィレットを作成した後に抜き勾配を作成

- 抜き勾配を作成した後にフィレットを作成

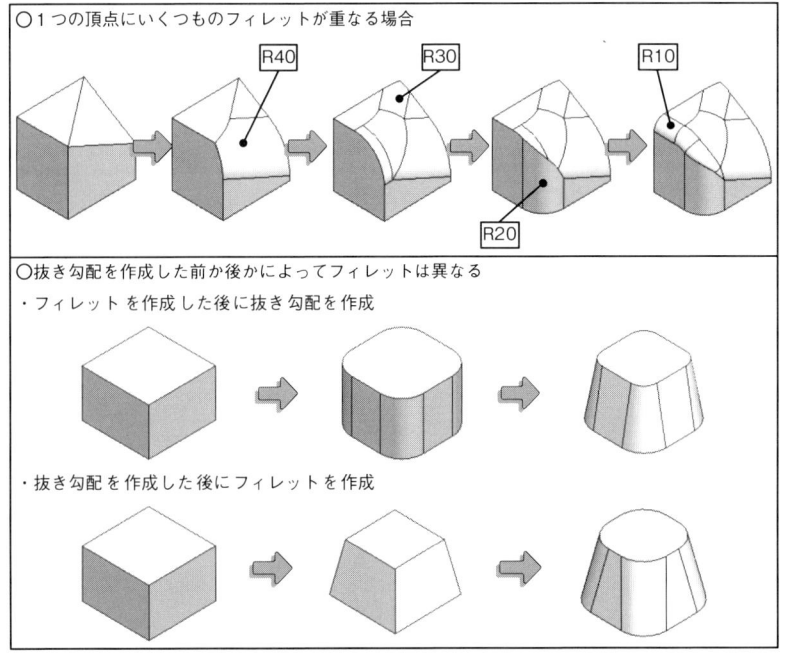

図 5.32 フィレット作成の際の注意事項

■ フィレットタイプについて

図 5.33 は，フィレットタイプについて簡単に示している。

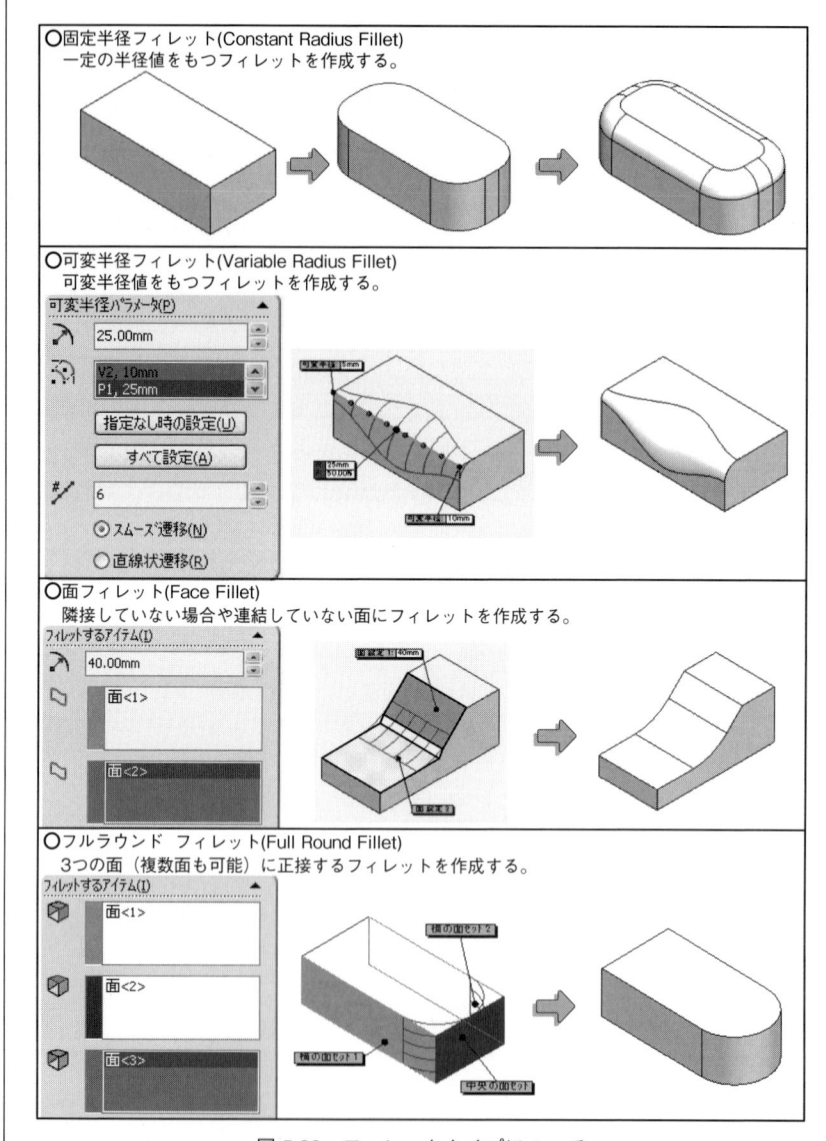

○固定半径フィレット(Constant Radius Fillet)
　一定の半径値をもつフィレットを作成する。

○可変半径フィレット(Variable Radius Fillet)
　可変半径値をもつフィレットを作成する。

○面フィレット(Face Fillet)
　隣接していない場合や連結していない面にフィレットを作成する。

○フルラウンド フィレット(Full Round Fillet)
　3つの面（複数面も可能）に正接するフィレットを作成する。

図 5.33　フィレットタイプについて

■ その他のフィレットのオプションについて

図 5.34 は，その他のフィレットのオプションについて簡単に示している。

　曲面が必要な製品は別として，基本的には，通常のフィレットを使用し，細かなオプション，スイープ，ロフトはあまり使用しない方がよい。加工工具の形状や加工法，検査方法を考えてみるとよい。

5-6 フィレット

○複数半径フィレット：1つのフィーチャーで異なる半径値のフィレットが作成できる。

○ラウンドコーナーフィレット：エッジの合わせ目がスムーズなフィレットが作成できる。

○フィーチャーを保持：フィレットにより削除されるフィーチャーを保持するか指定する。

フィレット前のモデル　　□フィーチャーを保持(K)　　☑フィーチャーを保持(K)

○オーバーフロータイプ：デフォルトはエッジ、サーフェスを保持が自動で選択される。

エッジを保持
サーフェス保持

○セットバックフィレット：ブレンドされる頂点からのセットバック距離を指定できる。

○面フィレットのオプションについて

保持線指定なし　保持線を指定　　固定幅✓なし　固定幅✓

曲率保持✓　曲率保持✓なし　　ゼブラストライプ表示

曲率について：
　曲率とは，曲線の曲がり具合を表す。半径の逆数で表す。
　図 5.34 のように曲率を保持にした場合，保持しない場合と比較し滑らかに変化している。

ゼブラストライプ表示：
　サーフェス上のしわやキズを確認することができる。また，隣接面の接触，正接，曲率を保持しているかの確認ができる。他には，曲率表示というコマンドもある。

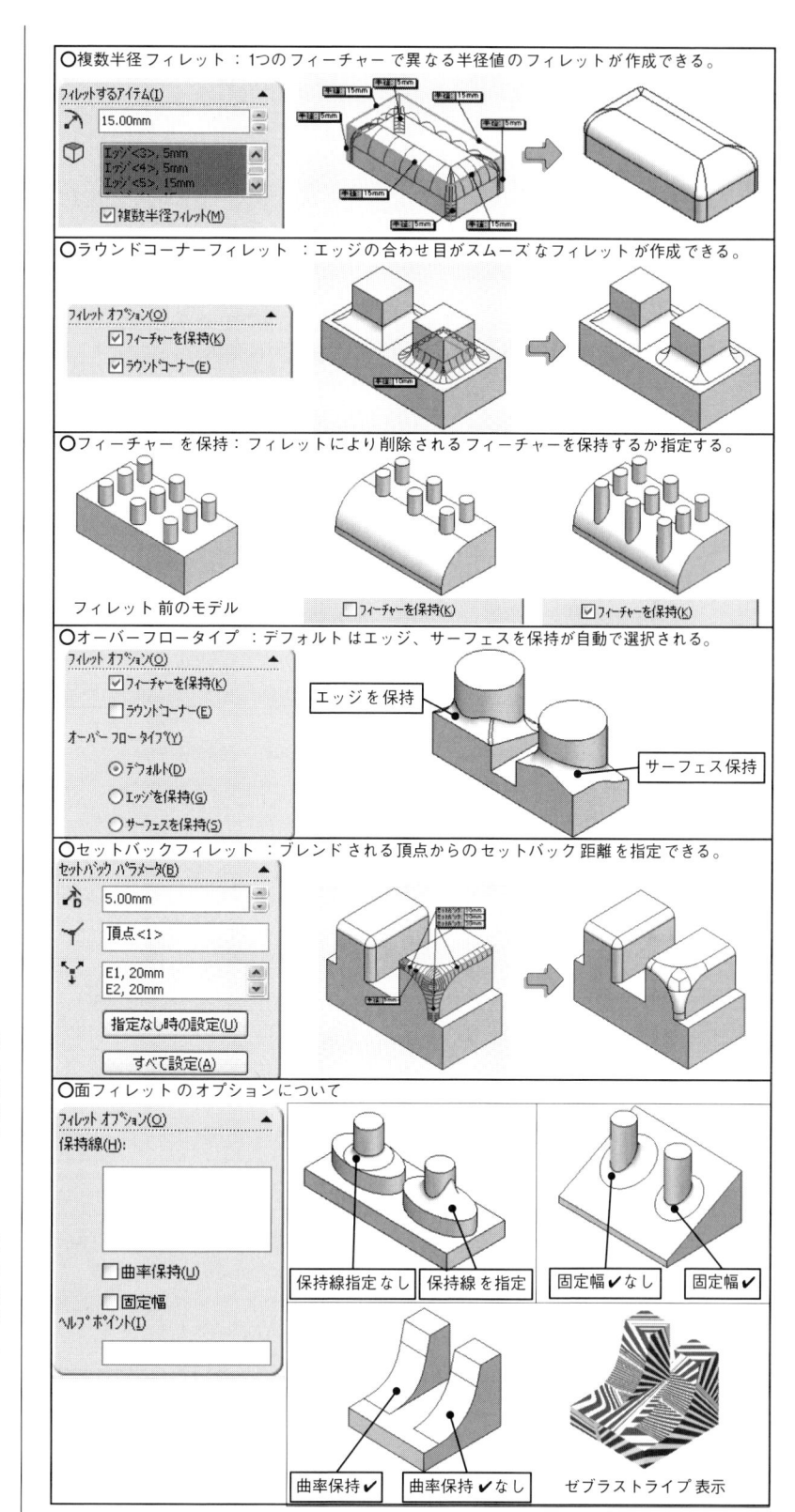

図 5.34　その他のフィレットのオプションについて

5-7 面取り

5-7-1 面取りフィーチャーのモデリング例

図 5.35 は，3 面図と等角投影図を示している．モデリングは，等角投影表示にしたときに図 5.35 のような向きと原点（●）の位置になるようにする．図 5.36 は，モデリングの例を示している．ここでは，面取りのコマンドを使用してモデリングを行っている．

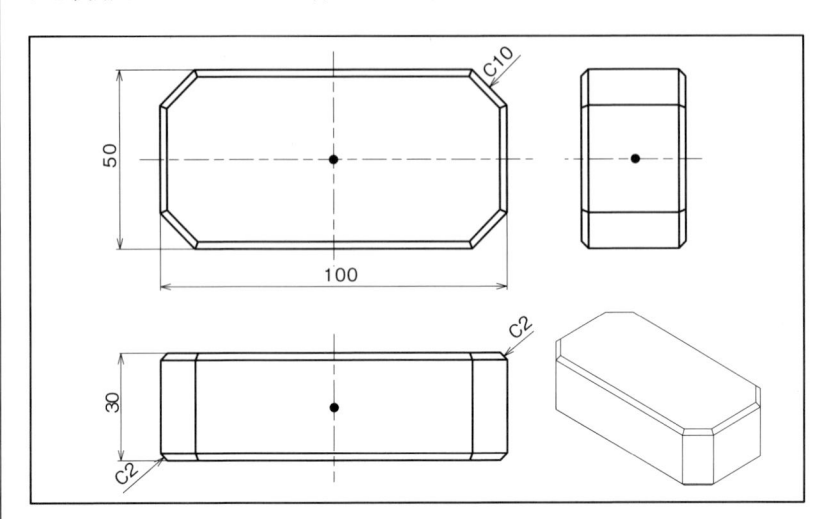

図 5.35　例　題

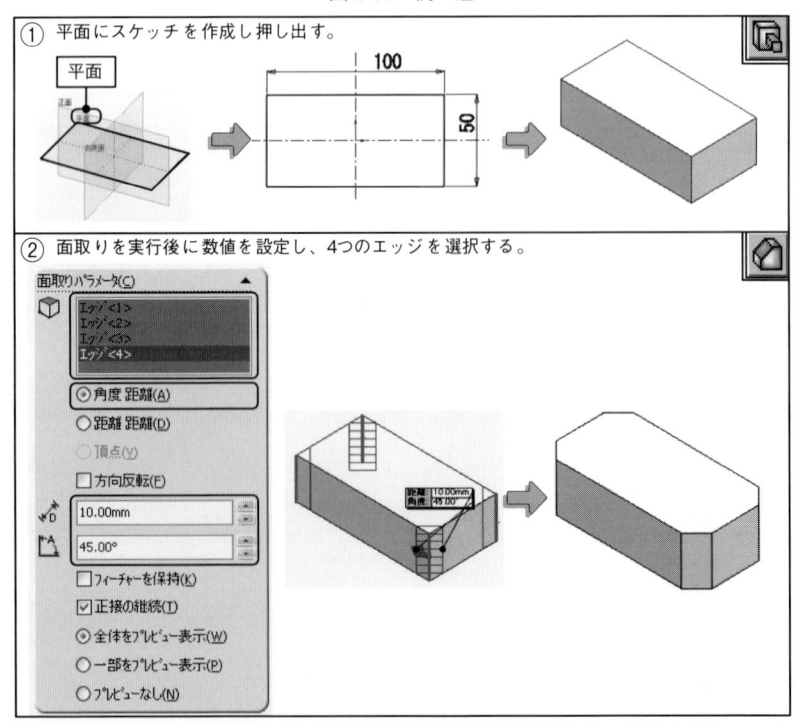

① 平面にスケッチを作成し押し出す．

② 面取りを実行後に数値を設定し，4つのエッジを選択する．

図 5.36　モデリング例 (1/2)

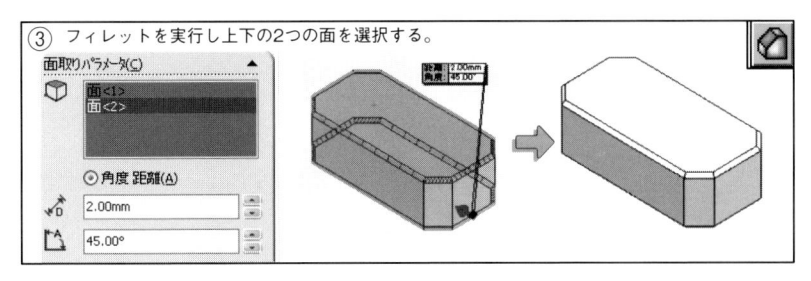

図 5.36 モデリング例 (2/2)

5-7-2 面取りフィーチャーの解説

図 5.37 は，面取りフィーチャーのパラメータについて簡単に示している。

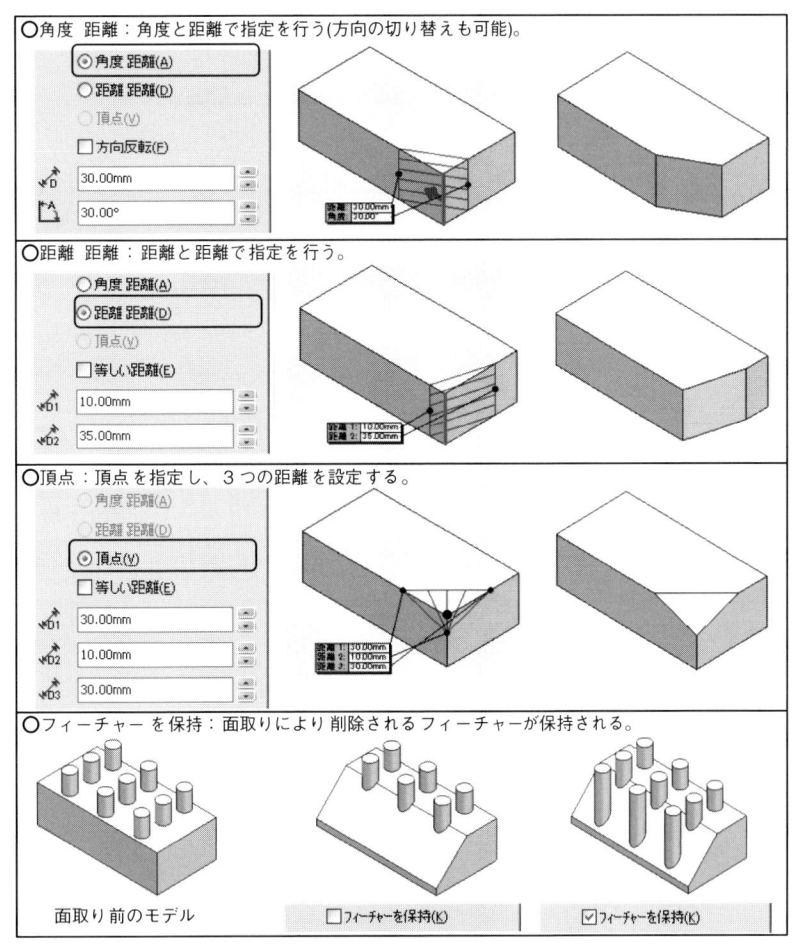

図 5.37 面取りフィーチャーについて

5-8 シェル

5-8-1 シェルフィーチャーのモデリング例

図5.38は，3面図と等角投影図を示している。モデリングは，等角投影表示にしたときに図5.38のような向きと原点（●）の位置になるようにモデリングを行う。図5.39は，モデリングの例を示している。ここでは，シェルのコマンドを使用してモデリングを行っている。

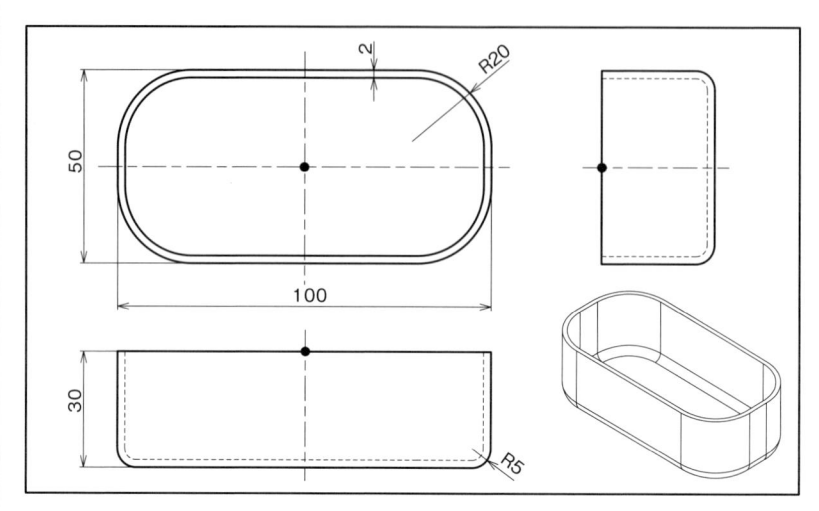

図 5.38 例 題

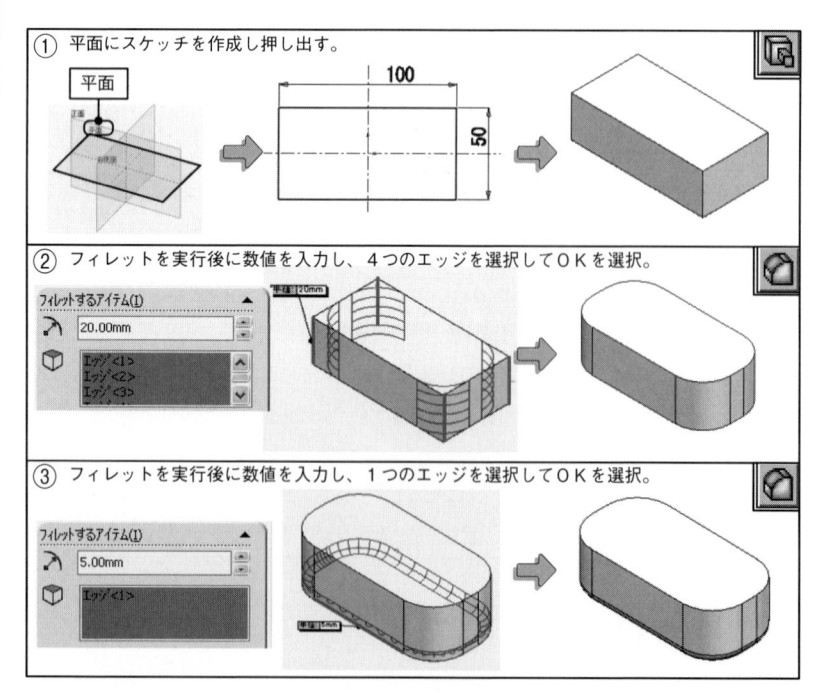

図 5.39 モデリング例 (1/2)

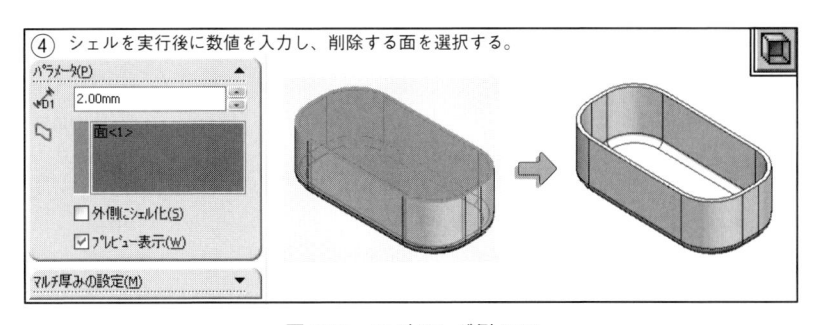

④ シェルを実行後に数値を入力し、削除する面を選択する。

図 5.39　モデリング例 (2/2)

5-8-2　シェルフィーチャーの解説

図 5.40 は，シェルのパラメータとマルチ厚み設定について示している。

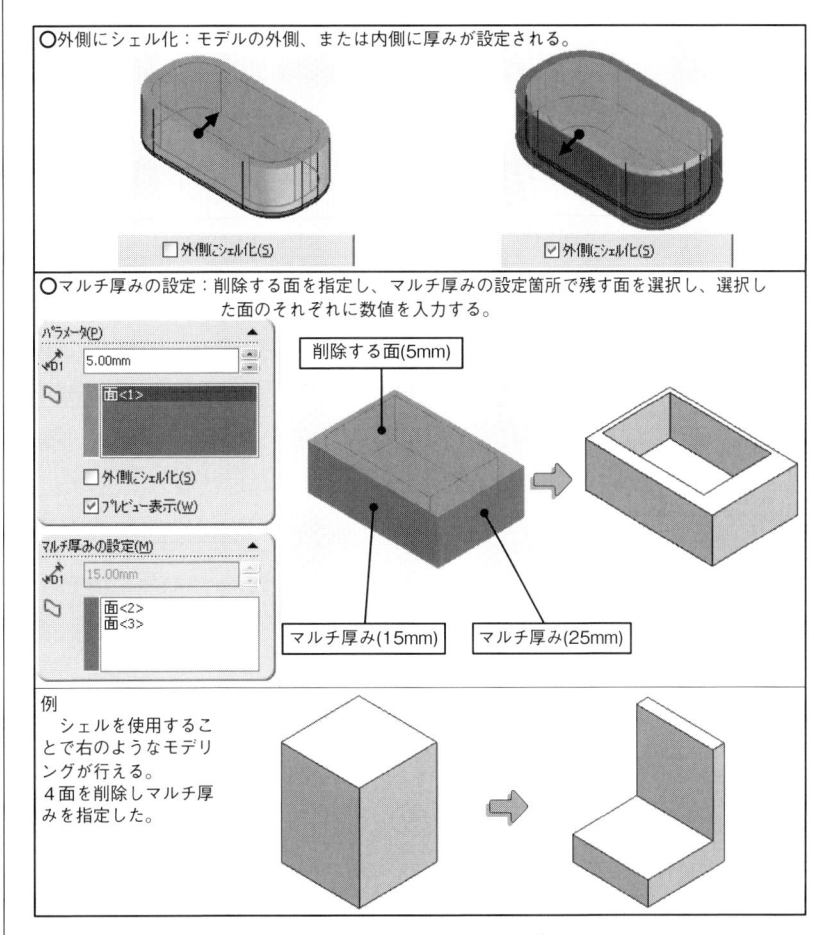

○外側にシェル化：モデルの外側、または内側に厚みが設定される。

○マルチ厚みの設定：削除する面を指定し、マルチ厚みの設定箇所で残す面を選択し、選択した面のそれぞれに数値を入力する。

削除する面(5mm)
マルチ厚み(15mm)　マルチ厚み(25mm)

例
　シェルを使用することで右のようなモデリングが行える。
4面を削除しマルチ厚みを指定した。

図 5.40　シェルについて

5-9 スイープ

5-9-1 スイープフィーチャーのモデリング例

図 5.41 は，3 面図と等角投影図を示している。モデリングは，等角投影表示にしたときに図 5.41 のような向きと原点（●）の位置にする。図 5.42 は，スイープのコマンドを使用したモデリングの例を示している。

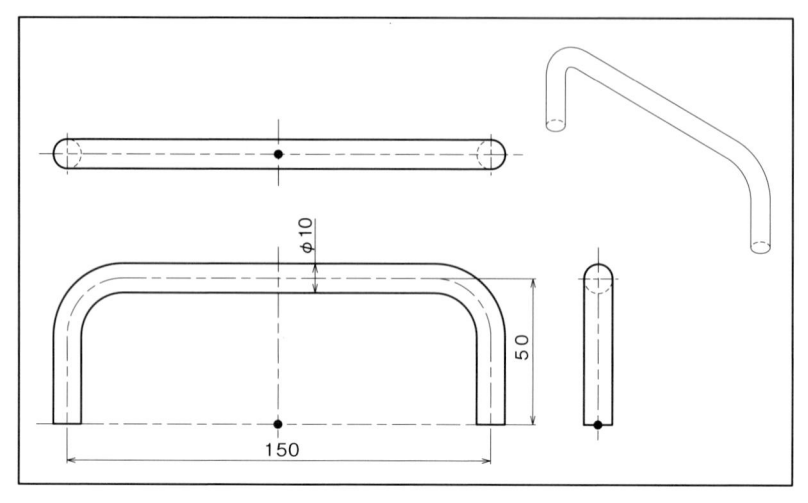

図 5.41　例　題

パスと輪郭はどちらから作成してもよいが，パスの始点は，輪郭がスケッチされている平面上に配置する。

① 正面にスケッチ(パス)を作成する。

② 平面にスケッチ(輪郭)を作成する。

③ スイープを実行し輪郭とパスを選択する(他のオプションはそのまま)。

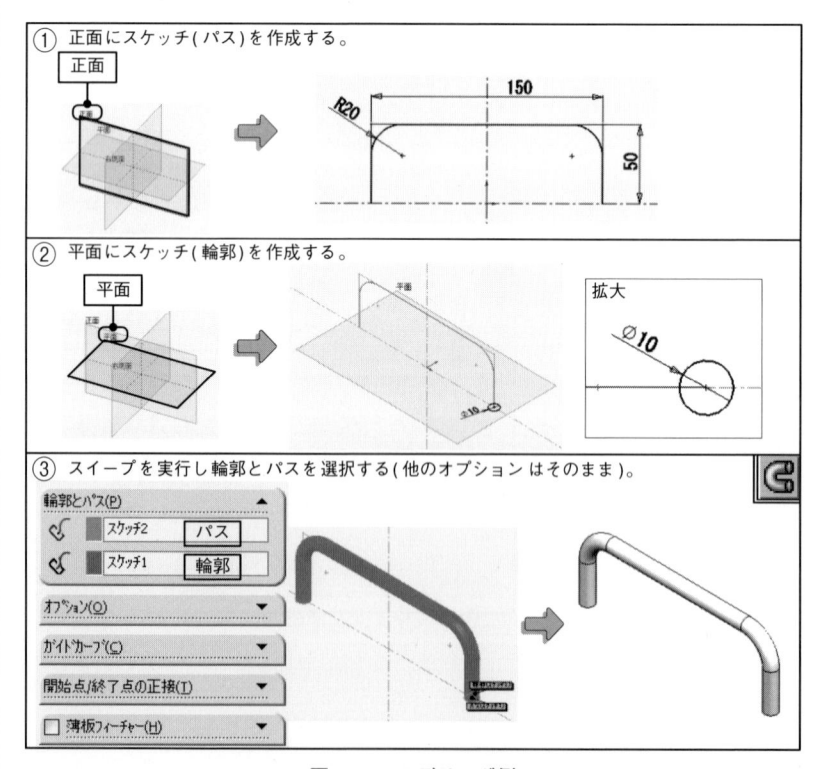

図 5.42　モデリング例

5-9-2 スイープフィーチャーの解説

スイープは，パスに沿って輪郭を移動することで，ベース/ボス，カット，サーフェスが作成できる。図 5.43 にスイープを作成するうえでの注意事項などを示している。

○ パスの始点は、輪郭がスケッチされた平面上に配置する。

○ 輪郭は、ソリッドを作成する際には閉じていないと作成できない（サーフェスの場合はどちらでもよい）。

ソリッド　　　　サーフェス

○ パスには、1つのスケッチ内の複数カーブ、1つのカーブ、モデルエッジの集合を使用できる。パスは開いていても閉じていても作成できる。

閉じたパス

○ 複数の輪郭を使用して作成することもできる。

○ 自己交差する（結果として自分自身に交差する）スイープは作成できない。

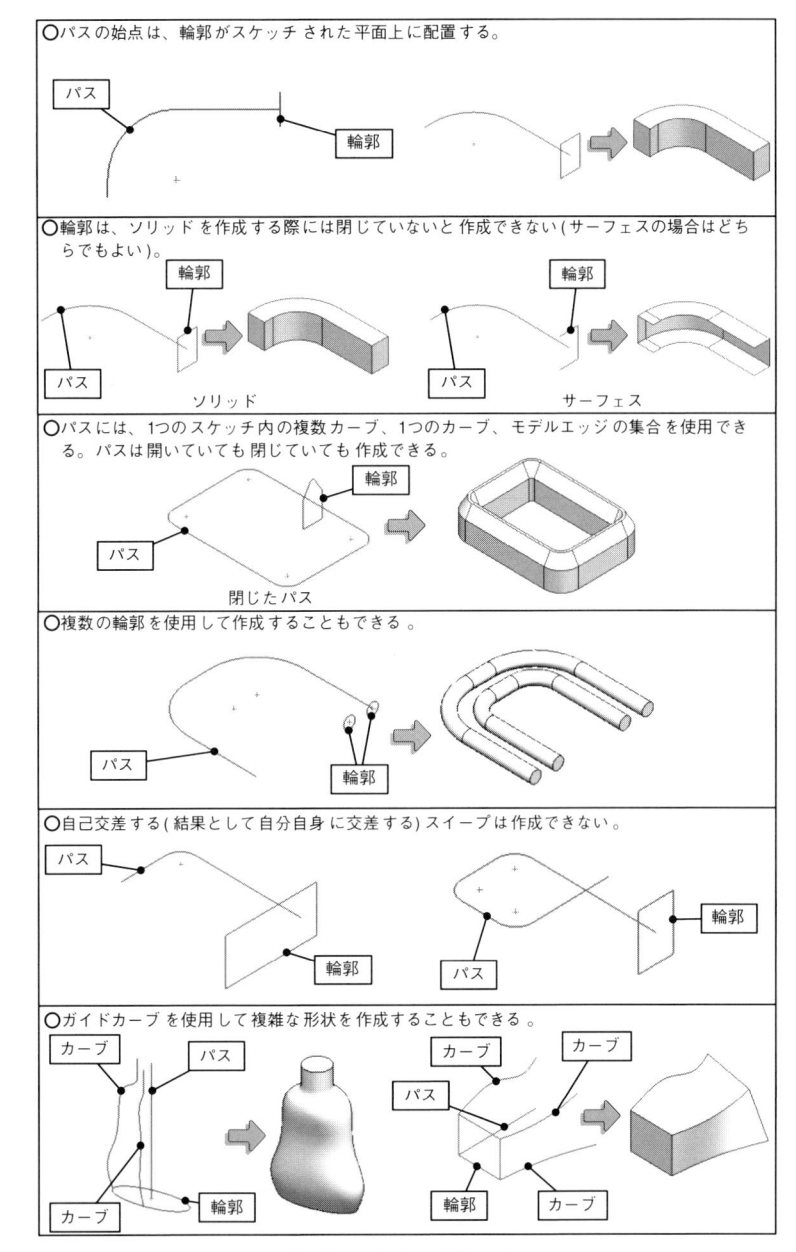

○ ガイドカーブを使用して複雑な形状を作成することもできる。

図 5.43　スイープについて

5-10 ロフト

5-10-1 ロフトフィーチャーのモデリング例

図5.44は，3面図と等角投影図を示している。モデリングは，等角投影表示にしたときに図5.44のような向きと原点（●）の位置になるようにする。図5.45は，ロフトのコマンドを使用したモデリングの例を示している。

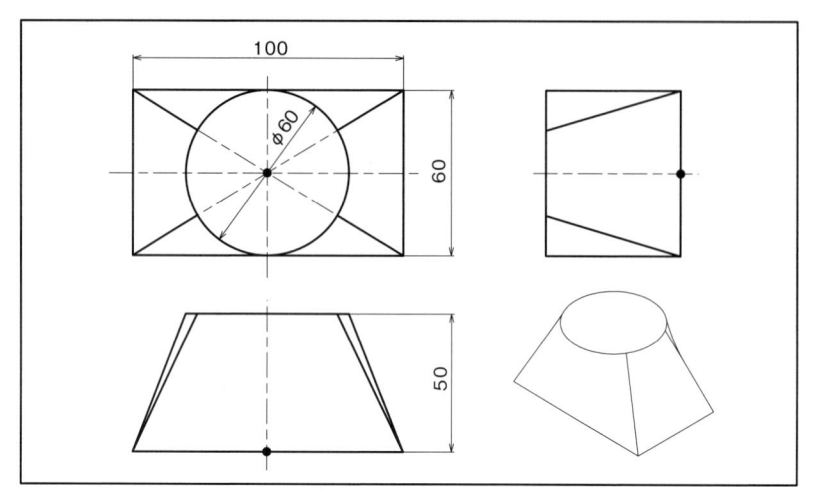

図5.44　例　題

① 平面にスケッチを作成する。

② 平面を使用して50 mmオフセットした平面を作成する。

③ 平面1にスケッチを作成する。①で描いた四角形の頂点を結ぶ線を描き、エンティティ分割のコマンドを使用してスケッチ円を4つに分割する。

エンティティを分割する理由は，長方形と円のスケッチのエンティティ数を同じにするためである。

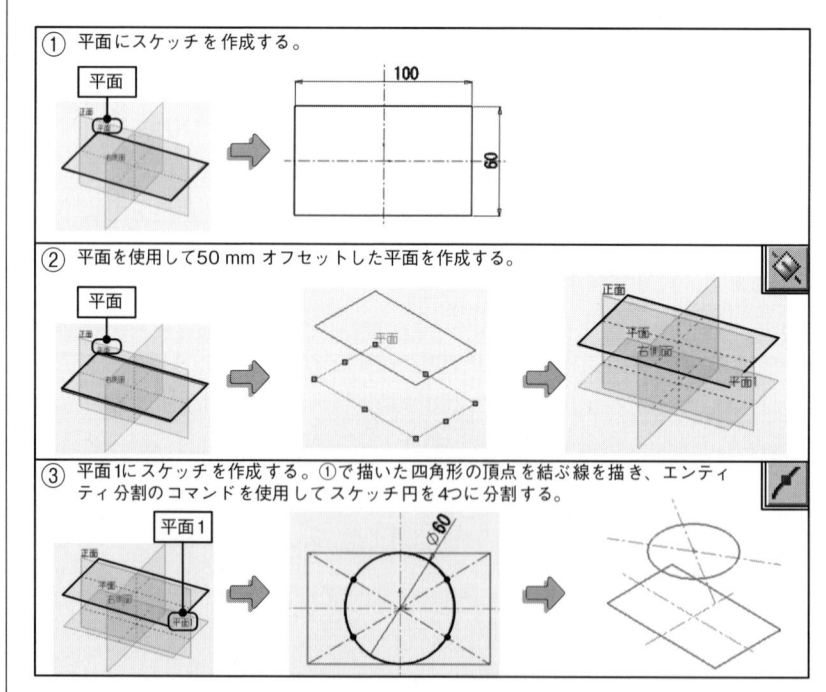

図5.45　モデリング例 (1/2)

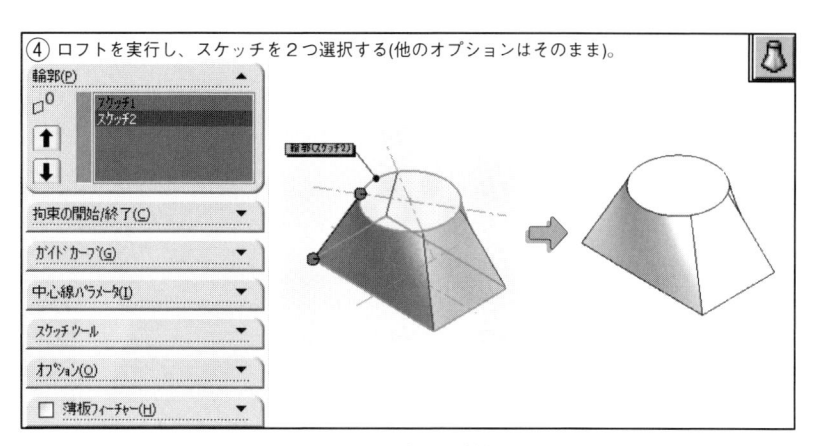

④ ロフトを実行し、スケッチを2つ選択する(他のオプションはそのまま)。

図 5.45　モデリング例 (2/2)

5-10-2　ロフトフィーチャーの解説

ロフトは複数の輪郭を結合して作成する。ロフトフィーチャーは，ボス/ベース，カット，サーフェスが作成できる。図 5.46 は，ロフトを作成するうえでの注意事項などを示している。スイープと同様に自己交差するロフトは作成できない。

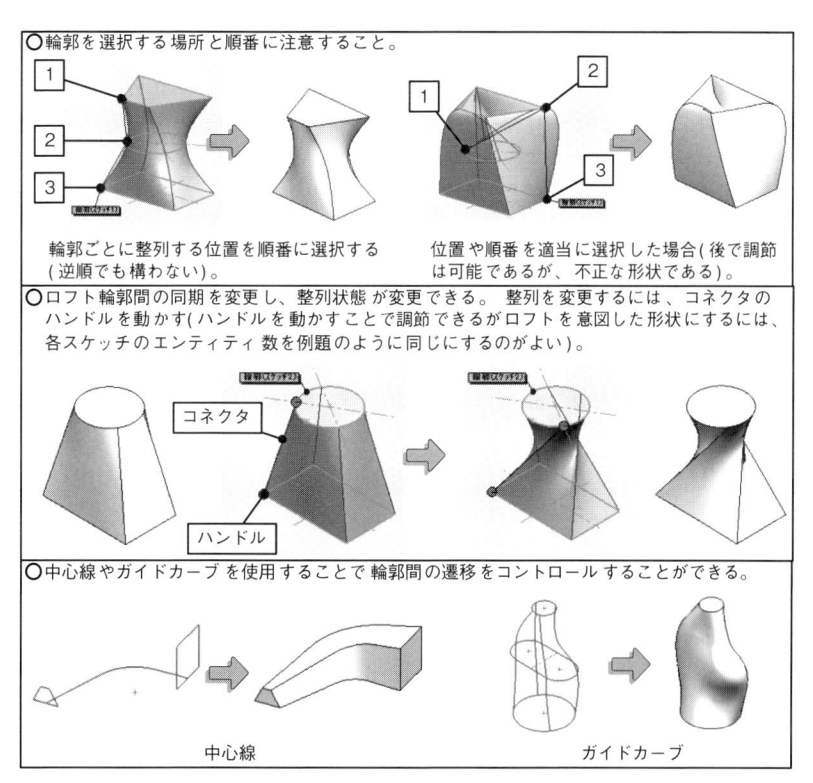

○輪郭を選択する場所と順番に注意すること。

輪郭ごとに整列する位置を順番に選択する(逆順でも構わない)。

位置や順番を適当に選択した場合(後で調節は可能であるが、不正な形状である)。

○ロフト輪郭間の同期を変更し、整列状態が変更できる。整列を変更するには、コネクタのハンドルを動かす(ハンドルを動かすことで調節できるがロフトを意図した形状にするには、各スケッチのエンティティ数を例題のように同じにするのがよい)。

コネクタ

ハンドル

○中心線やガイドカーブを使用することで輪郭間の遷移をコントロールすることができる。

中心線　　　　　　　　　　　　　　ガイドカーブ

図 5.46　ロフトについて

練習問題

1　オンラインチュートリアル

　サーフェスやパターンの機能は，本書では説明していないが便利な機能なので使ってみよう。

○フィレットフィーチャー

　ノブの部品を変更しながら，以下について学習できる。

・さまざまなフィレットタイプの追加
　（面、固定半径、可変半径）
・ミラー機能の使用
・ライブラリフィーチャーの適用

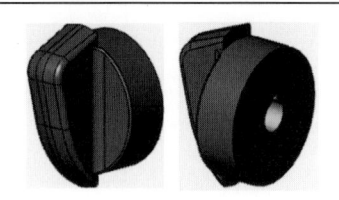

○回転フィーチャーとスイープフィーチャー

　燭台を作成しながら，以下について学習できる。

・回転フィーチャーの作成
・スイープフィーチャーの作成
・抜き勾配が指定された押し出しカットフィーチャーの作成

○パターンフィーチャー

　右図のようなモデルを作成しながら、以下について学習できる。

・直線パターンの作成
・円形パターンの作成
・関係式による円形パターンのコントロール

○ロフトフィーチャー

　ノミを作成しながら，以下について学習できる。

・平面の作成
・輪郭のスケッチ、コピー、ペースト
・ロフトコマンドフィーチャーの作成
・フレックスフィーチャーの作成

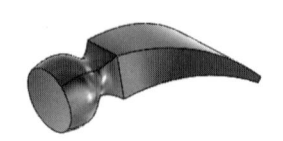

○サーフェスの概要

　ノズルを作成しながら、以下のサーフェスの機能について学習できる。
・ロフト　　　・スイープ
・編みあわせ　・フィル
・平坦　　　　・回転
・移動/コピー　・トリム
・延長　　　　・トリム解除
・厚み付け

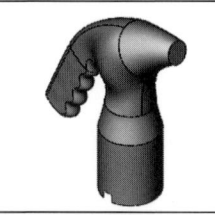

○マルチボディ部品

　右図のようなモデルを作成しながら、以下について学習できる。

・組み合わせの作成
・スイープやマージを使用して2つのソリッドボディを1つにする

サーフェスについて：
　サーフェスの編み合わせや厚み付けでソリッドボディを作成できるように，ソリッドモデルの面を1つ削除するとサーフェスボディになる。

図 5.47　オンラインチュートリアル

2 モデリングの練習

幾何学形状のモデリングを行う。

2-1 球	2-2 ドーナツ形状
2-3 円錐	2-4 三角錐
2-5 四角錐	2-6 正四面体
2-7 正六面体	2-8 正八面体
2-9 正十二面体	2-10 正二十面体

正四面体，正八面体，正十二面体，正二十面体はかなり難しいかもしれない。正多面体の定義も含めて図学の本などを参考にするとよい。

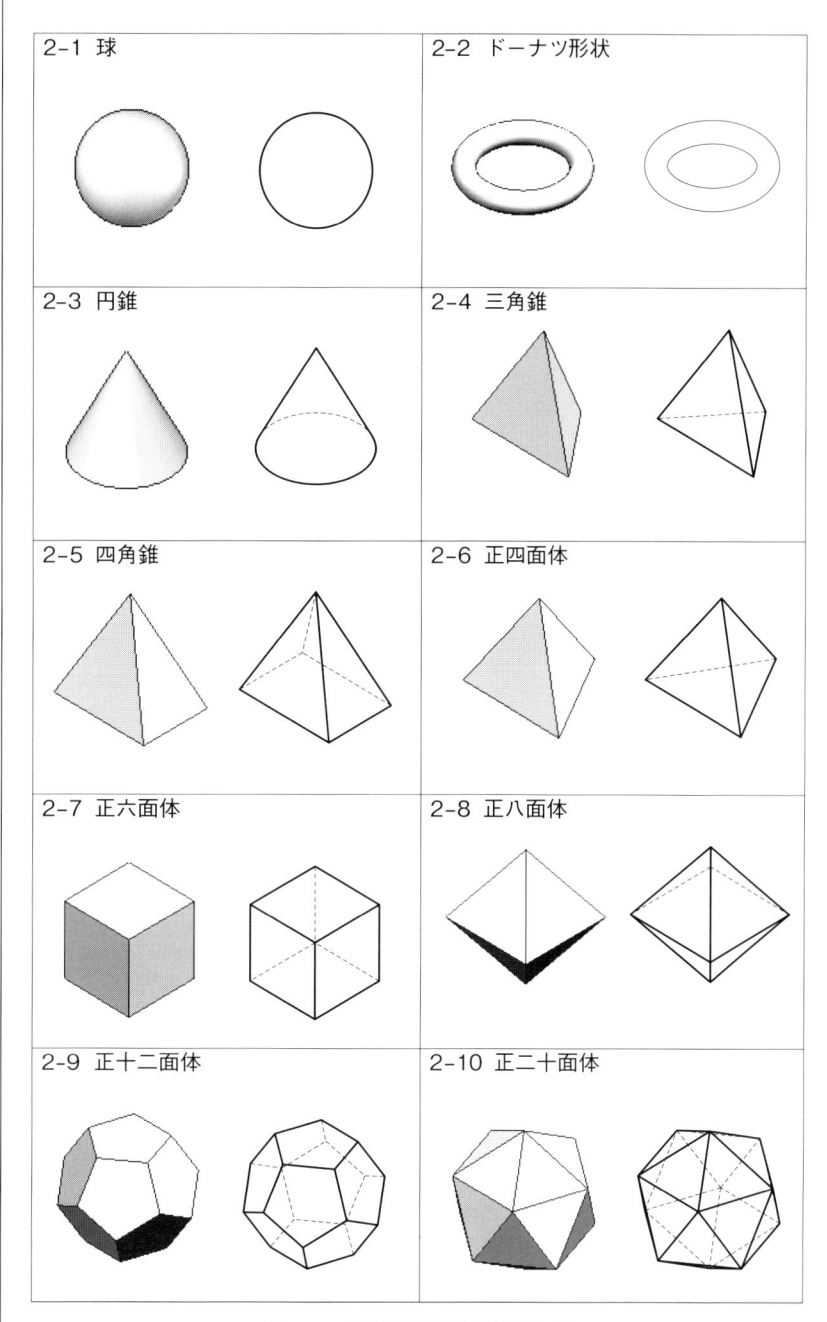

図 5.48 幾何学形状のモデリング

3 モデリングの練習

6章で取り上げるモデルをいくつかモデリングしてみよう。

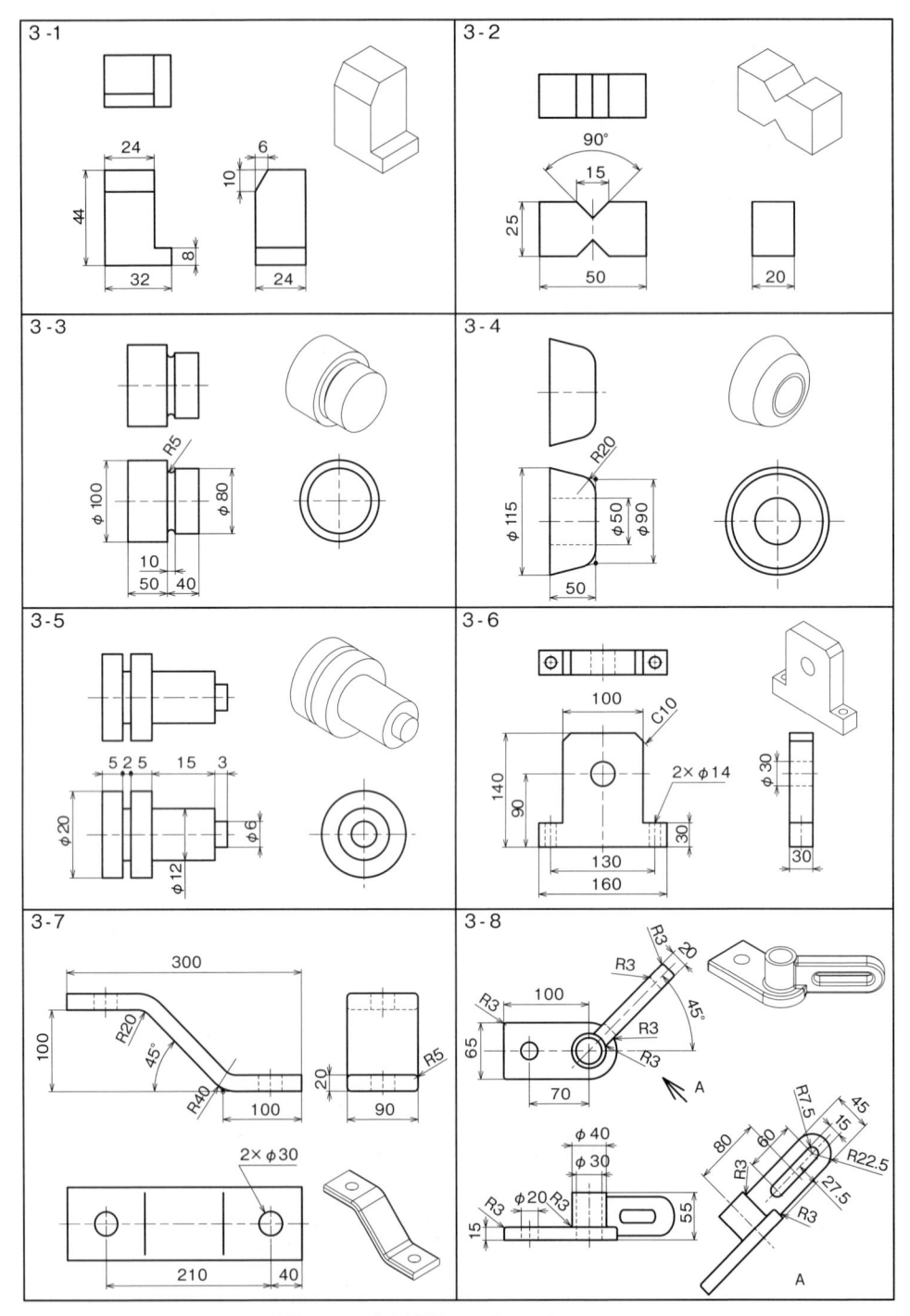

図 5.49 6章の例題のモデリング

4 小型万力部品のモデリング

小型万力部品のモデリングを行う。6章，7章で使用するので正確にモデリングを行うこと。A-A は，A の位置で切断して投影している断面図である。

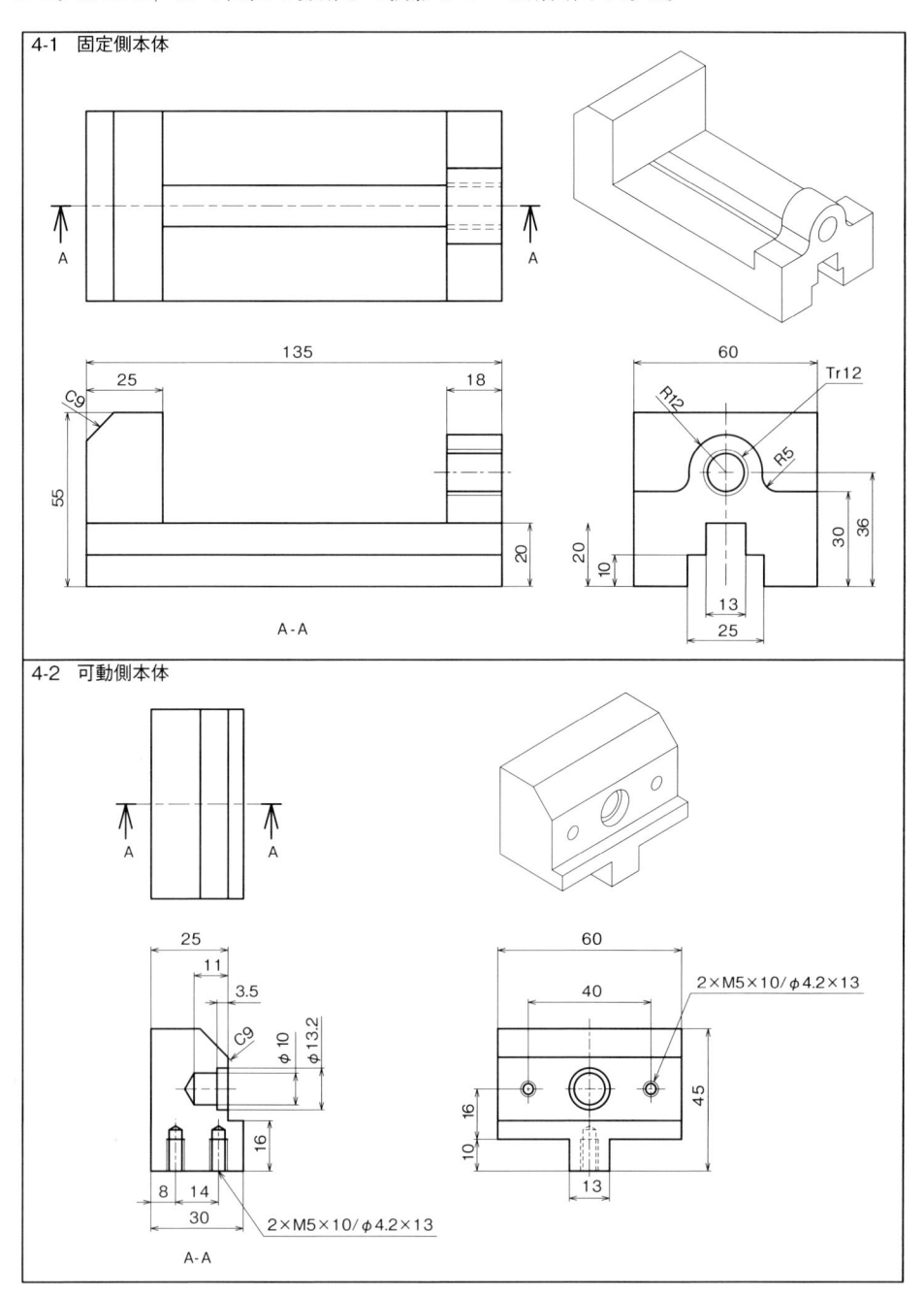

4-1 固定側本体

4-2 可動側本体

図 5.50　小型万力部品のモデリング (1/2)

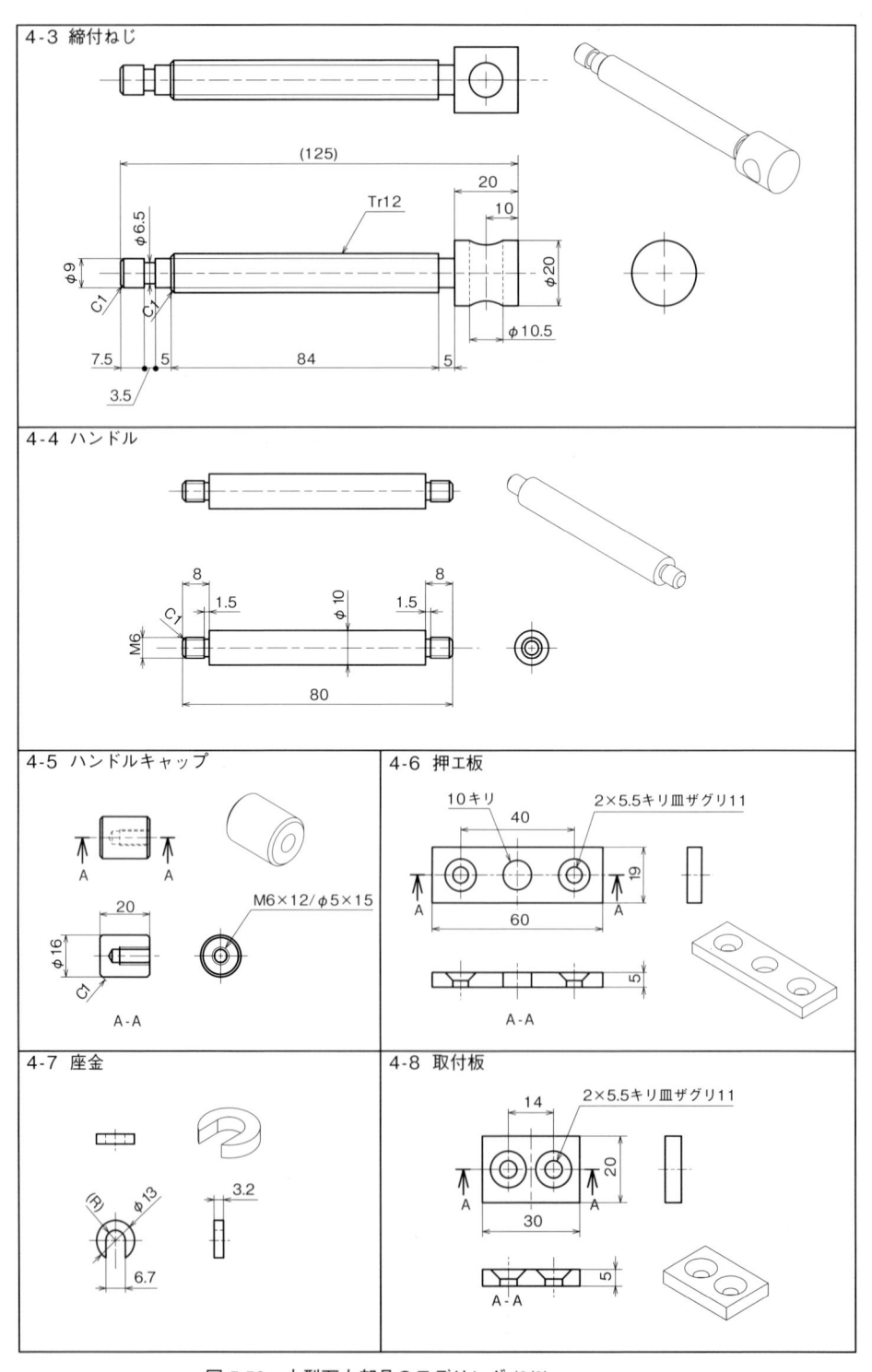

図 5.50 小型万力部品のモデリング (2/2)

5 用語に関する問題

SolidWorksのヘルプ，インターネット，書籍等を利用して，以下の用語について簡単に説明しなさい。

1	押し出しフィーチャー	
2	参照ジオメトリ	
3	回転フィーチャー	
4	穴ウィザード	
5	フィレットフィーチャー	
6	面取りフィーチャー	
7	シェルフィーチャー	
8	スイープフィーチャー	
9	ロフトフィーチャー	
10	抜き勾配	
11	親子関係	
12	ロールバック	
13	曲率	
14	正接	
15	ベースフィーチャー	
16	ゼブラストライプ	
17	投影法	
18	投影図	
19	三角法	
20	エクスポート	

第 6 章　図面について

6-1　図面の概要
6-2　図面作成の流れ
6-3　JIS における図面の形式
6-4　SolidWorks での図面の形式
6-5　文字について
6-6　線について
6-7　図形の表現について
6-8　寸法の記入法について
6-9　公　差
6-10　機械要素について
6-11　ねじの表し方
　　　練習問題

6-1　図面の概要

以下に示す製図の目的と図面に要求されることを満たすために，日本では，ISO に準拠した JIS 規格に従い図面が描かれる。

■ 製図の目的

- 図面を作る人の意図が図面を使う人に明確で容易に伝わること。
- 図面に示した情報の保存・検索・利用が確実に行えること。

■ 製図の目的を満たすために図面に要求されること

- 対象物の情報を含むこと。
  （情報：形状，大きさ，姿勢，位置，面の肌，材料，加工方法等）
- 表現方法が明確で分かりやすく，解釈の違いが生じないこと。
  （作成者だけが理解できればいいものではない）
- 広い分野にわたる整合性と普遍性をもつこと。
  （分野：機械，土木，建築等）
- 国際性を保つこと。
  （JIS は ISO と整合性を保っている）
- 複写，保存，検索，利用が確実にできる内容と様式であること。
  （A サイズの紙等，統一性をもたせる）

■ 機械製図に関連する JIS 規格について

表6.1 に機械製図に関連する主な JIS 規格についてまとめた。SolidWorks は，特定の国の規格に準拠した CAD ソフトではなく，JIS という設定が用意されているが，詳細についてはカスタマイズが必要となる。

表 6.1　機械製図関連の主な JIS 規格

「JISハンドブック製図」での分類		規格番号：制定年度	規格名称
製図	基本	JIS Z 8310:1984	製図総則
		JIS Z 8114:1999	製図 − 製図用語
		JIS Z 8311:1998	製図 − 製図用紙のサイズ及び図面の様式
		JIS Z 8312:1999	製図 − 表示の一般原則
		JIS Z 8313:2000	製図 − 文字
		JIS Z 8314:1998	製図 − 尺度
		JIS Z 8315:1999	製図 − 投影法
		JIS Z 8316:1999	製図 − 図形の表し方の原則
		JIS Z 8317:1999	製図 − 寸法記入方法
		JIS Z 8318:1998	製図 − 長さ寸法及び角度寸法の許容限界記入方法
	CAD	JIS B 3401:1993	ＣＡＤ用語
		JIS B 3402:2000	ＣＡＤ機械製図
	部門別	JIS B 0001:2000	機械製図
	特殊な製図	JIS B 0002:1998	製図 − ねじ及びねじ部品
		JIS B 0003:1989	歯車製図
		JIS B 0004:1995	ばね製図
		JIS B 0005:1999	製図 − 転がり軸受け
		JIS B 0041:1999	製図 − センタ穴の簡略図示方法
公差，許容値及びその表し方	記号表示	JIS Z 3021:2000	溶接記号
	寸法	JIS B 0401:1998	寸法公差及びはめあいの方式
		JIS B 0405:1991	普通公差
	幾何特性仕様	JIS B 0021:1998	製品の幾何特性仕様(GPS) − 幾何公差表示方式
		JIS B 0022:1984	幾何公差のためのデータム
		JIS B 0024:1988	製図 − 公差表示方式の基本原則
	表面性状	JIS B 0031:2003	製品の幾何特性仕様(GPS) − 表面性状の図示方法

日本工業規格 JIS(Japan Industrial Standard)：
工業標準化の促進を目的とする工業標準化法に基づいて制定される日本の国家規格。
JIS 規格は，インターネット上でデータベース検索・閲覧が可能なので確認しておくこと。また JIS ハンドブックとして本が販売されている。

国際標準化機構 ISO (International Organization for Standardization)：
電気分野を除く工業分野の国際的な標準規格を策定するための民間の非営利団体。
本部はスイスのジュネーブで各国 1 機関が参加できる。
電気分野の標準規格は国際電気標準会議 (IEC) がある。

規格の設定：
SolidWorks のインストール時に設定できる。規格の設定・変更は，次から行う。
→ ツール（メニュー）
→ オプション
→ ドキュメントプロパティ
→ 詳細設定
→ 寸法表示規格

用語：
- 製図 (drawing)：図面を作成すること。
- 図面 (technical drawing)：情報媒体。規則に従って図や線，寸法，文字等で描かれた技術情報。
- 図形 (view)：対象物の形がわかるように表した正投影図。
- 図 (view)：図形に寸法等の情報を加えたもの。各種投影図の総称。

図面に関する用語

表 6.2 に示すように図面は，用途や内容によって呼び名が異なる。また図面の管理や形式に関する用語も知っておくとよい。本書では設計の基本であり，頻繁に用いらる製作図や部品図，組立図（部分組立図，総組立図）で一品一葉の形式で図面作成を行う。

品と葉：
品が部品を示し，葉が図面を示す。

製作図：
注文図や試作図，見積図，承認図，検査図，据付け図等は製作図と内容が同じこともあるが，異なることもある。すでに製作しているものについては，そのまま同じものが使用される。

表 6.2 図面に関する用語

図面の用途による用語

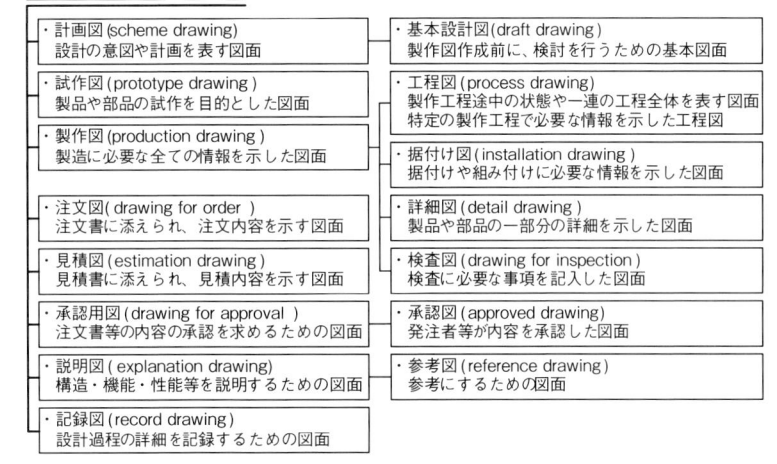

- 計画図 (scheme drawing)
  設計の意図や計画を表す図面
- 試作図 (prototype drawing)
  製品や部品の試作を目的とした図面
- 製作図 (production drawing)
  製造に必要な全ての情報を示した図面
- 注文図 (drawing for order)
  注文書に添えられ，注文内容を示す図面
- 見積図 (estimation drawing)
  見積書に添えられ，見積内容を示す図面
- 承認用図 (drawing for approval)
  注文書等の内容の承認を求めるための図面
- 説明図 (explanation drawing)
  構造・機能・性能等を説明するための図面
- 記録図 (record drawing)
  設計過程の詳細を記録するための図面
- 基本設計図 (draft drawing)
  製作図作成前に，検討を行うための基本図面
- 工程図 (process drawing)
  製作工程途中の状態や一連の工程全体を表す図面
  特定の製作工程で必要な情報を示した工程図
- 据付け図 (installation drawing)
  据付けや組み付けに必要な情報を示した図面
- 詳細図 (detail drawing)
  製品や部品の一部分の詳細を示した図面
- 検査図 (drawing for inspection)
  検査に必要な事項を記入した図面
- 承認図 (approved drawing)
  発注者等が内容を承認した図面
- 参考図 (reference drawing)
  参考にするための図面

図面の内容による用語

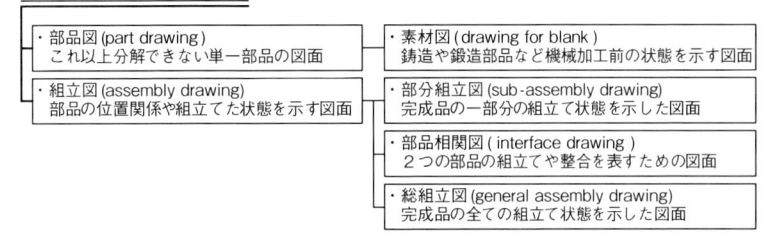

- 部品図 (part drawing)
  これ以上分解できない単一部品の図面
- 組立図 (assembly drawing)
  部品の位置関係や組立てた状態を示す図面
- 素材図 (drawing for blank)
  鋳造や鍛造部品など機械加工前の状態を示す図面
- 部分組立図 (sub-assembly drawing)
  完成品の一部分の組立状態を示した図面
- 部品相関図 (interface drawing)
  2つの部品の組立てや整合を表すための図面
- 総組立図 (general assembly drawing)
  完成品の全ての組立て状態を示した図面

図面管理に関する用語

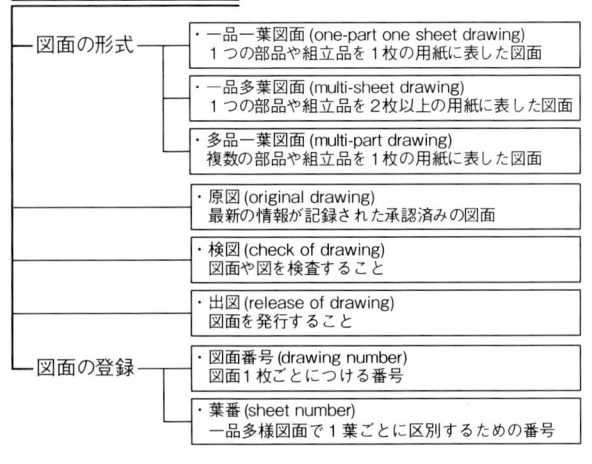

― 図面の形式
  - 一品一葉図面 (one-part one sheet drawing)
    1つの部品や組立品を1枚の用紙に表した図面
  - 一品多葉図面 (multi-sheet drawing)
    1つの部品や組立品を2枚以上の用紙に表した図面
  - 多品一葉図面 (multi-part drawing)
    複数の部品や組立品を1枚の用紙に表した図面
  - 原図 (original drawing)
    最新の情報が記録された承認済みの図面
  - 検図 (check of drawing)
    図面や図を検査すること
  - 出図 (release of drawing)
    図面を発行すること

― 図面の登録
  - 図面番号 (drawing number)
    図面1枚ごとにつける番号
  - 葉番 (sheet number)
    一品多様図面で1葉ごとに区別するための番号

第6章 図面について

> **部品表について:**
> 図面とは別な用紙にした方が使いやすい。

　図 6.1 は，一品一葉と多品一葉について示している。基本的には，一品一葉で作成するが，多品一葉，一品多葉の図面を作成することもある。一品多葉は，複雑な形状，投影図や断面図が多い部品や組立図等で用いられる。

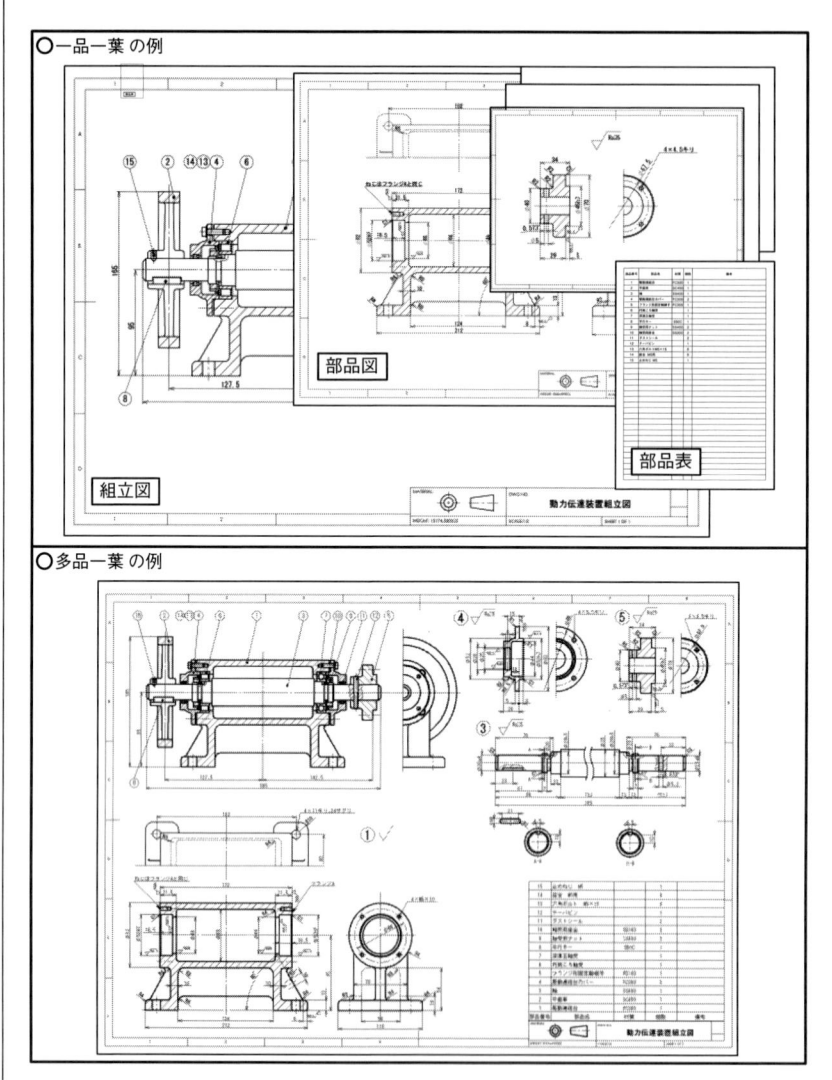

図 6.1　一品一葉と多品一葉について

6-2　図面作成の流れ

■ SolidWorks でのファイルの相互関係

　SolidWorks では，図 6.2 のように部品モデル，アセンブリモデル，図面ファイルは相互にリンクしている（例は，回転運動を伝える動力伝達装置）。例えば部品モデルの修正を行うと，アセンブリモデル，部品図，組立図が自動的に更新される。

> **自動更新について:**
> 部品モデルの変更箇所によっては，変更内容が適切に更新されない。その際は手動で修正を行う。

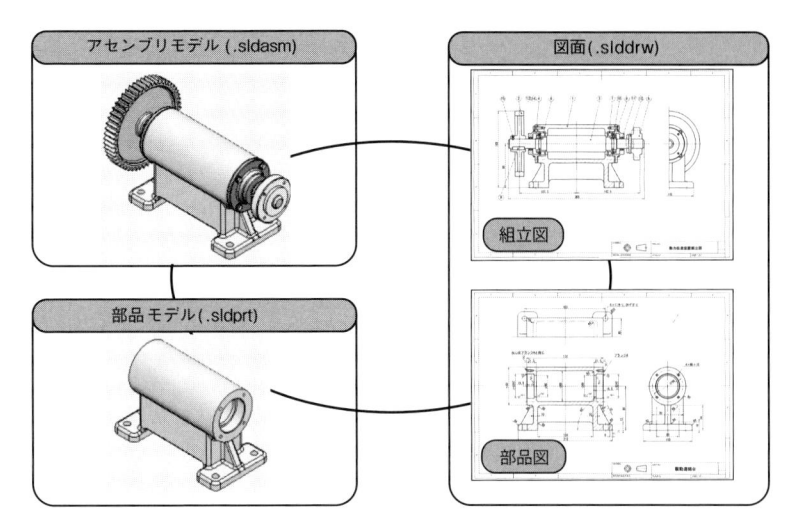

図 6.2　ファイルの相互関係

図面作成の流れ

SolidWorks での図面作成は，部品やアセンブリのモデルファイルを参照して図面を作成する。図面作成を行う時期は，2通りある。

・モデリングが完成してから図面を作成する。
・モデリングを行いながら図面を作成する。

状況やモデルに合わせてやりやすい方法を選ぶこと。
　また，モデリングの途中に詳細部分の検討を行うので，その際に随時寸法や必要な公差設定，表面粗さ等を記入しておくと忘備録として使用できる。アセンブリモデリングの途中には，細部の設定を記録図として作成してもよい。
　SolidWorks での図面作成の基本的な流れについて図 6.3（図は，動力伝達装置のケース部品の部品図）に示した。

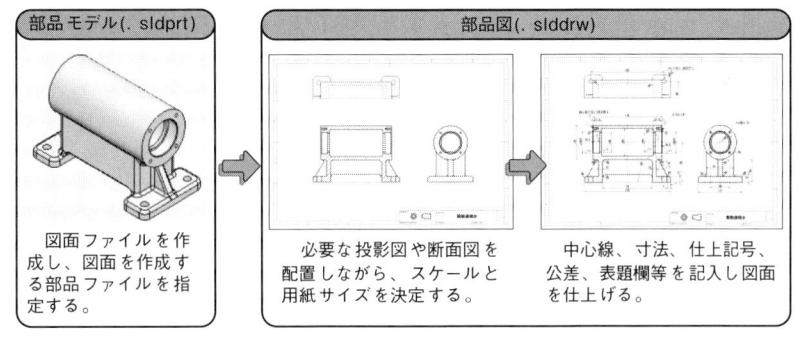

図 6.3　図面作成の基本的な流れ

図面作成時期について：
　図面ファイルの寸法記入は，モデルのエッジ，サーフェス，頂点等を参照して記入する。モデリング途中で図面を作成すると，モデルを変更した際に図面の寸法の参照先がなくなり，エラー状態（色が変わる）になることがある。この場合，寸法の修正や再記入が必要となる。

手書き図面について：
　手書きの図面では，簡単に削除や移動が行えないため，図面を描く前にあらかじめ用紙サイズ，スケール，レイアウトをきちんと決める必要がある。各投影図の中心線を描き外形線やどのくらいの寸法が入るのかを考慮して配置を検討する。

図面のチェック：
　最終的に図面を仕上げ，漏れやミスがないように必ずチェックを行うこと。確認できる大きさの紙に印刷し赤ペンや蛍光ペンでのチェックを行うとよい。

6-3　JISにおける図面の形式

■ 図面の様式について

図6.4は，図面様式の例について示している。図面の様式や表題欄は，企業ごとにフォーマットや記載する項目が異なる。

> **図面様式について：**
> この他に，裁断マークや比較目盛など必要なものを描いてよい。
> CADで作成する図面のテンプレートファイルは，各プリンタの印刷範囲を考慮した余白をもたせて作成する。

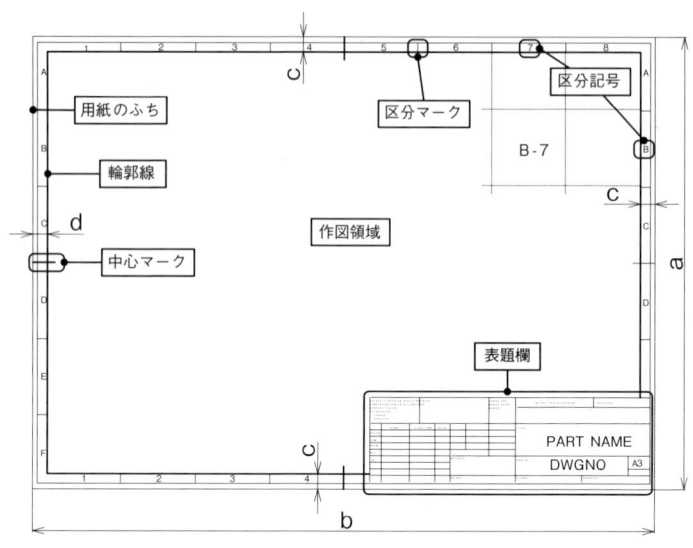

図6.4　図面様式の例

- 中心マーク (centering mark)：
  複写等，用紙の中心位置をわかりやすくするために描く。線幅は0.5mm以上で，用紙の縁から輪郭線の内側約5mmまで描く。

- 輪郭線 (frame, borderline)：
  図面は現場での使用中に汚れたり，破れたりする。また複写でずれることも考慮し輪郭線を設け余白をとる。線幅は，0.5mm以上。

- 区分記号 (grid reference symbol)：
  区分記号を使用して図6.4のようにB-7部分と場所を指定して問い合わせ等を行ったりする（格子参照方式という）。

- 表題欄 (title block, title panel)：
  図面の右下に設け図面の管理や製作を行う上で必要な事項（図面番号，図名，企業名，責任者の署名，図面作成年月日，尺度，投影法，材質等）を記入する。

図面の大きさについて

用紙の大きさは，対象物の大きさや複雑さを考慮し図の明瞭さを保つ範囲で最小のものを選ぶ．表 6.3 に図面の大きさについて示す．

表 6.3 図面の大きさについて
単位(mm)

呼び	サイズ a×b	c(最小)	d(最小) 閉じない場合	d(最小) 閉じる場合
A0	841×1189	20	20	20
A1	594×841	20	20	20
A2	420×594	10	10	20
A3	297×420	10	10	20
A4	210×297	10	10	20

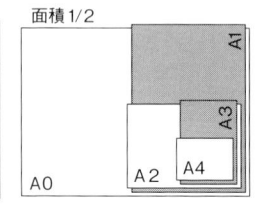

図面は，A 列の A0〜A4 を使用するが，やむをえない場合，規定の特別延長サイズや例外延長サイズを使用してもよい．長辺を横方向にして使用し，A4 の場合だけ縦方向に使用してもよい．一連の図面でサイズを揃えたり，現尺に統一したりすることもある．

図面は，原則として A4 サイズに折りたたんで保管する．原図は，折りたたまず，巻いたり，そのままで保管したりする．

尺度について

尺度とは，対象物と図形の大きさの割合のことで，A：B の形で表す．A が図形の大きさ，B が対象物の大きさを表す．表 6.4 は，JIS の推薦尺度を示す．

尺度は，対象物を表現する目的や複雑さに合わせて選ぶ．やむをえない場合，推薦尺度以外の規定の中間尺度を選んでもよい．1 枚の図面に複数の尺度を用いる場合，主となる尺度を表題欄に示し，他の尺度は図の近くに示す．

表 6.4 尺度について

尺度の種類	推薦尺度
倍尺	50：1　20：1　10：1　5：1　2：1
現尺	1：1
縮尺	1：2　1：5　1：10　1：20　1：50　1：100 1：200　1：500　1：1000　1：2000　1：5000　1：10000

・倍尺 (enlargement scale)：
　対象物の大きさより大きい図形を描くこと．A：1 で表す．
・現尺 (full scale)：
　対象物と図形の大きさが同じ図形を描くこと．1：1．
・縮尺 (reduction scale)：
　対象物の大きさより小さい図形を描くこと．1：B で表す．

図面のコピー：
　図面の面積比は A4：A3 ＝ 1：2 となっている．A4 から A3 へのコピーは 50 % ⇔200 % ではなく 70 % ⇔141 % となる．

現尺での統一：
　現尺で統一すると対象物と図形の大きさが同じなので，現物と比較しやすく，縮尺や倍尺よりもイメージがしやすい．

6-4 SolidWorksでの図面の形式

■ SolidWorksでの図面形式の設定

図6.5は，SolidWorksでの図面ファイルの構成と図面形式の設定を示している。図面ファイルは，シート，シートフォーマット，各種の設定情報が含まれる。

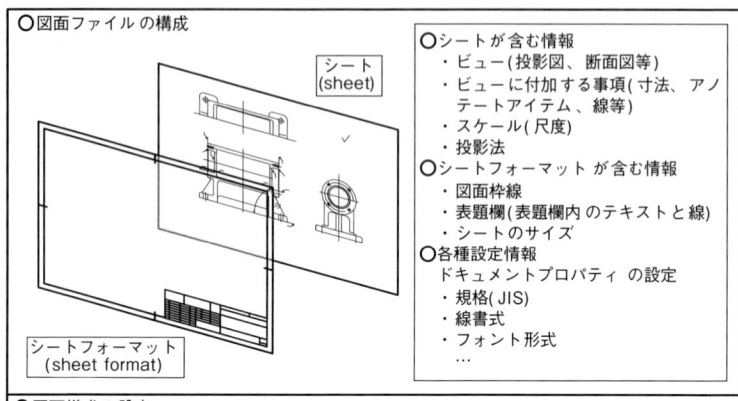

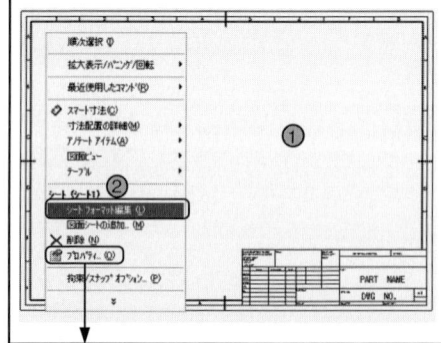

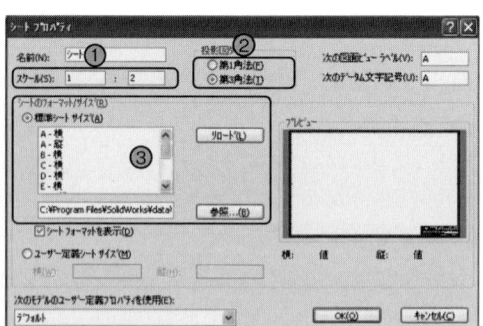

6章でドキュメントプロパティを経由して設定する項目は，テンプレートファイルとして設定しておいた方がよい。
システムオプションは，全てのSolidWorksのファイルに適用される。図面の設定箇所もあるので確認しておくこと。

シートフォーマット：
拡張子.slddrtとしてシートフォーマットファイルは，個別に保存が行える。図面の作成中にシートフォーマットの変更が行える。
図面のシートフォーマットの保存は，次のように行う。
→ ファイル（メニュー）
→ 図面シートフォーマット保存

テンプレートファイル：
全て図面作成中に変更可能であるが，基本的なものはテンプレートファイルとして用意し効率化をはかる。各図面サイズのテンプレートファイルを作成するか，各図面サイズのシートフォーマットを作成するとよい。

図面シート編集，シートフォーマット編集，プロパティへのアクセス：
FeatureManagerのシートやシートフォーマットを右クリックからもアクセスできる。

図面シートの追加について：
1つのファイルに図面（シート）が複数枚描けるようになっている。

スケールについて：
スケールは，シートのスケールを使用し，ユーザー定義スケールは，詳細図等の特別な場合に使用する。

図6.5 SolidWorksでの図面形式の設定について

■ 表題欄について

表 6.5 は，表題欄の例とそれぞれの記載事項に関する説明である．図 6.5 のようにシートフォーマット編集から表題欄の編集が行える．あくまで一例であり企業ごとにフォーマットや記載する項目は異なる．

表 6.5 について：
A4 サイズの表題欄の例で，company name の上の空白は，SolidWorks 教育用ライセンスの文字が入るため空白にした．
表題欄の作成には，通常のスケッチツール，整列ツールや注記を使用している．

表 6.5　表題欄の例と記載事項について

分類	項目	説明
部品ファイルのプロパティとリンク	名称 (title)	プロジェクト名と部品名の両方を記入した．両方とも部品ファイルのプロパティとリンクしている．
	図番 (Drawing No.)	プロジェクト番号と部品番号の両方を記入した．両方とも部品ファイルのプロパティとリンクしている．
	材質 (material)	部品ファイルのプロパティとリンクしている．
	製図者 (drawn)	部品ファイルのプロパティとリンクしている．
	設計者 (designed)	部品ファイルのプロパティとリンクしている．
変更のいらないもの	検図者 (checked)	空白にして，出図後に記入とした．
	承認者 (approved)	空白にして，出図後に記入とした．
	企業名 (company name)	シートフォーマット内に記入した．
	用紙 (sheet)	シートフォーマット内に記入した．
	単位 (unit)	シートフォーマット内に記入した．
	図面変更履歴 (revision)	シートフォーマット内にタイトルと表を 1 つ記入した．
	投影法 (projection)	シートフォーマット内に記入した．第三角法を示す記号のみを記入した．
	尺度 (scale)	シートのスケールとリンクしている．
変更が必要なもの	日付 (date)	出図日に記入することにし適当な年月を記入した．
	普通公差 (general tolerance)	シートフォーマット内に普通公差の指定を記入した．公差表は別紙とし，必要な関係部所に配布することにした．
	個数 (quantity)	シートフォーマット内に記入した．

図 6.6 は，部品ファイルのプロパティの設定と，図面ファイルの注記のリンク方法を示している．ここで示した例のように部品や図面のテンプレートファイル，シートフォーマットを用意しておいた場合，各図面を作成する際は次の事項を変更する必要がある．

・部品ファイルのプロパティの変更箇所
・シートのスケール，シートのサイズ
・各投影図，投影図に付加する事項（寸法，注記など）
・表題欄の変更が必要なもの

ポイント

・定型的なものは，フォーマットやテンプレートファイルを用意し効率化をはかる．
・応用としてマクロ機能やプログラムの開発がある．

第 6 章　図面について

○部品ファイル(.sldprt)のプロパティ設定

・部品ファイルのプロパティへのアクセス方法
　→部品ファイルを開く→ファイル(メニュー)→プロパティ
・新しく項目を追加したり，編集が行える。
・図の材質は，FeatureManagerの材料にリンクしている。その他は，変更箇所に直接テキストを打ち込んで変更している。

○図面ファイルの注記のリンク方法

・事前にシート編集の状態で部品ファイル(ユーザ定義プロパティを設定した)の投影図を配置しておく。

① 図面シート内で右クリック
② シートフォーマット編集
③ リンクさせたい注記を選択し，右クリックからプロパティを選択する。
④ プロパティへのリンクを選択
⑤ シートプロパティ指定を選択
⑥ ▼から部品ファイルのプロパティが表示されるのでリンク先を指定する。

・テンプレートまたはシートフォーマットとして保存する場合，注記の設定後に配置した投影図を削除する。

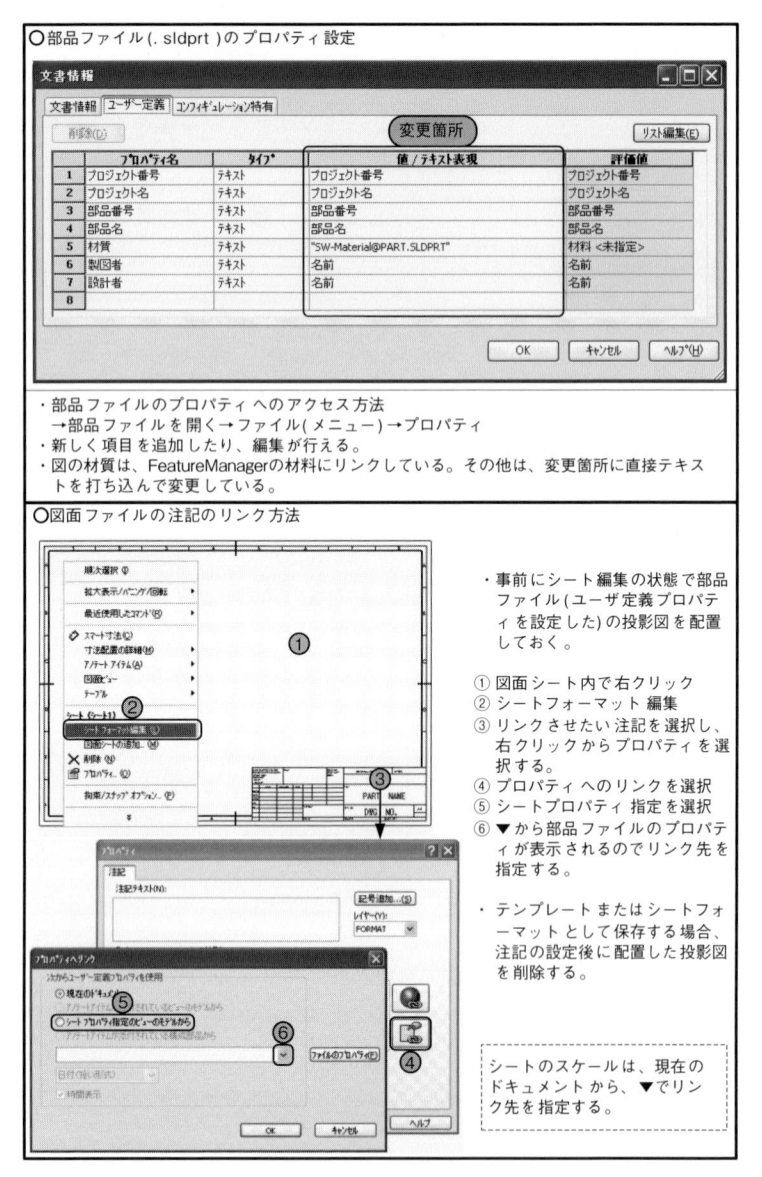

シートのスケールは，現在のドキュメントから，▼でリンク先を指定する。

図 6.6　部品ファイルのプロパティと図面ファイルの注記のリンク

6-5　文字について

JIS製図で用いる文字や文章の書き方を以下に示す。

a)　漢字は，常用漢字を用いるのがよく，仮名は，平仮名または片仮名のどちらかを用い，一連の図面で混用しないこと。外来語や動植物の学術名や注意を促す表記を片仮名で用いることは混用にはならない。

　　（例：コトコト音，ダレ，キリ，リーマ，ボタン）

部品のテンプレートファイルの保存について：
部品のテンプレートファイルを保存するには，通常の部品ファイルからプロパティや必要な変更を行い指定保存からPart template (.prtdot) で保存を行う。

図面のテンプレートファイルの保存について：
図面テンプレートファイルとして保存するには，注記の設定や枠線等を変更した後に配置した投影図を削除し指定保存から図面テンプレート (.drwdot) として保存を行う。

フォント：
フォントの規定は特にないが，漢字，平仮名，片仮名は全角を用い，ローマ字，アラビア数字，小数点は半角を用いるのがよいとされている。

b) 文字の大きさは以下のものを標準とするが，特に必要がある場合はこの限りではない。

呼び：2.5，3.5，5，7，10mm

c) 文章は文章口語体で左横書きとし，簡潔明瞭に書く。

例：製品総重量は，1500kg とする。

6-6　線について

製図で用いられる線は太さや形に規定があり，用途に合わせて使い分けている。

■ 線の太さと種類について

図 6.7 は，線の太さと種類について示している。線の太さは，3 種類あり，太さの比率を守って 9 通りの中から選択する。SolidWorks では線の太さのコマンドと印刷の設定が対応している。線の種類は，4 種類で，SolidWorks では線の種類のコマンドが対応している。線の太さや線の種類のコマンドは，モデルエッジやスケッチ線等に適用できる。

フォントの設定：
SolidWorks でのフォントサイズは，ポイント，mm の両方の指定ができる。設定は，次から行う。
→ ツール（メニュー）
→ オプション
→ ドキュメントプロパティ
→ アノテートアイテムのフォント

線に関するツールバーの名称：
ツールバーは，「線属性の変更」として表示される。

線の太さ：
SolidWorks では，3 種類より多くの線の太さが用意されている。
特別に目立つような太い線を描きたい場合，誤解のないように明記して使用する。

線の種類：
SolidWorks の鎖線と一点鎖線は，線の間隔が違う。JIS では，手書き製図・CAD 製図での線の長さや間隔の指定がある。
本書では図面を読む上で特に問題がないので SolidWorks のデフォルト設定で図面作成を行う。
線の種類や間隔の変更は次から行う。
→ ツール（メニュー）
→ オプション
→ ドキュメントプロパティ
→ 線の種類

○線の太さ

JIS	SolidWorks	
○線の太さの種類（3 種類） ・細線　(narrow line) ・太線　(wide line) ・極太線　(extra wide line) ○線の太さの比 　細線：太線：極太線 = 1：2：4 ○線の太さ（9 通り） 　0.13mm　0.18mm　0.25mm 　0.35mm　0.5 mm　0.7 mm 　1 mm　　1.4 mm　2 mm 　例 0.25mm　0.5mm　1mm	線の太さ (Line Thickness) デフォルト設定 ・変更したい線を選択してコマンドを実行。 ・コマンド実行後にスケッチ。	・図面印刷の設定 線の太さ 細 0.25mm (Thin) 中 0.5mm (Normal) 太 1mm (Thick) 太 2mm ・アクセス方法 →ファイル（メニュー） →印刷 →線の太さ（システムオプション）

○線の種類

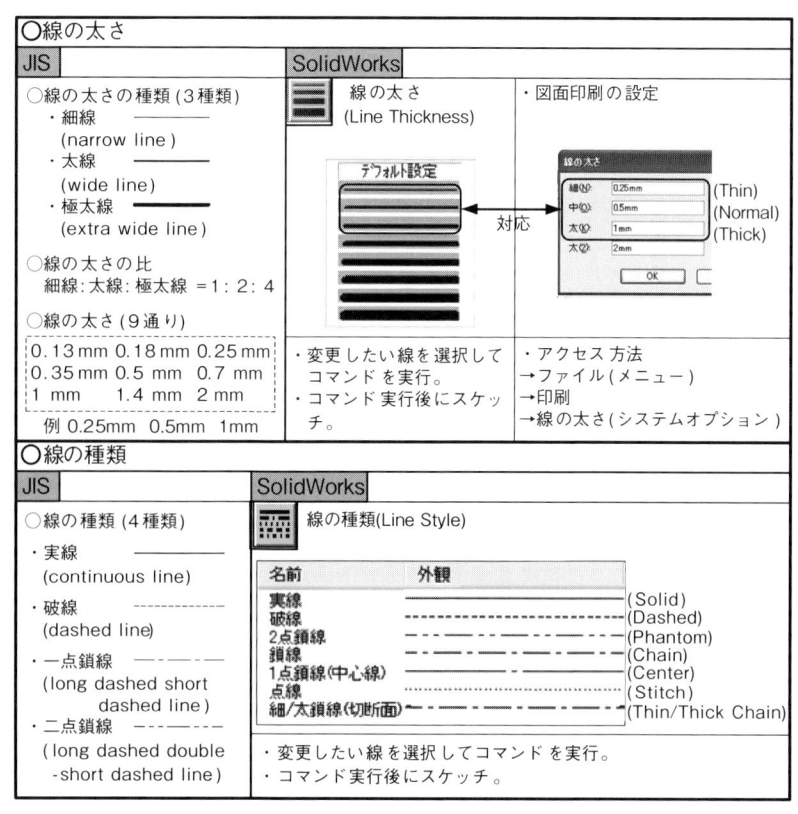

JIS	SolidWorks
○線の種類（4 種類） ・実線　(continuous line) ・破線　(dashed line) ・一点鎖線　(long dashed short dashed line) ・二点鎖線　(long dashed double-short dashed line)	線の種類(Line Style) 名前　　　　外観 実線　　　　　　　　(Solid) 破線　　- - - - - - -　(Dashed) 2 点鎖線 　　　　　 (Phantom) 鎖線 　　　　　　　 (Chain) 1 点鎖線（中心線） 　(Center) 点線 　　　　　　　 (Stitch) 細/太鎖線（切断面）　(Thin/Thick Chain) ・変更したい線を選択してコマンドを実行。 ・コマンド実行後にスケッチ。

図 6.7　線の太さと種類について

線の種類と用途

表 6.6 は，JIS における線の種類と用途について説明と例を示している。

表 6.6 線の種類と用途について

線の種類	名称と用途
太い実線	・外形線 (visible outline) 見える部分の形状 (稜、仮想の相貫線) を表す線。
細い実線	・寸法線 (dimension line) 寸法記入に用いる線。 ・寸法補助線 (projection lines) 寸法記入の際に図形から引き出す線。 ・引出線 (leader line) 記述・記号等を示すために引き出す線。 ・回転断面線 (outline of revolved sections in place) 図形内に表した回転断面の外形線。 ・中心線 (centre line) 中心線を簡略した線 (狭い箇所等)。 ・水準面線 (line of water level) 水面、液面等の位置を表す線。 ・特殊な用途 外形・かくれ線の延長線。ねじの簡略に用いる線。平面を示すための線。特定の位置を明示又は説明する線。
細い破線又は太い破線	・かくれ線 (hidden outline) 見えない部分の形状 (稜、仮想の相貫線) を表す線。
細い一点鎖線	・中心線 (centre line) 図形の中心、対称、図形の中心が移動した軌跡を表す線。 ・基準線 (reference line, datum line) 対象物等の基準を明示するための線。 ・ピッチ線 (pitch line) 繰返し図形間のピッチをとる際の基準を表す線。
太い一点鎖線	・特殊指定線 (line for special requirement) 特殊加工等の特別な要求事項を適用する範囲を表す線。
細い二点鎖線	・想像線 (fictitious outline, imaginary line) 隣接部分、工具・治具、加工前や後の状態等を参考に表す線。可動範囲の限界位置、移動中の特定の位置での外形線。 ・重心線 (centroidal line) 断面の重心を重ねた線。
波形の細い実線又はジグザグ線	・破断線 (line of limit of partial or interrupted view and section) 対象物の一部を破ったり、省略する際の境界を表す線。
細い一点鎖線で、端部及び方向の変わる部分を太くしたもの	・切断線 (line of cutting plane) 断面図を描く際の切断位置を表す線。
細い実線を規則的に並べたもの	・ハッチング (hatching) 断面図の切り口等で図形の特定範囲を他と区別する線。
極太の実線	・特殊な用途 薄肉部の単線図示を明示する線。

6-6 線について

表6.7は，SolidWorksでの線の種類の設定例を示している。名称は，JISと異なる。SolidWorksでは，線のフォントから設定を行う。

表6.7 SolidWorksの線の種類

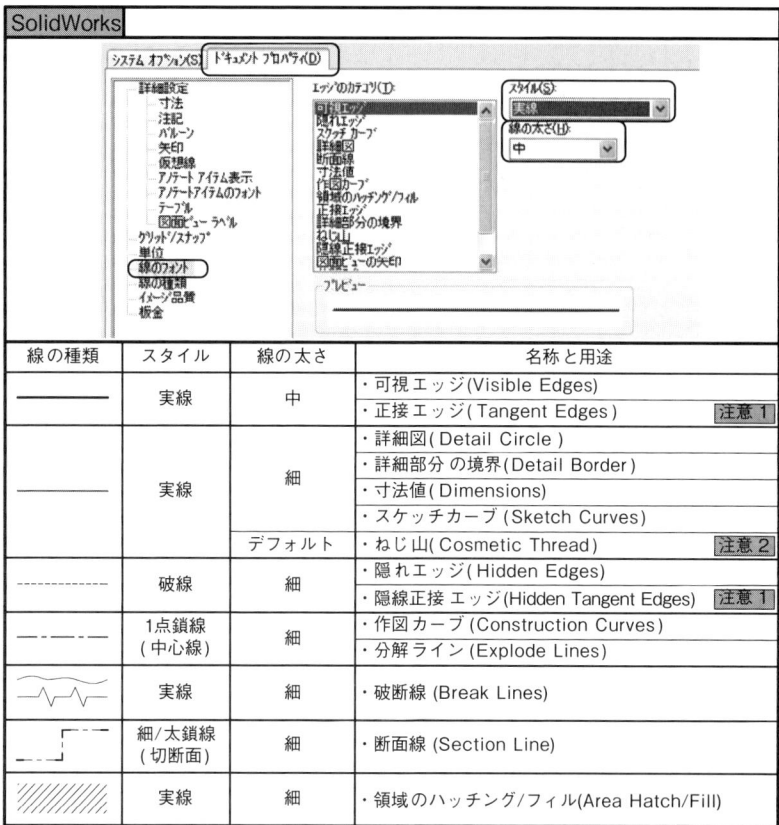

線の種類	スタイル	線の太さ	名称と用途
────	実線	中	・可視エッジ(Visible Edges) ・正接エッジ(Tangent Edges) 注意1
────	実線	細	・詳細図(Detail Circle) ・詳細部分の境界(Detail Border) ・寸法値(Dimensions) ・スケッチカーブ(Sketch Curves)
		デフォルト	・ねじ山(Cosmetic Thread) 注意2
-------	破線	細	・隠れエッジ(Hidden Edges) ・隠線正接エッジ(Hidden Tangent Edges) 注意1
─・─・─	1点鎖線 (中心線)	細	・作図カーブ(Construction Curves) ・分解ライン(Explode Lines)
∼∧∨∼	実線	細	・破断線(Break Lines)
┌─┐	細/太鎖線 (切断面)	細	・断面線(Section Line)
/////	実線	細	・領域のハッチング/フィル(Area Hatch/Fill)

注意1　正接エッジを表示にすると形状が複雑になるほど線が多くなり、図面が読みにくくなる。線の設定が行えることを覚えておくこと。以下に対応例を示す。
　　　・正接エッジの表示/非表示に加えてスケッチで線を描く。
　　　・2次元CADで描く(完全なJIS対応の図面を描けるが3Dモデルとのリンクは切れる)。
　　　・正接エッジを別な線に設定する。二点鎖線、点線、色の変更等。

注意2　穴ウィザードのねじ穴でねじ山を指定すると3Dモデルは、ねじの下穴径で作成される。ねじ穴はスケッチが作成される。このように、完全な3Dモデルを作成せずに、簡略化して作成することもある。その際の注意事項を以下に示す。
　　　・干渉チェック
　　　・後工程での3Dモデルの利用（図面作成　CAM、カタログに使用する等）

■ 線の優先順位

図面で2種類以上の線が重なる場合は，次に示す順序を優先する。基本的には，太い線が最優先になる。

① 外形線
② 隠れ線
③ 切断線
④ 中心線
⑤ 重心線
⑥ 寸法補助線

線のフォントについて：

線のフォントの設定は次から行う。
→ ツール（メニュー）
→ オプション
→ ドキュメントプロパティ
→ 線のフォント

線のフォントには，他に「図面ビューの矢印」がある。他の規格で使用する矢示のフォントであるため説明を省く。

スケッチカーブについて：

スケッチカーブとは，スケッチ線のこと。その他の太い一点鎖線，極太の実線，細い二点鎖線については，スケッチ後に線種や線幅を変えればよい。

作図カーブについて：

作図ジオメトリのこと。作図用の線なので二点鎖線にしたいが，二点鎖線に設定すると中心線のコマンドが二点鎖線になるので，一点鎖線のままにしている。

6-7 図形の表現について

6-7-1 投影図および投影法について

■ 投影図について

投影法とは，3次元の対象物を2次元図面に変換する方法で，投影法によって描かれた図形を投影図という。対象物の最も主要な部分を主投影図（正面図）として選ぶ。

・投影図の表し方に関する一般原則

a) 対象物の形状や機能を最も明瞭に表す投影図を主投影図（正面図）にする。
　・組立図等，主に機能を表す図面は，対象物を使用する状態。
　・部品図等，加工のための図面は，加工の際に図面を最も多く利用する工程での対象物の状態（図 6.8 ①）。
　・特別な理由がない場合は，対象物を横長に置いた状態。

b) 他の投影図（断面図を含む）が必要な場合，あいまいさがないように完全に対象物を規定するのに必要かつ十分な投影図や断面図の数とする。主投影図だけで表せるものは，他の投影図は描かない（図 6.8 ②）。

c) 可能な限り隠れた外形線やエッジを表現する必要のない投影図を選ぶ（図 6.8 ③）。ただし，比較参照をするのに不便になる場合は，この限りではない（図 6.8 ④）。

d) 不必要な細部の繰り返しを避ける。

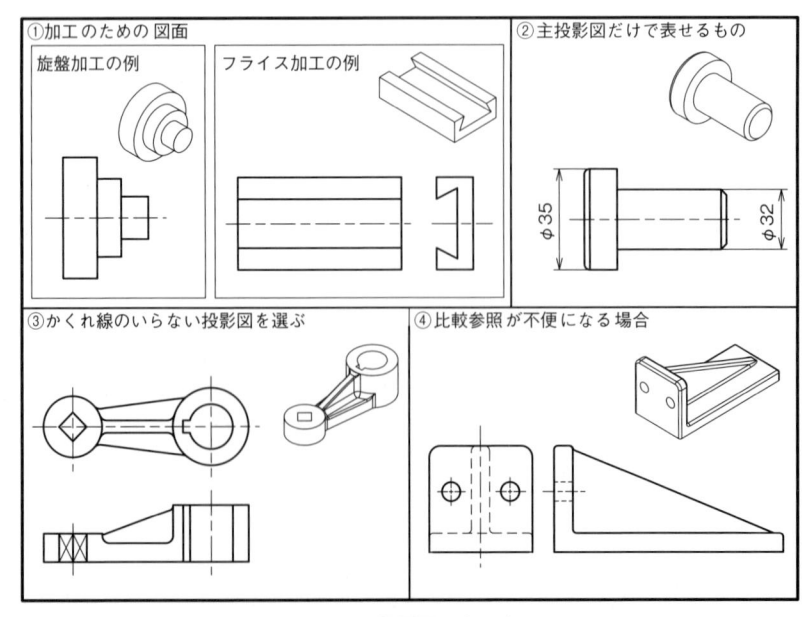

図 6.8　投影図の表し方

図形の表現について：
3次元 CAD を使用すると簡単に投影図や断面図が作成できるので，3面図と等角投影図を描くというふうに形式を決めるのも1つの方法であるが，寸法や注記を記入しない投影図や断面図は，基本的に意味がない。

投影法について：
第一角法，第三角法の他にもいろいろな投影法がある。対象物の形状を理解しやすくする目的で，立体図を描く必要がある場合，等角投影，斜投影，透視投影などを用いて描く。

主投影図について：
主投影図（正面図）は，自動車の正面などとは関係なく，品物の形状・機能を最も明瞭に表す面を選ぶ。自動車では側面になる。

■ 第三角法と第一角法について

日本の機械製図では，投影法は第三角法を使用している。第三角法で描くと紙面の都合等で投影図を描けない，または図形が理解しにくくなる場合は矢示法または第一角法を用いてもよい（第一角法については，誤解を招く恐れがあるので基本的に使用しないこと）。図 6.9 は，第三角法と第一角法について示している。

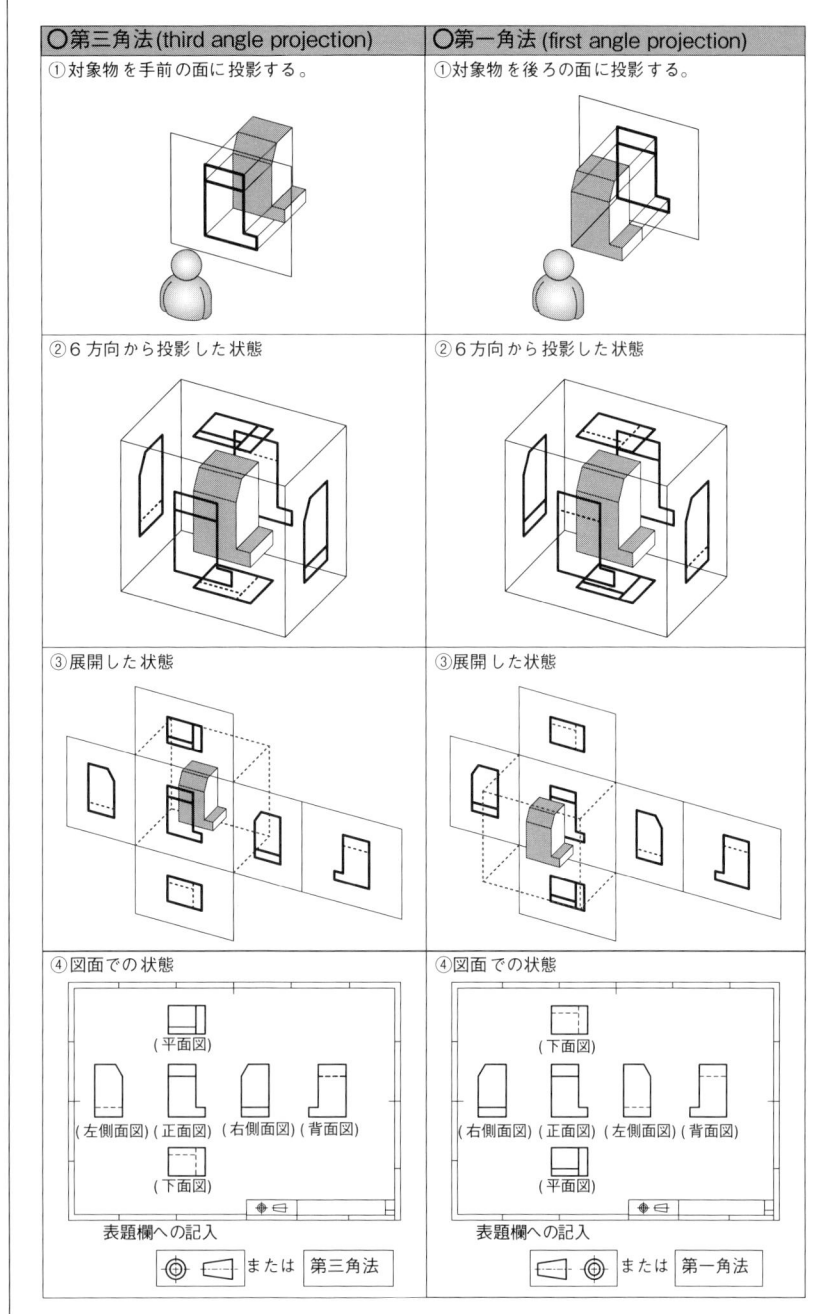

図 6.9　第三角法と第一角法について

第一角法について：
　第一角法は，建築の分野や欧米の機械分野で用いられることが多い。

　矢示法については，図 6.12 を参照すること。

用　語：
- 正面図 (front view)
  正面から見た図。
- 平面図 (top view)
  正面図に対して上側から見た図。
- 下面図 (bottom view)
  正面図に対して下側から見た図。
- 左側面図 (left-side view)
  正面図に対して左側から見た図。
- 右側面図 (right-side view)
  正面図に対して右側から見た図。
- 背面図 (rear view)
  正面図に対して裏側から見た図。

第6章　図面について

■ SolidWorksでの投影図の作成

図6.10は，SolidWorksでの投影図の作成と表示スタイルについて説明している。プレビューの状態でシートのスケールのまま主投影図にするビューを選んで配置する。表示スタイルは，モデリングと同様に表示ツールバーの隠線の表示/非表示で切り替える。必要に応じて，エンティティ変換やエッジの非表示を使用する。

モデルビューのコマンドについて：
新規に図面ファイルを作成するとモデルビューのコマンドは自動的に実行される。

複数ビューの配置について：
複数ビューの配置も行えるが主投影面が選べない。

表示ツールバーについて：
ワイヤーフレーム表示やシェイディング表示も行える。ワイヤーフレーム表示では全ての線が実線として表示された状態になる。

表示スタイルについて：
最初にビューを挿入する際の表示スタイルは，次から設定が行える。
→ ツール（メニュー）
→ オプション
→ システムオプション
→ 表示スタイル
→ 新規図面ビューの表示スタイル

エッジの非表示について：
エッジの非表示は，エッジを右クリックから行える。

○投影図の追加について

モデルビュー ①
(Model View)

①コマンドを実行。
②ファイルを選択。
・名前の上でダブルクリック（名前を選択し，青い→の選択でも可）。
・参照からファイルを指定。

③上の設定にし，プレビューで確認しながら主投影図にするビューを選ぶ。

④左クリックで配置が行える。
⑤主投影図配置後，そのままカーソルを動かすと続けてビューの配置が行える。

○投影図の表示スタイルについて

例：プレートにボルトの頭を沈める穴が開いているモデル。

隠線表示（Hidden Lines Visible）

隠線なし（Hidden Lines Removed）

○かくれ線が煩雑になる場合

隠線表示の状態で必要な線を選択し，エンティティ変換を行う。

隠線なしに切り替えて，エンティティ変換で作成したスケッチ線の線種や線幅を変換する。

例は，不必要な細部の繰り返しを避けるために穴の表記を1つにした。

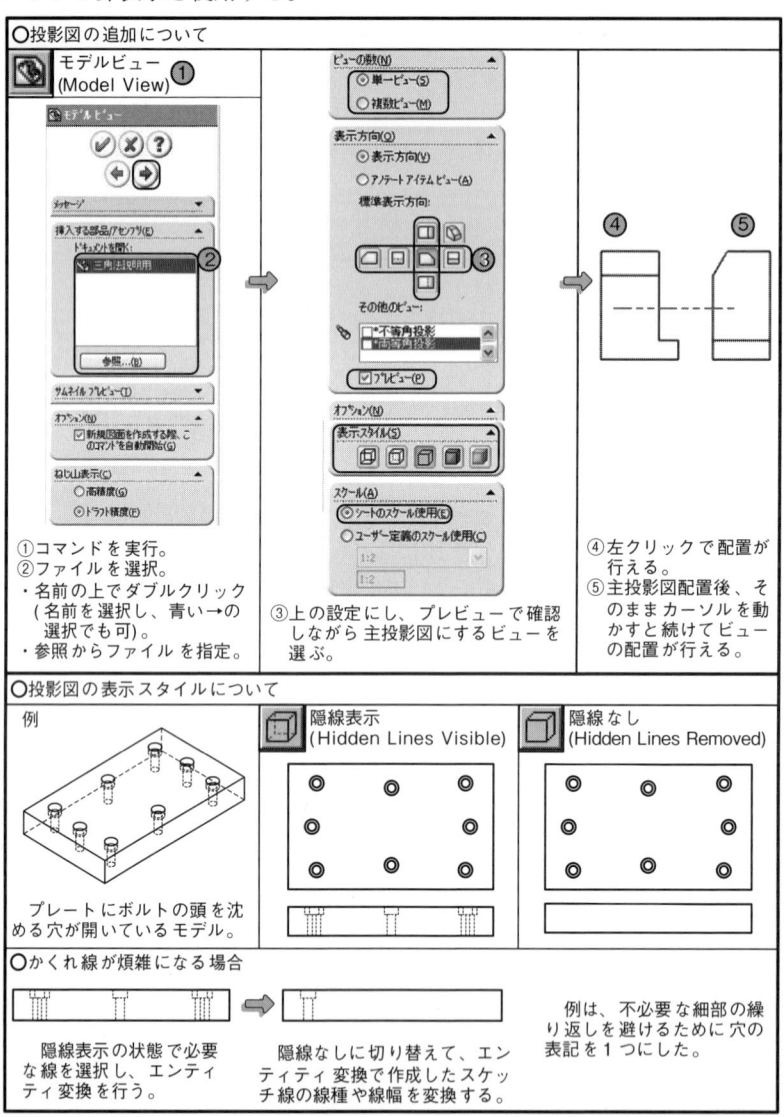

図6.10　SolidWorksでの投影図の作成と表示スタイルについて

図6.11は，ビューの説明，ビューの追加，ビューの移動，ビューへの記入について示している。FeatureManagerの図面ビュー番号は図6.11のビューの説明に示した番号に対応している。点線の枠のように各ビューに分かれているので，寸法，中心線，作図線や仕上記号等は，各ビューに記入する。

6-7 図形の表現について

ビューの整列状態の解除：

ビューの整列状態は解除することができるが，必要なとき意外は使用しない。新たに整列させることも可能である。
ビューの整列の解除は，次のように行う。
→ ビューを選択
→ 右クリック
→ 図面ビューの整列
→ 整列解除

図 6.11 の 1 のように主となるビューについては，整列の解除は行えない。2,3,4,5 のビューが 1 に対して整列しているからである。

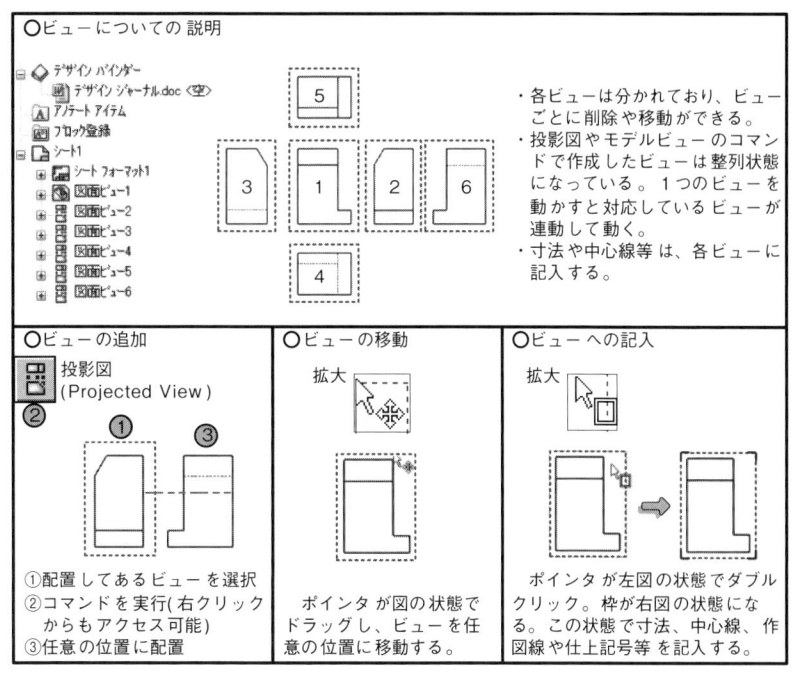

図 6.11　ビューについて

矢示法

図 6.12 は，JIS の矢示法についての説明と SolidWorks での作図例を示している。矢示法は，第一角法や第三角法の厳密な投影法に従わず，矢印を用いて投影図を任意の位置に配置できる。矢示法で使用するアルファベットは，大文字を使用し，関連する投影図の真下か真上のどちらかに上向きの文字で配置する。一般的に A から始め，他の図（詳細図や断面図等）で使用していない文字を使用し，重複しないように一連のアルファベットにする。

図面ビューラベルについて：

SolidWorks では，矢印や文字の設定は，図面ビューラベルで行う。図面ビューラベルでは，補助図，詳細図，断面図の表記設定があり，その設定は次から行う。
→ ツール（メニュー）
→ オプション
→ ドキュメントプロパティ
→ 図面ビューラベル

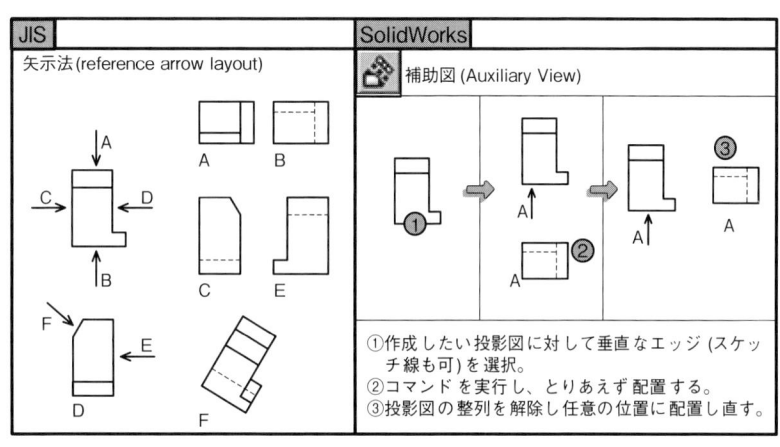

図 6.12　矢示法について

■ その他の投影図

図 6.13 は，JIS の投影図についての説明と SolidWorks での作図例を示している。多くの場合，紙面の都合や煩雑さを考慮して，2 次元 CAD や手書きによる図面の作成は，JIS 製図に従って描く。手書きや 2 次元 CAD では不必要な部分を描かないことが効率的であるが，3 次元 CAD では，かえって図面作成に時間がかかる場合がある。紙面の都合や作業性を考えて，2 次元 CAD や手書きで描かれた図面を参考にする場合でも，無理に同じ図面を作成する必要はない。

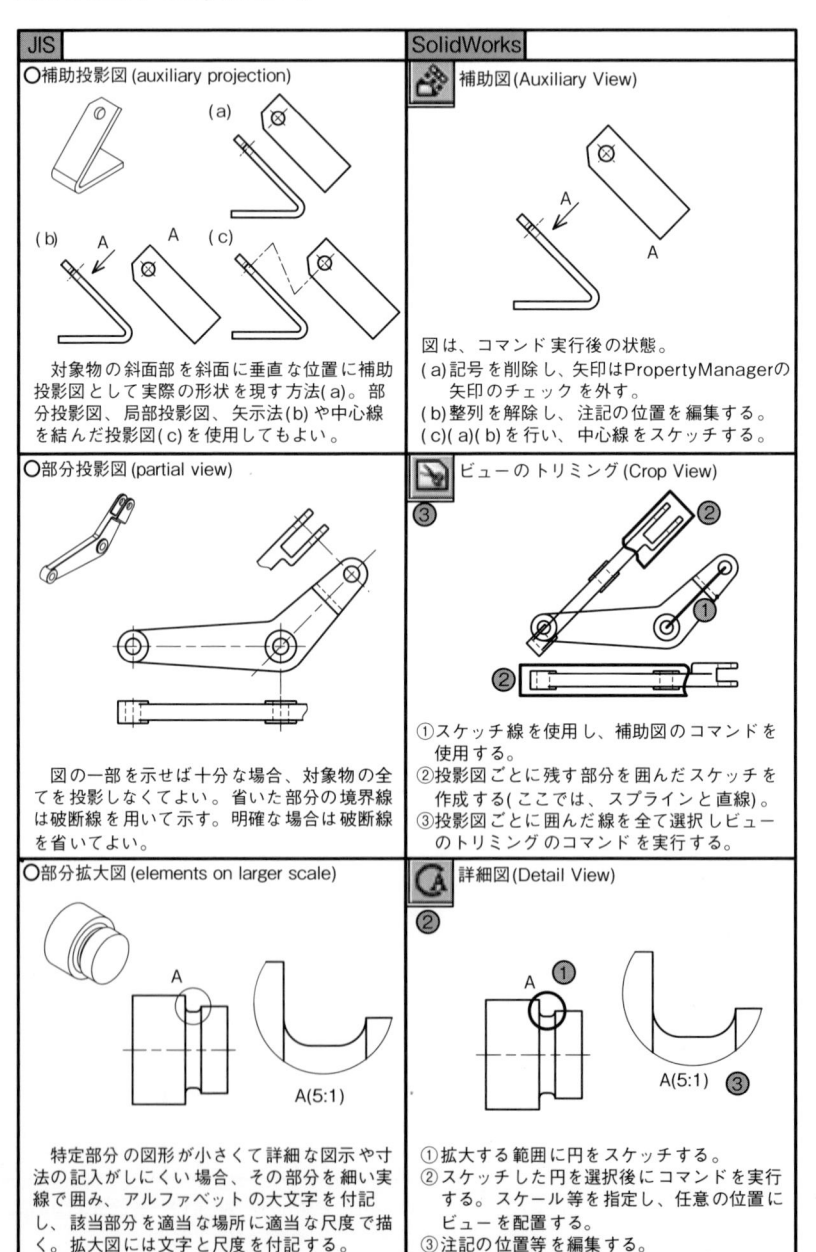

JIS	SolidWorks
○補助投影図 (auxiliary projection) 対象物の斜面部を斜面に垂直な位置に補助投影図として実際の形状を現す方法(a)。部分投影図、局部投影図、矢示法(b)や中心線を結んだ投影図(c)を使用してもよい。	補助図 (Auxiliary View) 図は、コマンド実行後の状態。 (a)記号を削除し、矢印はPropertyManagerの矢印のチェックを外す。 (b)整列を解除し、注記の位置を編集する。 (c)(a)(b)を行い、中心線をスケッチする。
○部分投影図 (partial view) 図の一部を示せば十分な場合、対象物の全てを投影しなくてよい。省いた部分の境界線は破断線を用いて示す。明確な場合は破断線を省いてよい。	ビューのトリミング (Crop View) ①スケッチ線を使用し、補助図のコマンドを使用する。 ②投影図ごとに残す部分を囲んだスケッチを作成する(ここでは、スプラインと直線)。 ③投影図ごとに囲んだ線を全て選択しビューのトリミングのコマンドを実行する。
○部分拡大図 (elements on larger scale) 特定部分の図形が小さくて詳細な図示や寸法の記入がしにくい場合、その部分を細い実線で囲み、アルファベットの大文字を付記し、該当部分を適当な場所に適当な尺度で描く。拡大図には文字と尺度を付記する。	詳細図 (Detail View) ①拡大する範囲に円をスケッチする。 ②スケッチした円を選択後にコマンドを実行する。スケール等を指定し、任意の位置にビューを配置する。 ③注記の位置等を編集する。

図 6.13　その他の投影図 (1/2)

ここで示しているのは、JIS 規格と同じ図面を描く必要がある場合の描き方である。重要なことは、必要な情報が正確に伝わることである。

3 次元 CAD を使用せず、2 次元 CAD や手書きの図面で仕事を行っている会社もある。2 次元 CAD や手書きの図面を読む、あるいは描くこともあるので覚えておくこと。

3 次元モデルから CAM を使用して正確に加工を行うこともできるため、状況によっては、簡略化した図面を使用したり、図面を作成しない場合もある。また、3 次元図面といった取組みも行われている。

図では、SolidWorks で描いたスケッチは、強調させるために太い線で描いている。

できるだけ 3 次元モデルのエッジ等を使用し、不必要なスケッチを行わない方がよい。

部分拡大図について：
拡大した尺度を示す必要がない場合、尺度の代わりに「拡大図」を付記してもよい。

ビューの修正：
詳細図のコマンドで作成した場合、詳細図のスケールやスケッチの変更をするには、ビューを右クリックから行うか、FeatureManager から修正を行う。断面図のコマンドでも同様に行える。

JIS	SolidWorks
○局部投影図(local view) 穴や溝等、一部分だけを示せば十分な場合は、必要な部分だけを局部投影図として示すことができる。図を関連づけるために中心線や細い実線で結んでおく。	必要な部分 方法1：図に示したように通常の投影図からエッジの非表示を使用し必要な部分のみを残す。 方法2：主投影図にスケッチツールを使用して作成する。 (主投影図は部分断面を使用している)
○回転投影図 (revolved projection) 投影図に、ある角度をもった面がある場合に、その部分を回転して実際の形状を図示することができる。見誤る場合は、作図に用いた線を残す。	整列断面図 (Aligned Section) A-A 図は、コマンド実行後の状態。 ①中心線を描く。 ②描いた線を全て選択した状態でコマンドを実行。 ③ビューを配置する。

回転投影図について：
SolidWorks では「整列断面図」のコマンドを使用して回転断面図を作成している。通常の投影図からエッジの非表示とスケッチで作成しようとしたが，不必要な線が完全に消えないので，この例では，作成できない。補助投影図等で対応してもよい。

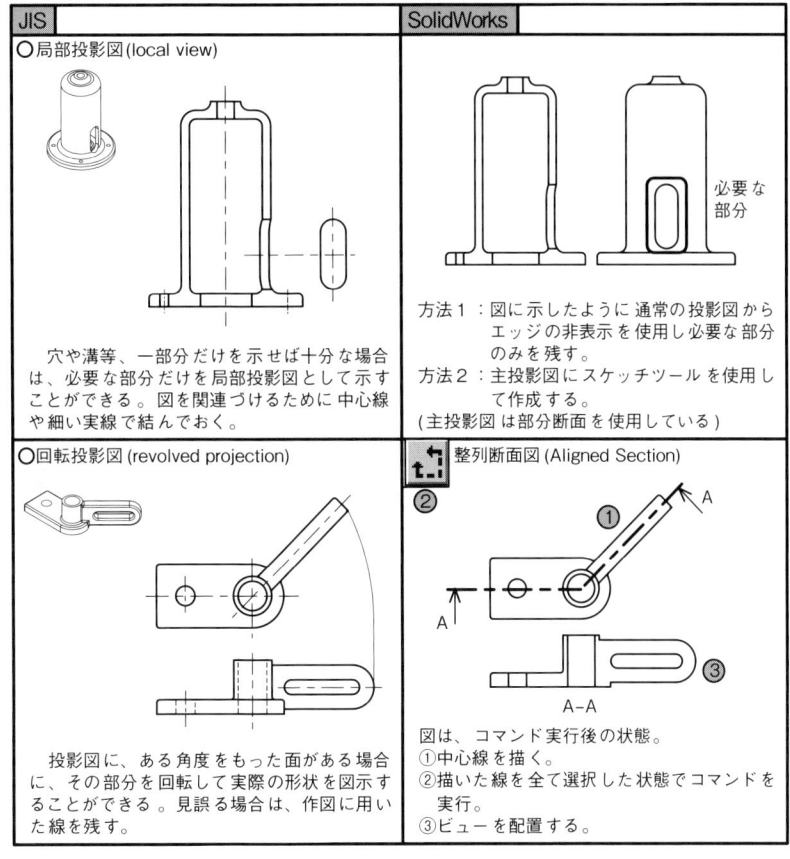

図 6.13　その他の投影図 (2/2)

6-7-2　断面図について

▤ 断面図の表し方に関する一般原則

a)　隠れた部分をわかりやすく示すために，断面図として図示することができる。断面図は，切断面を用いて対象物を仮に切断し手前の部分を取り除いて投影図の表し方に従って描く。

c)　切断することにより理解を妨げるもの（例1），切断しても意味がないもの（例2）は，長手方向に切断しない（図 6.14）。
例1：リブ（歯車の），アーム，歯車の歯
例2：軸，ピン，ボルト，ナット，座金，リブ，リベット，キー

c)　切断面の位置を指示する場合，両端および切断方向の変わる部分を太くした細い一点鎖線を用いて指示する。また両端に投影方向を指示する矢印や，識別するためのアルファベットの大文字を用いて指示してもよい。

d) 断面の切り口を示すためにハッチングを使用してもよい。ハッチングは，図6.14に示すように細い実線を等間隔で平行に斜めに描く。同一部品の断面は，同じ方向・角度・間隔で描く。異なる部品が近くにある場合は，方向・角度・間隔を適宜変えて描く。

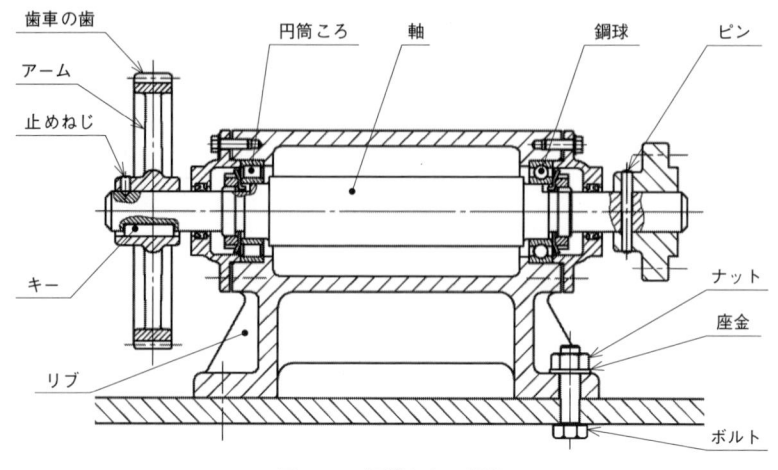

図6.14 切断しない部品

図6.15は，JISの断面図についての説明とSolidWorksでの作図方法の一例について示している。

投影図と同じく紙面の都合や作業性を考えて断面図を作成する。

「部分断面」のコマンド：
　全断面図では，「断面図」のコマンドでも同様のものが作成できる。SolidWorksのコマンドを部分断面にしたのは，「断面図」のコマンドでは，切断線が削除できない。もちろん，「断面図」のコマンドを使用してもかまわない。
　「部分断面」のコマンドを使用する場合，モデルの全体形状からの値を入力することになるので注意が必要である。また，モデルの変更箇所によっては，断面の位置が移動する。

ハッチングの削除について：
　ハッチングの削除は，次のように行う。
→ ハッチングされている領域を選択
→ PropertyManagerの「材料ハッチング」の✔を外す。
→ 「なし」を選択する。

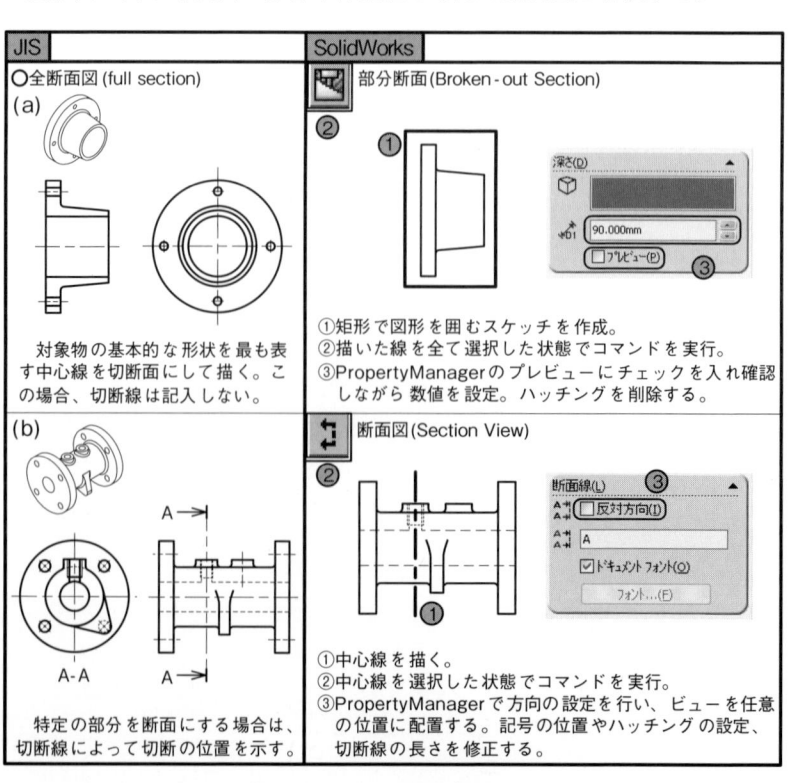

図6.15 いろいろな断面図 (1/4)

6-7 図形の表現について

破断線のコマンドについて：

破断線は，図形の中間部分を省略するために使用するコマンド。グラフィックス領域上で破断線を動かして省略部分を指定することができる。破断線の隙間や延長の設定は，次から行う。
→ ツール（メニュー）
→ オプション
→ ドキュメントプロパティ
→ 詳細設定
→ 破断線

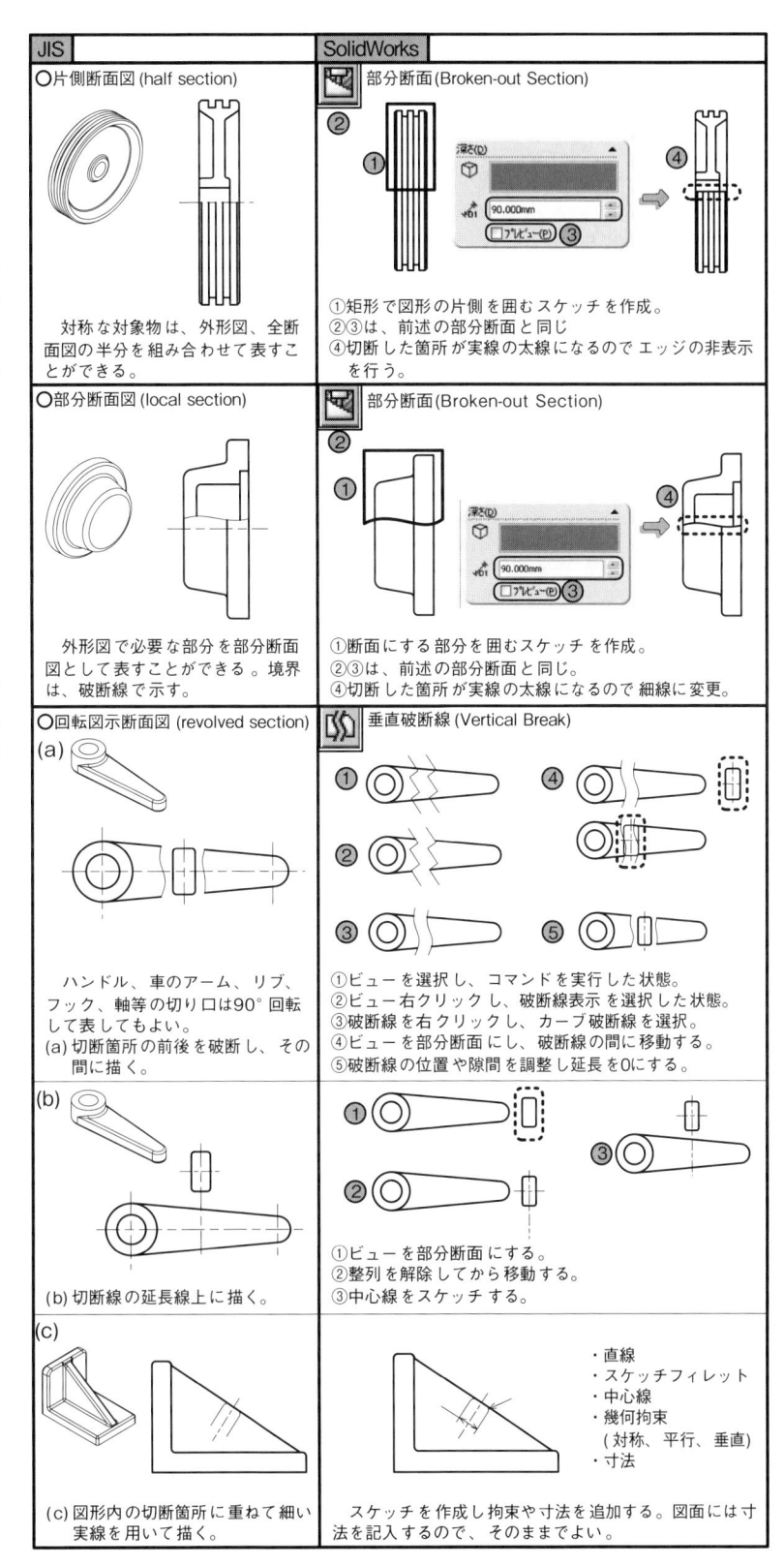

JIS	SolidWorks
○片側断面図 (half section) 対称な対象物は、外形図、全断面図の半分を組み合わせて表すことができる。	部分断面 (Broken-out Section) ①矩形で図形の片側を囲むスケッチを作成。 ②③は、前述の部分断面と同じ ④切断した箇所が実線の太線になるのでエッジの非表示を行う。
○部分断面図 (local section) 外形図で必要な部分を部分断面図として表すことができる。境界は、破断線で示す。	部分断面 (Broken-out Section) ①断面にする部分を囲むスケッチを作成。 ②③は、前述の部分断面と同じ。 ④切断した箇所が実線の太線になるので細線に変更。
○回転図示断面図 (revolved section) (a) ハンドル、車のアーム、リブ、フック、軸等の切り口は90°回転して表してもよい。 (a) 切断箇所の前後を破断し、その間に描く。	垂直破断線 (Vertical Break) ①ビューを選択し、コマンドを実行した状態。 ②ビュー右クリックし、破断線表示を選択した状態。 ③破断線を右クリックし、カーブ破断線を選択。 ④ビューを部分断面にし、破断線の間に移動する。 ⑤破断線の位置や隙間を調整し延長を0にする。
(b) (b) 切断線の延長線上に描く。	①ビューを部分断面にする。 ②整列を解除してから移動する。 ③中心線をスケッチする。
(c) (c) 図形内の切断箇所に重ねて細い実線を用いて描く。	・直線 ・スケッチフィレット ・中心線 ・幾何拘束 　(対称、平行、垂直) ・寸法 スケッチを作成し拘束や寸法を追加する。図面には寸法を記入するので、そのままでよい。

図 6.15 いろいろな断面図 (2/4)

第6章 図面について

整列断面図について：
整列断面図のコマンドでは切断線の実際の長さがそのまま投影される。(a) は，円形のため同じであるが (b) のような状態になる。

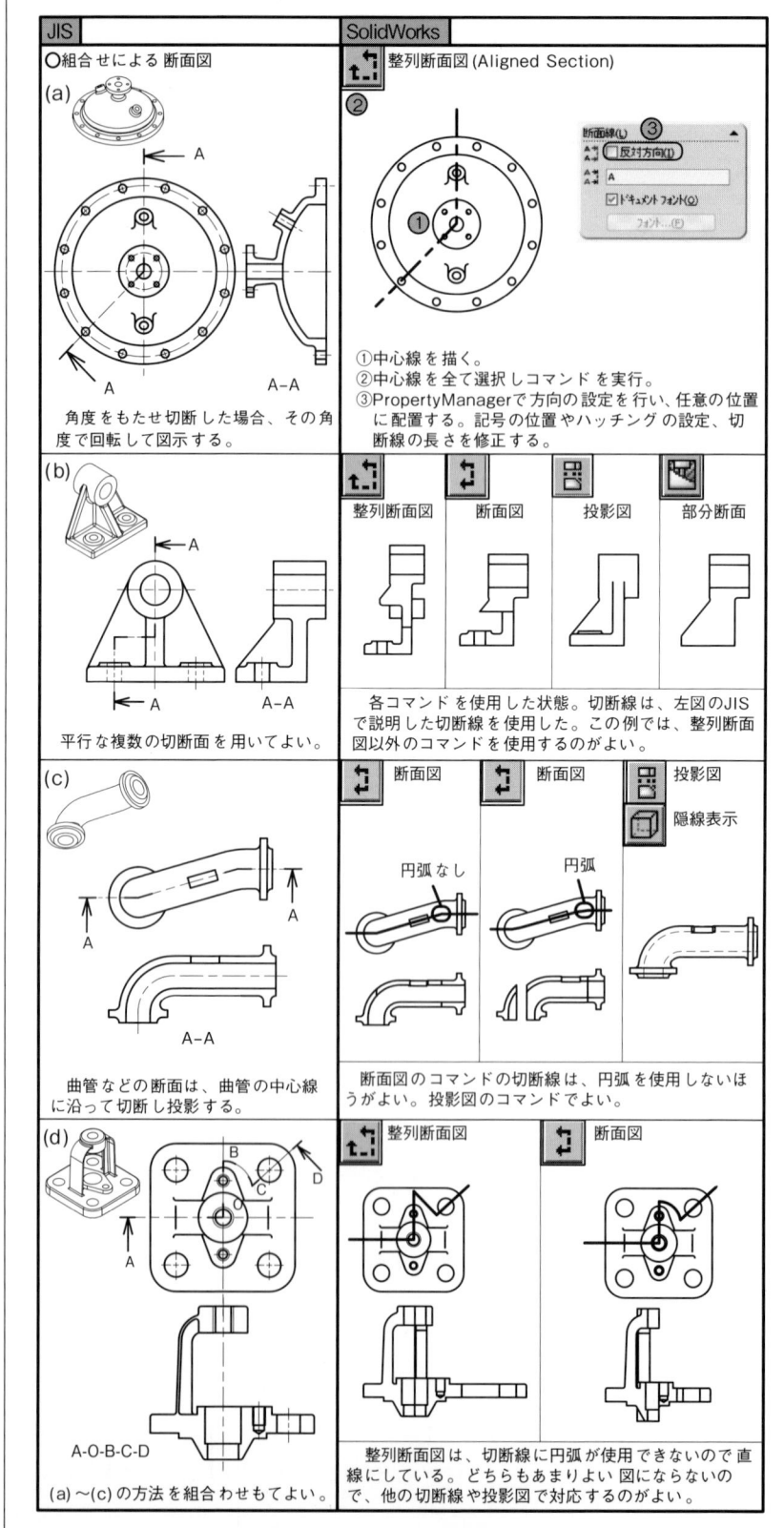

JIS	SolidWorks
○組合せによる断面図 (a) 角度をもたせ切断した場合、その角度で回転して図示する。	整列断面図 (Aligned Section) ①中心線を描く。 ②中心線を全て選択しコマンドを実行。 ③PropertyManagerで方向の設定を行い、任意の位置に配置する。記号の位置やハッチングの設定、切断線の長さを修正する。
(b) 平行な複数の切断面を用いてよい。	整列断面図／断面図／投影図／部分断面 各コマンドを使用した状態。切断線は、左図のJISで説明した切断線を使用した。この例では、整列断面図以外のコマンドを使用するのがよい。
(c) 曲管などの断面は、曲管の中心線に沿って切断し投影する。	断面図（円弧なし）／断面図（円弧）／投影図／隠線表示 断面図のコマンドの切断線は、円弧を使用しないほうがよい。投影図のコマンドでよい。
(d) A-O-B-C-D (a)〜(c)の方法を組合わせてよい。	整列断面図／断面図 整列断面図は、切断線に円弧が使用できないので直線にしている。どちらもあまりよい図にならないので、他の切断線や投影図で対応するのがよい。

図 6.15 いろいろな断面図 (3/4)

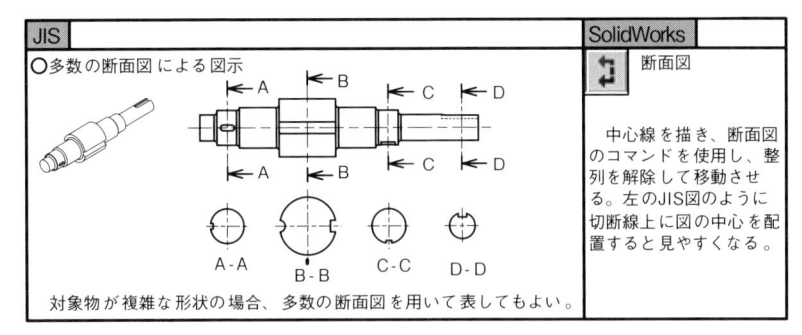

図 6.15 いろいろな断面図 (4/4)

6-7-3 図形の省略について

■ 図形の省略に関する一般原則

図 6.16 は，図形の省略に関する一般原則についてに示している。

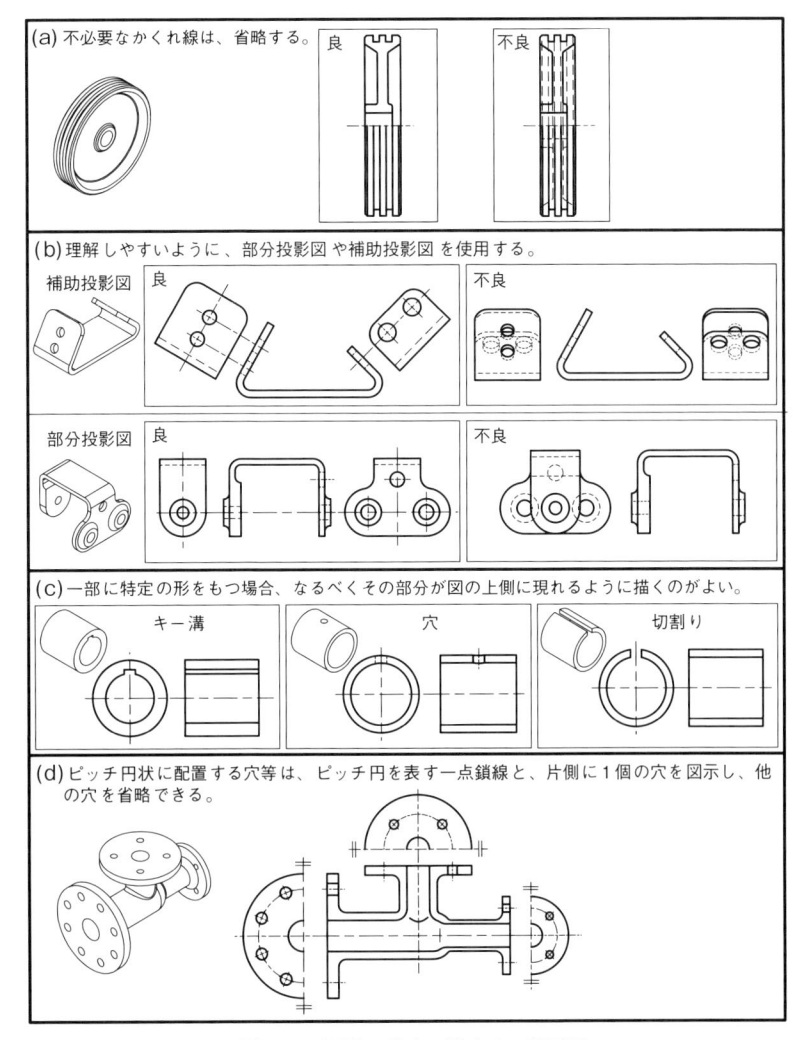

図 6.16 図形の省略に関する一般原則

機械部品は，左右や上下対称，あるいはたくさんの穴が開いた部品などが多く存在する。図面作成の効率化や紙面の節約のために図形を省略して表すことができる。

図 6.17 は，JIS の図形の省略についての説明と SolidWorks での作図方法の例について簡単に示している。

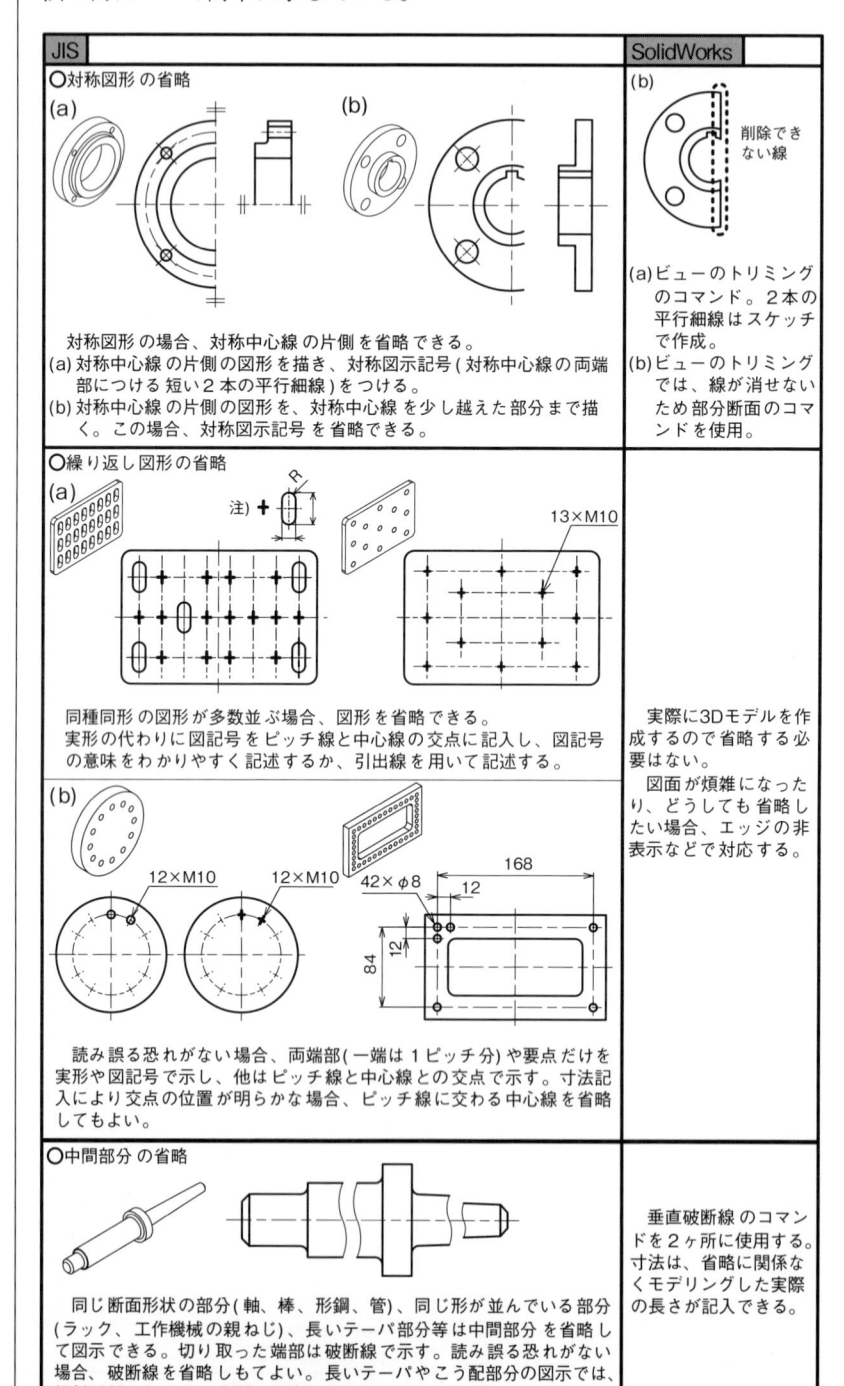

JIS	SolidWorks
○対称図形の省略 (a), (b) 対称図形の場合、対称中心線の片側を省略できる。 (a) 対称中心線の片側の図形を描き、対称図示記号(対称中心線の両端部につける 短い2本の平行細線)をつける。 (b) 対称中心線の片側の図形を、対称中心線を少し越えた部分まで描く。この場合、対称図示記号を省略できる。	(b) 削除できない線 (a)ビューのトリミングのコマンド。2本の平行細線はスケッチで作成。 (b)ビューのトリミングでは、線が消せないため部分断面のコマンドを使用。
○繰り返し図形の省略 (a) 13×M10 同種同形の図形が多数並ぶ場合、図形を省略できる。実形の代わりに図記号をピッチ線と中心線の交点に記入し、図記号の意味をわかりやすく記述するか、引出線を用いて記述する。 (b) 12×M10 12×M10 42×φ8 168 読み誤る恐れがない場合、両端部(一端は1ピッチ分)や要点だけを実形や図記号で示し、他はピッチ線と中心線との交点で示す。寸法記入により交点の位置が明らかな場合、ピッチ線に交わる中心線を省略してもよい。	実際に3Dモデルを作成するので省略する必要はない。 図面が煩雑になったり、どうしても省略したい場合、エッジの非表示などで対応する。
○中間部分の省略 同じ断面形状の部分(軸、棒、形鋼、管)、同じ形が並んでいる部分(ラック、工作機械の親ねじ)、長いテーパ部分等は中間部分を省略して図示できる。切り取った端部は破断線で示す。読み誤る恐れがない場合、破断線を省略しもてよい。長いテーパやこう配部分の図示では、傾斜が緩いものは、実際の角度で示さなくてよい。	垂直破断線のコマンドを2ヶ所に使用する。寸法は、省略に関係なくモデリングした実際の長さが記入できる。

対象図示記号について：
対象図示記号は，スケッチ線で作成し，ブロック登録やデザインライブラリに登録しておくとよい。

図 6.17　図形の省略について

6-7-4 特殊な図示方法ついて

■ 2つの面の交わり部

図6.18は，2つの面の交わり部についてJISによる描き方とSolidWorksでの投影図の違いを示している。2つの面が交わる部分は，3次元モデルから投影図を作成することで正確な表現が行える。SolidWorksでは，JISの(a)のようなフィレット作成前の交線は表示されないので，その交線はスケッチ線を描く必要がある。フィレット等の正接エッジの表現は，作業環境に合わせて表示/非表示，スケッチを使い分けていくとよい。

正接エッジ：

正接エッジの設定は，ビューを右クリック，正接エッジから行える。
・正接エッジ表示
・正接エッジに線フォント使用
・正接エッジ削除

JIS製図に従った方が明らかにわかりやすいものもあるが，不必要なスケッチ線を使用することは間違えのもとになり，効率を考えれば，極力描かない方がよい。正接エッジを全て表示にするのも1つの方法である。3次元CADでは，丸み（フィレット）やスプラインは，正確な表現が簡単に行える。複数の面を1つの面にすることまで可能である。

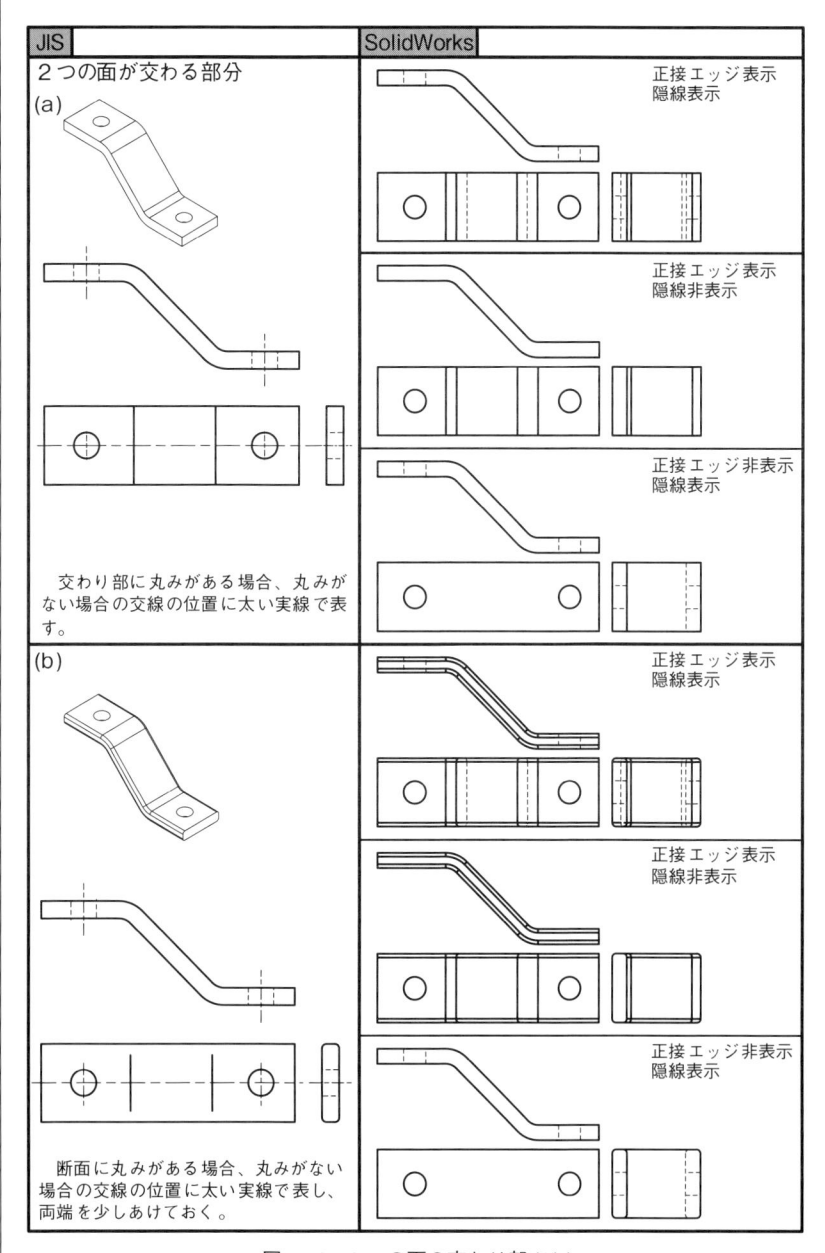

JIS	SolidWorks
2つの面が交わる部分 (a)	正接エッジ表示 隠線表示
	正接エッジ表示 隠線非表示
交わり部に丸みがある場合、丸みがない場合の交線の位置に太い実線で表す。	正接エッジ非表示 隠線表示
(b)	正接エッジ表示 隠線表示
	正接エッジ表示 隠線非表示
断面に丸みがある場合、丸みがない場合の交線の位置に太い実線で表し、両端を少しあけておく。	正接エッジ非表示 隠線表示

図6.18 2つの面の交わり部 (1/2)

118 第6章 図面について

JIS	SolidWorks
(c)	

立体が交わるときにできる交線(相貫線)は、直線で表すか、近似させた円弧で表してもよい。

(d) ○R₁≒R₂

○R₁＜R₂

○R₁＞R₂

正接エッジ表示

○R₁≒R₂

○R₁＜R₂

○R₁＞R₂

正接エッジ非表示

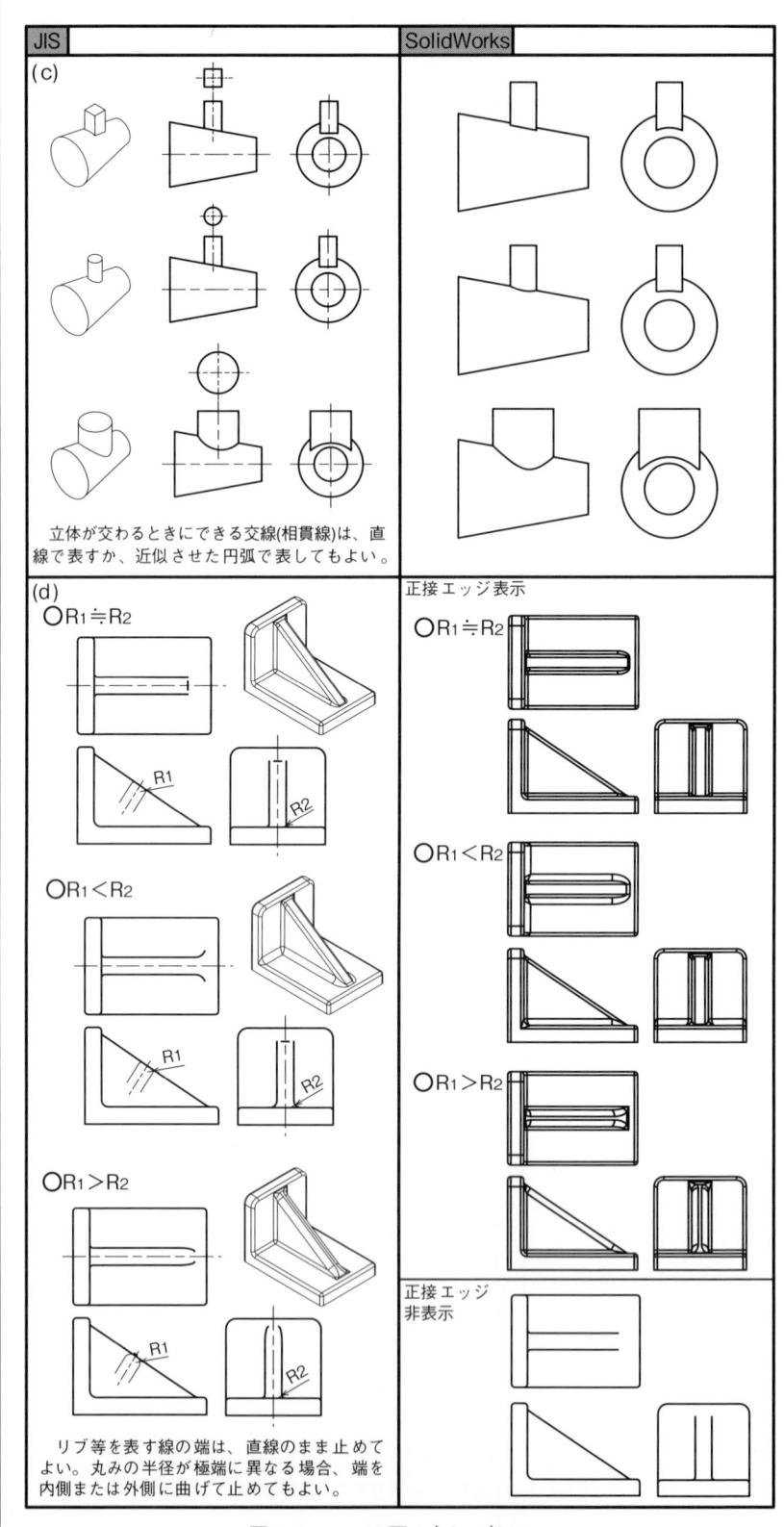

リブ等を表す線の端は、直線のまま止めてよい。丸みの半径が極端に異なる場合、端を内側または外側に曲げて止めてもよい。

図 6.18 2つの面の交わり部 (2/2)

その他の特殊な図示方法

図6.19は，その他の特殊な図示方法について，JISによる描き方とSolid-Worksでの作図の簡単な解説を示した。

JIS	SolidWorks
○平面部分の図示 図形の一部が平面であることを示す必要がある場合、細い実線で対角線を記入する。	図は投影図を配置した状態。細い実線で対角線のスケッチを描く。
○展開図示 展開図 板を曲げて作る対象物等で曲げる前の状態が必要な場合、展開図を示す。展開図の上か下に"展開図"と記入する。	板金(Sheetmetal)の機能を使用する。ここでは説明しないので、ヘルプやチュートリアルを参照すること。
○加工・処理範囲の指定 (a)　　　　　　　(b) この面高周波焼き入れ　　この面絶縁塗装 対象物の一部分に特殊な加工を施す場合、その範囲を太い一点鎖線で示し、特殊加工に関する必要事項を指示する。 (a) 外形線に対して平行な線をわずかに離して示す。 (b) 特定の範囲を指示する。	(a) オフセットを使用して線を描いてから、線種と線幅を変更する。注記を使用して加工の指示を行う。 (b) 矩形を使用してスケッチを描いてから、線種と線幅を変更する。注記を使用して加工の指示を行う。
○加工部の表示 平目　　　　あや目 ローレット加工した部分や金網等の特徴を外形に模様を描いて示すことができる。	領域のハッチング/フィル (Area Hatch/Fill) ②　①　⇒ ①ハッチングする領域をスケッチ線で作成。 ②描いた線を選択してハッチングのコマンドを実行。 ③プロパティを編集する。
○非鉄金属材料の表示 ガラス　　コンクリート 木材　　　液体 非鉄金属材料を特に示す必要がある場合、上図の表示方法か該当する規格の表示方法で示す。部品図には材質を別に文字で記入すること。	同じようなハッチングはSolidWorksにはないので全てスケッチで作成している。SolidWorksで使用できるその他のハッチングを使用して指示してもよい。

ハッチングについて：

　モデルエッジを使用してハッチング領域の指定がうまくいかない場合がある。この場合，エンティティ変換や直線コマンドを使用してスケッチするとよい。コマンドは，次からアクセスできる。
→ 右クリック
→ アノテートアイテム
→ 領域のハッチング/フィル

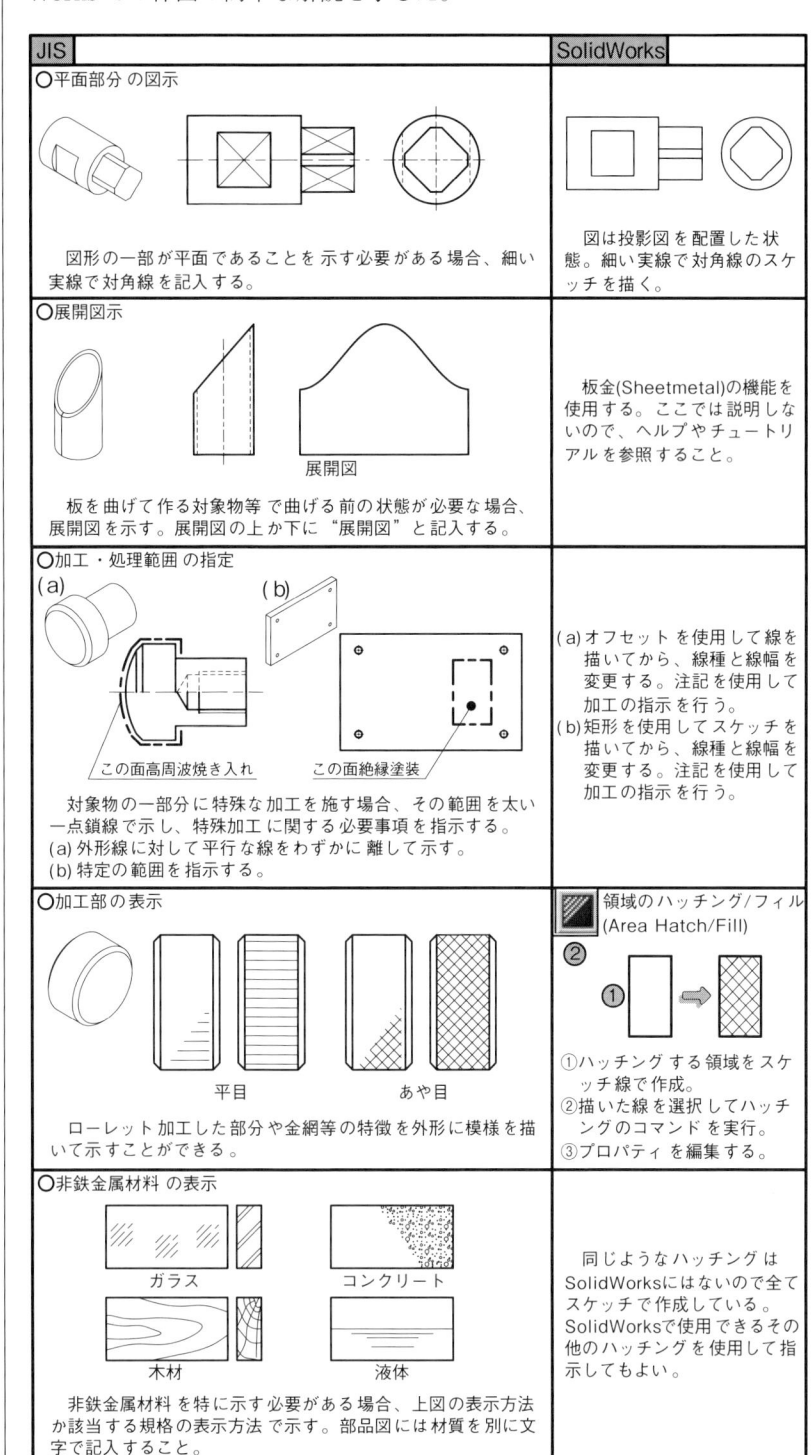

図6.19　その他の特殊な図示方法

図 6.20 は，その他の特殊な図示方法の中でも想像線の使い方について JIS による描き方と SolidWorks での作図の簡単な解説を示している。

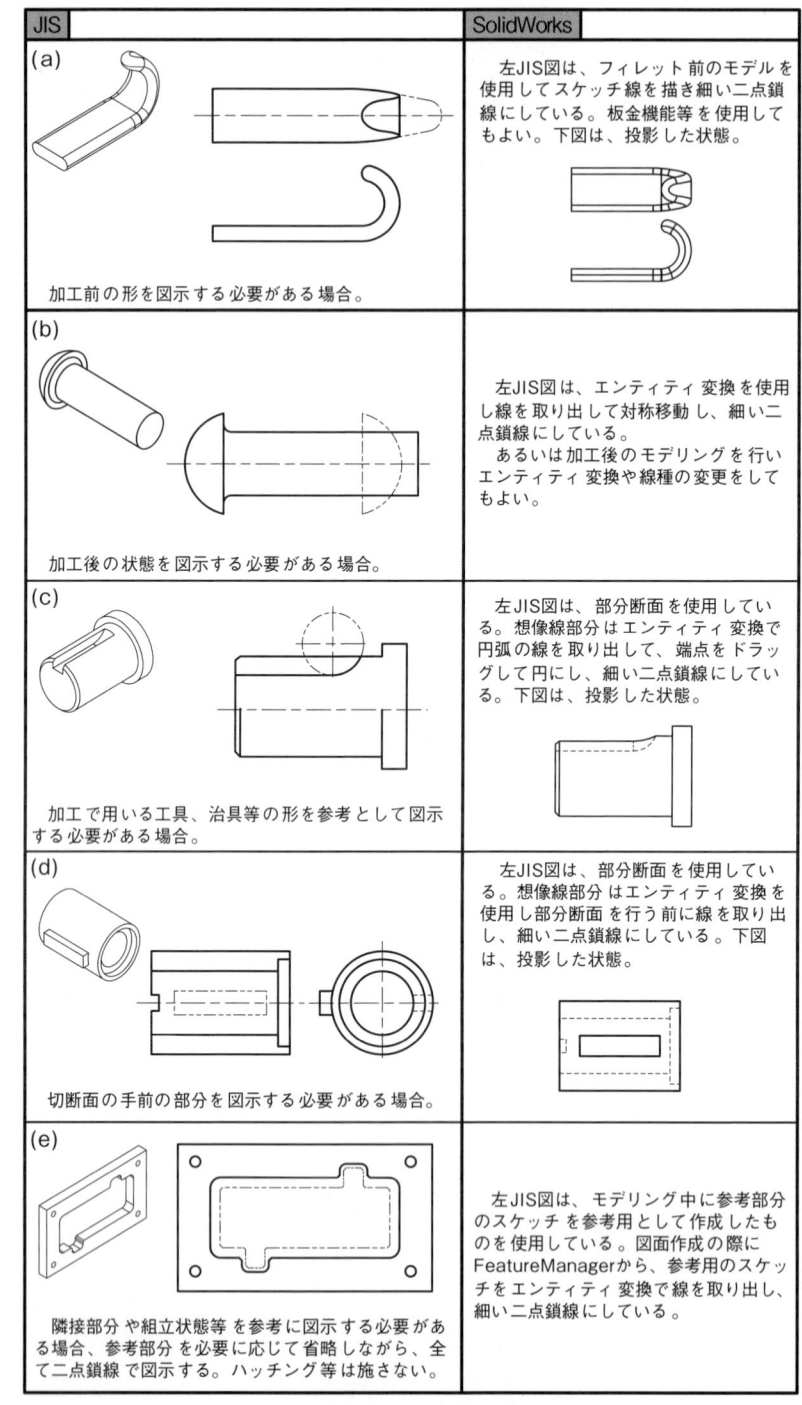

JIS	SolidWorks
(a) 加工前の形を図示する必要がある場合。	左JIS図は、フィレット前のモデルを使用してスケッチ線を描き細い二点鎖線にしている。板金機能等を使用してもよい。下図は、投影した状態。
(b) 加工後の状態を図示する必要がある場合。	左JIS図は、エンティティ変換を使用し線を取り出して対称移動し、細い二点鎖線にしている。あるいは加工後のモデリングを行いエンティティ変換や線種の変更をしてもよい。
(c) 加工で用いる工具、治具等の形を参考として図示する必要がある場合。	左JIS図は、部分断面を使用している。想像線部分はエンティティ変換で円弧の線を取り出して、端点をドラッグして円にし、細い二点鎖線にしている。下図は、投影した状態。
(d) 切断面の手前の部分を図示する必要がある場合。	左JIS図は、部分断面を使用している。想像線部分はエンティティ変換を使用し部分断面を行う前に線を取り出し、細い二点鎖線にしている。下図は、投影した状態。
(e) 隣接部分や組立状態等を参考に図示する必要がある場合、参考部分を必要に応じて省略しながら、全て二点鎖線で図示する。ハッチング等は施さない。	左JIS図は、モデリング中に参考部分のスケッチを参考用として作成したものを使用している。図面作成の際にFeatureManagerから、参考用のスケッチをエンティティ変換で線を取り出し、細い二点鎖線にしている。

図 6.20 特殊図示法（想像線の使い方）

6-8 寸法の記入法について

6-8-1 寸法の記入法に関する一般原則

a) 寸法は，寸法線・寸法補助線・寸法補助記号等を用いて，寸法数値によって表す。

b) 対象物の機能・製作・組立等を考慮し，対象物の大きさ・姿勢・位置を最も明瞭に表すのに必要十分なものをわかりやすく記入する。

c) 特に明示しない限り，対象物の仕上がり寸法を示す。機能上必要な寸法は必ず記入し，重複記入を避け，参考寸法には，寸法数値に括弧をつける。必要に応じて基準点，基準線，基準面を基にして記入する。

d) 機能上必要な場合，理論的に正しい寸法を除いて寸法の許容限界を指示する。

e) 寸法は，なるべく以下に沿って記入するとわかりやすい。
- 主投影図に集中させる。
- 関連する寸法はなるべく1箇所にまとめて記入する。
- 計算して求める必要がないように記入する。
- 工程ごとに配列を分けて記入する。

図 6.21 は，機能寸法，非機能寸法，参考寸法について示している。必要がなければ，非機能寸法，参考寸法は記入しなくてもよい。

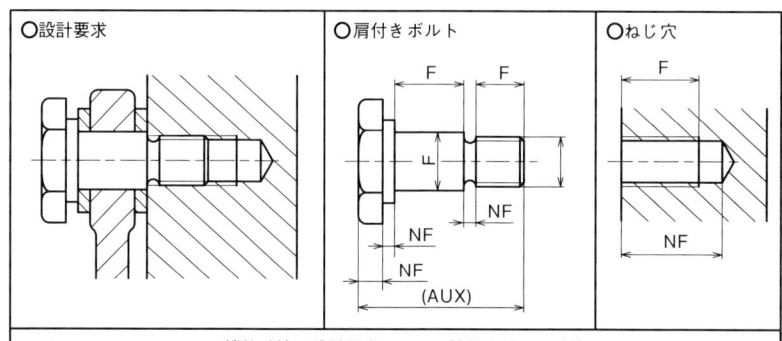

- F(functional dimension) 機能寸法：設計要求において機能上重要な寸法。
- NF(non-functional dimension) 非機能寸法：設計要求において機能上重要でない寸法。
- AUX(auxiliary dimension) 参考寸法：参考のための寸法。

図 6.21　機能寸法，非機能寸法，参考寸法について

寸法記入について：
　SolidWorks で寸法を記入する際は，エッジや頂点等の選択ミスに注意すること。線が複数ある場合等は拡大して確認した方がよい。

6-8-2 寸法の単位

a) 長さの寸法数値は，通常はミリメートル (mm) の単位で記入し，単位記号はつけない。小数点は下の点を使用し，数字の間隔をあけわかりやすく書く。寸法数値の桁数が大きい場合でもカンマ ","は使用しない。必要があれば，3桁ごとに間隔を少しあけてもよい。

（例）1500，50，25.5，123500，123 500

b) 角度の寸法数値は，一般に度の単位で記入し，必要に応じて分や秒を併用することができる。度，分，秒は，数値の右肩に°，′，″ を記入する。ラジアンの単位で記入する場合は，rad を記入する。

（例）90°，6°21′5″，0.55rad

6-8-3 寸法記入要素について

寸法記入要素には，図 6.22 のようなものがある。

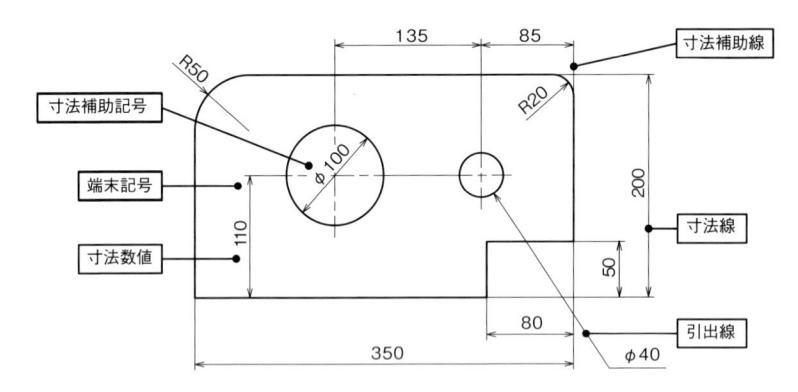

- 寸法数値 (dimension value):
  寸法の数値。

- 寸法補助線 (projection line):
  寸法を記入するために対象物から引き出す線。

- 寸法線 (dimension line):
  寸法を記入するために，寸法補助線を寸法線で結び，その上に寸法数値を記入する。両端に端末記号等をつける。

- 引出線 (leader line):
  名称・説明・記号等を示すために、該当箇所から引き出す線。

- 寸法補助記号 (symbol for dimensioning):
  寸法数値の前に付加し、その寸法の意味を明示するために用いる。
  例 φ、R

図 6.22 寸法記入要素について

寸法の単位の設定：
寸法の単位の設定は，次から行う。
→ ツール（メニュー）
→ オプション
→ ドキュメントプロパティ
→ 寸法
→ 少数桁数

少数の桁数には注意すること。たとえば，小数点3桁必要なのに，小数点2桁に設定していることで四捨五入されてしまう。通常の機械部品などは2桁でよい。

6-8-4 寸法補助線について

図 6.23 は，寸法補助線について JIS による描き方と SolidWorks での作図の解説を示している。

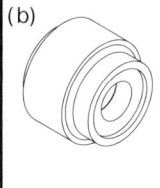

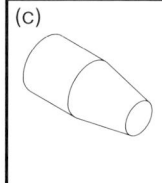

JIS	SolidWorks
(a) 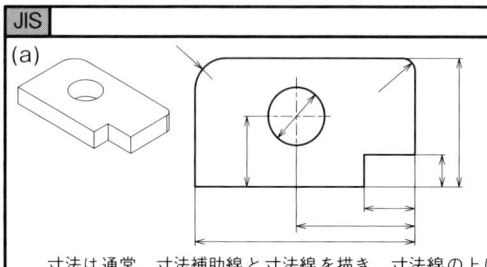 寸法は通常、寸法補助線と寸法線を描き、寸法線の上に寸法数値を書く。寸法補助線は、図形上の点や線の中心を通り寸法線に直角に引き、寸法線を少し越えるまで延長する。寸法補助線と図形の間をわずかに離してもよい。	左JIS図は全てスマート寸法で記入が行え、図形の中心から自動的に引き出される。スマート寸法については、4章で説明している。
(b) 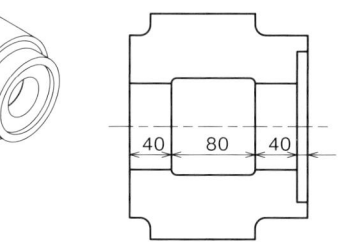 40 80 40 寸法補助線を引き出すと図が紛らわしくなる場合、寸法補助線を引き出さなくてもよい。	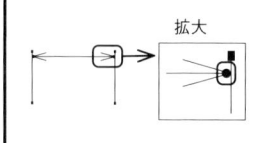 拡大 上図のように寸法を選択後、緑色の●を選択することで矢印の向きが変わる。左JIS図は、スマート寸法で配置が行える。
(c) 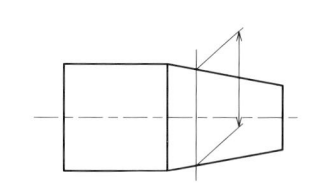 寸法を指示する点や線を明確に示す必要がある場合、寸法線に対して適当な角度をもつ互いに平行な寸法補助線を引くことができる。この角度はなるべく60°がよい。	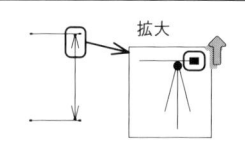 拡大 上図のように寸法を選択後、緑色の■をドラッグして移動する。解除は、次から行う。 →寸法を右クリック →表示オプション →傾斜削除
(d) 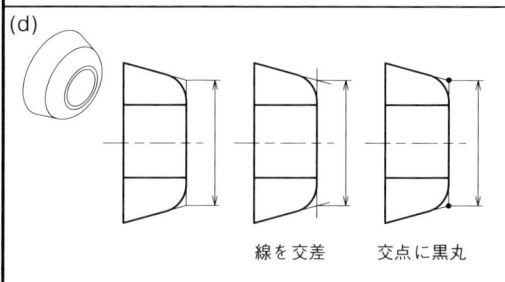 線を交差　交点に黒丸 互いに傾斜する２つの面の間に丸みや面取りがある場合、２つの面の交わる位置を示すには、丸みや面取りを施す前の形状を細い実線で表し、交点から寸法補助線を引き出す。交点を明示する必要がる場合、線を互いに交差させるか、交点に黒丸をつける。	 ✱ 点(Point) (方法１) 　Ctrl キーを押しながらエッジを２つ選択し、点のコマンドを実行すると、仮想線で設定している線が作成される。 (方法２) 　エンティティ変換やスケッチを使用して描く。

図 6.23 寸法補助線について

寸法補助線：

寸法補助線の図形との間隔と延長の設定は，次から行う。
→ ツール（メニュー）
→ オプション
→ ドキュメントプロパティ
→ 補助線

本書では，間隔は 0mm，寸法線延長は 1mm にしている。

仮想線の設定：

仮想線には，次のようなものがある。
・プラス
・星
・補助線
・点
・なし

次から設定を行う。
→ ツール（メニュー）
→ オプション
→ ドキュメントプロパティ
→ 仮想線

6-8-5 寸法線について

図 6.24 は，寸法線について JIS による描き方と SolidWorks での作図方法を示している。

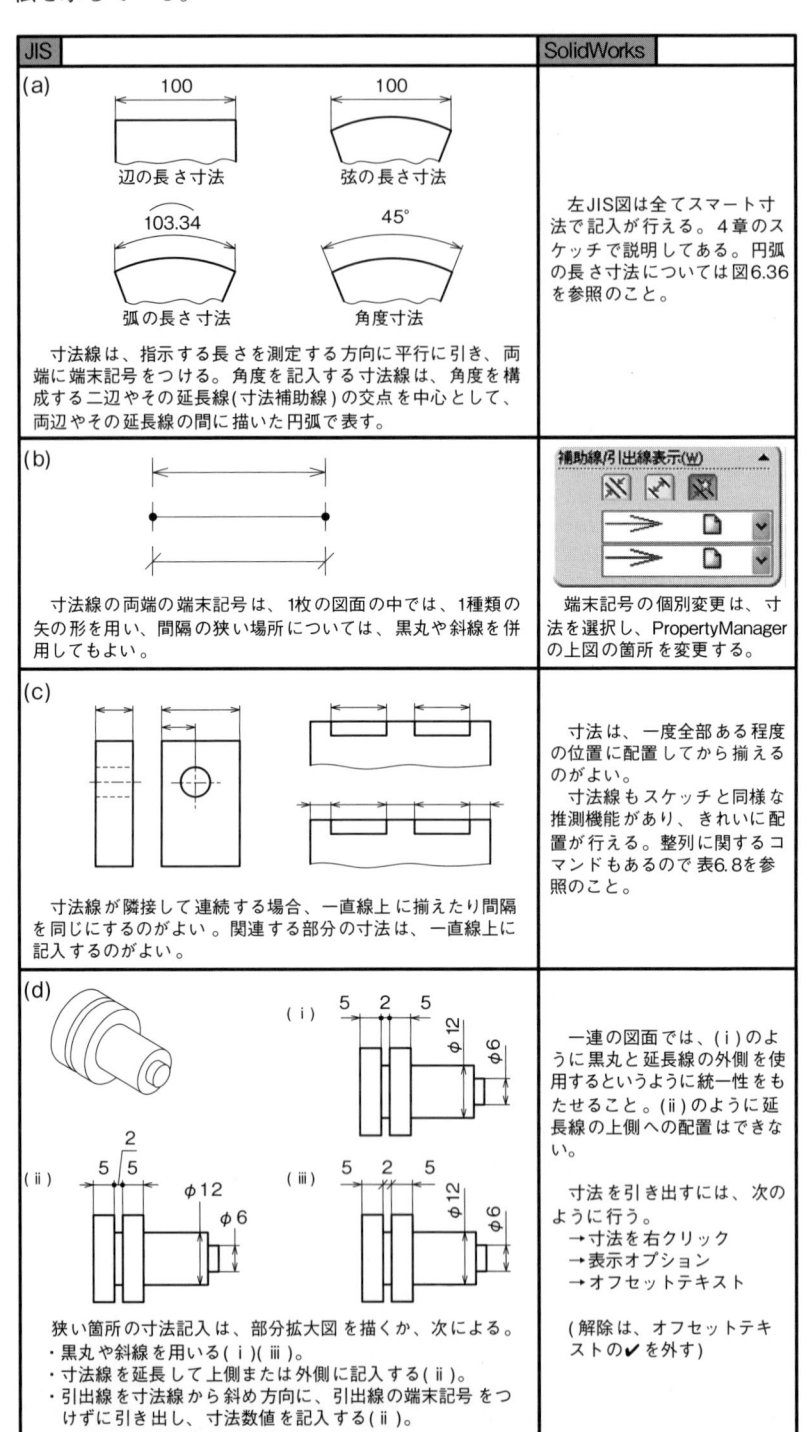

JIS	SolidWorks
(a) 辺の長さ寸法／弦の長さ寸法／弧の長さ寸法／角度寸法 寸法線は、指示する長さを測定する方向に平行に引き、両端に端末記号をつける。角度を記入する寸法線は、角度を構成する二辺やその延長線(寸法補助線)の交点を中心として、両辺やその延長線の間に描いた円弧で表す。	左 JIS 図は全てスマート寸法で記入が行える。4 章のスケッチで説明してある。円弧の長さ寸法については図 6.36 を参照のこと。
(b) 寸法線の両端の端末記号は、1 枚の図面の中では、1 種類の矢の形を用い、間隔の狭い場所については、黒丸や斜線を併用してもよい。	端末記号の個別変更は、寸法を選択し、PropertyManager の上図の箇所を変更する。
(c) 寸法線が隣接して連続する場合、一直線上に揃えたり間隔を同じにするのがよい。関連する部分の寸法は、一直線上に記入するのがよい。	寸法は、一度全部ある程度の位置に配置してから揃えるのがよい。 寸法線もスケッチと同様な推測機能があり、きれいに配置が行える。整列に関するコマンドもあるので表 6.8 を参照のこと。
(d) (ⅰ)(ⅱ)(ⅲ) 狭い箇所の寸法記入は、部分拡大図を描くか、次による。 ・黒丸や斜線を用いる(ⅰ)(ⅲ)。 ・寸法線を延長して上側または外側に記入する(ⅱ)。 ・引出線を寸法線から斜め方向に、引出線の端末記号をつけずに引き出し、寸法数値を記入する(ⅱ)。	一連の図面では、(ⅰ) のように黒丸と延長線の外側を使用するというように統一性をもたせること。(ⅱ) のように延長線の上側への配置はできない。 寸法を引き出すには、次のように行う。 →寸法を右クリック →表示オプション →オフセットテキスト (解除は、オフセットテキストの ✔ を外す)

端末記号の設定：

詳細設定の寸法表示規格の設定を JIS にすると JIS の端末記号になる。矢印の設定は、次から行う。
→ツール（メニュー）
→オプション
→ドキュメントプロパティ
→寸法
→矢印

矢印のサイズの設定は、次から行う。
→ツール（メニュー）
→オプション
→ドキュメントプロパティ
→矢印
→サイズ

（設定例）矢印を上から
1.5mm，3mm，4mm

図 6.24 寸法線について (1/2)

6-8 寸法の記入法について

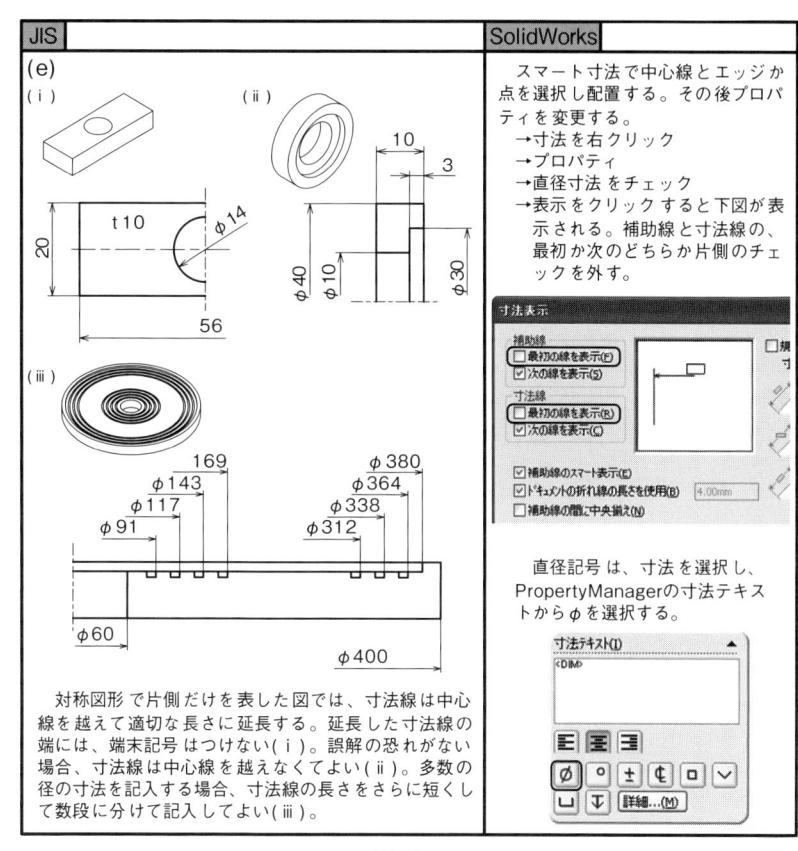

JIS	SolidWorks
(e) 図（省略）	スマート寸法で中心線とエッジか点を選択し配置する。その後プロパティを変更する。 →寸法を右クリック →プロパティ →直径寸法 をチェック →表示をクリックすると下図が表示される。補助線と寸法線の、最初か次のどちらか片側のチェックを外す。 直径記号 は、寸法を選択し、PropertyManagerの寸法テキストからφを選択する。
対称図形 で片側だけを表した図では、寸法線は中心線を越えて適切な長さに延長する。延長した寸法線の端には、端末記号 はつけない(i)。誤解の恐れがない場合、寸法線は中心線を越えなくてよい(ii)。多数の径の寸法を記入する場合、寸法線の長さをさらに短くして数段に分けて記入してよい(iii)。	

図 6.24 寸法線について (2/2)

SolidWorks の整列ツールバーのコマンドについて表6.8にまとめた。寸法はドラッグしてきれいに配置することもできるが，便利なコマンドがあるので確認しておくとよい。

表 6.8 整列ツールバーについて

	コマンド	説明
	同一線/円弧上に寸法を整列 (Align Collinear/Radial Dimensions)	長さ/円弧/角度寸法を同一線/円弧上に整列する。複数寸法を選択してコマンドを実行。解除は、右クリック→整列解除。
	同一間隔/同心円に整列 (Align Parallel/Concentric)	長さ/円弧/角度寸法を同一間隔/線上に整列する。複数寸法を選択しコマンドを実行。解除は、右クリック→整列解除。
	左揃え (Align Left)	アイテムを複数選択した中の一番左のアイテムに整列する。複数アイテムを選択してコマンドを実行。
	右揃え (Align Right)	アイテムを複数選択した中の一番右のアイテムに整列する。複数アイテムを選択してコマンドを実行。
	上部を整列 (Align Top)	アイテムを複数選択した中の一番上のアイテムに整列する。複数アイテムを選択してコマンドを実行。
	下部を整列 (Align Bottom)	アイテムを複数選択した中の一番下のアイテムに整列する。複数アイテムを選択してコマンドを実行。
	横幅の中央 (Align Horizontal)	アイテムを複数選択した中の一番左のアイテムの中央に整列する。複数アイテムを選択してコマンドを実行。
	縦幅の中央 (Align Vertical)	アイテムを複数選択した中の一番上のアイテムの中央に整列する。複数アイテムを選択してコマンドを実行。
	横に均等 (Space Evenly Across)	複数選択したアイテムを一番左と一番右のアイテムの間に均等に配置する。複数アイテムを選択してコマンドを実行。
	縦に均等 (Space Evenly Down)	複数選択したアイテムを一番上と一番下のアイテムの間に均等に配置する。複数アイテムを選択してコマンドを実行。

整列ツールバーについて：
ここでは，寸法の配置で使用できそうなコマンドのみを載せている。
「アイテム」と表記するのは寸法以外に注記等でも使用ができるためである。シートフォーマットの編集で図面枠の注記の設定などにも使用できる。
上の2つのコマンドは，コマンドを実行すると整列の状態になるので1つずつ動かしたい場合，整列の解除を行う必要がある。

6-8-6 引出線と照合番号について

図 6.25 は引出線と照合番号について，JIS による描き方と SolidWorks での作図方法を示す。

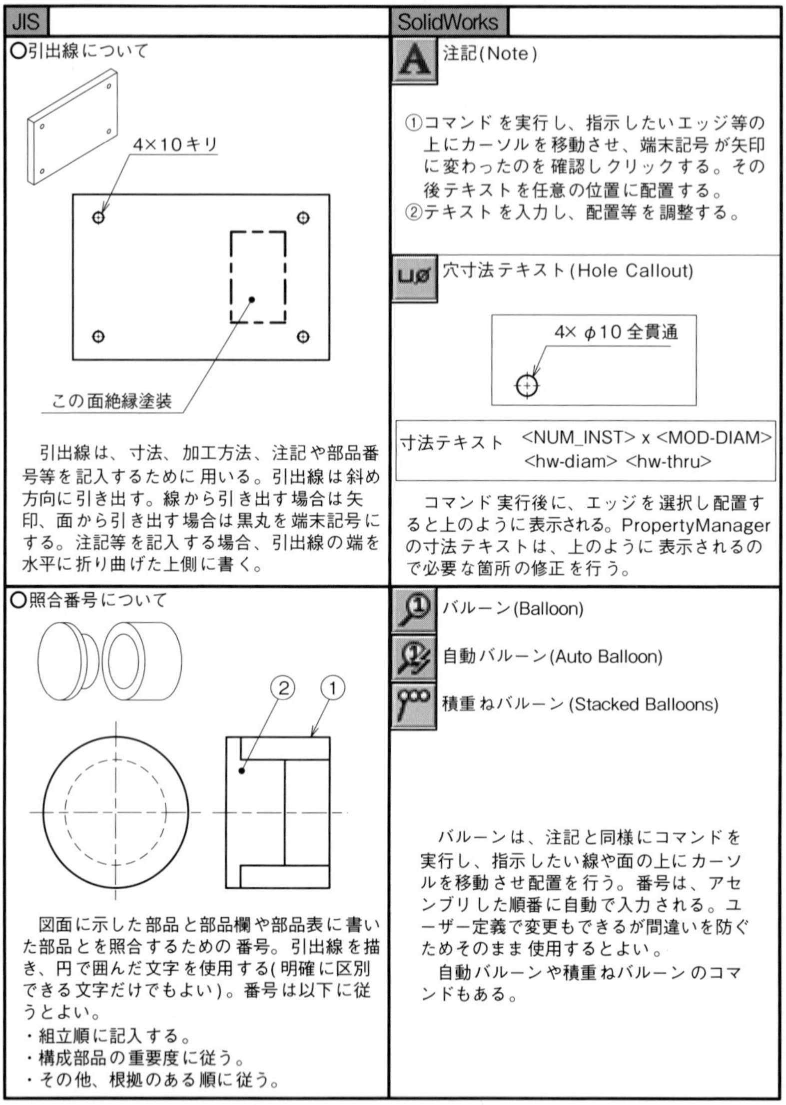

注記・バルーン：
　注記は指示したいエッジを選択してコマンドを実行すると，記入できる。
　エッジの上では矢印，面の上では黒丸にし，何もないところでは端末記号をつけない。設定は，次から行う。
→ ツール（メニュー）
→ オプション
→ ドキュメントプロパティ
→ 矢印
→ 付属部分

穴寸法テキスト：
　穴ウィザードで作成した穴に対応したテキストが表示される。通常のカットで作成した穴のエッジは，「φ10」と表示される。穴寸法テキストの設定は，SolidWorks がインストールされているフォルダ内のテキストファイルを変更することで行う。編集する場合は，元のファイルのバックアップをとっておくこと。
¥SolidWorks¥lang
¥japanese
¥calloutformat.txt

　calloutformat_2.txt は簡略化されたものでこちらを編集する場合，ファイル名を calloutformat.txt に変更して保存する。

照合番号：
　照合番号は，組立図の中で使用され，部品番号を使用したり，一品一葉の図面を描く場合，図面番号を使用したりする。

JIS	SolidWorks
○引出線について 4×10 キリ この面絶縁塗装 引出線は、寸法、加工方法、注記や部品番号等を記入するために用いる。引出線は斜め方向に引き出す。線から引き出す場合は矢印、面から引き出す場合は黒丸を端末記号にする。注記等を記入する場合、引出線の端を水平に折り曲げた上側に書く。	A 注記(Note) ①コマンド を実行し、指示したいエッジ等の上にカーソルを移動させ、端末記号 が矢印に変わったのを確認しクリックする。その後テキストを任意の位置に配置する。 ②テキストを入力し、配置等を調整する。 穴寸法テキスト (Hole Callout) 4× φ10 全貫通 寸法テキスト <NUM_INST> x <MOD-DIAM> <hw-diam> <hw-thru> コマンド 実行後に、エッジ を選択し配置すると上のように表示される。PropertyManager の寸法テキストは、上のように表示されるので必要な箇所の修正 を行う。
○照合番号について ② ① 図面に示した部品と部品欄や部品表に書いた部品とを照合するための番号。引出線を描き、円で囲んだ文字を使用する(明確に区別できる文字だけでもよい)。番号は以下に従うとよい。 ・組立順に記入する。 ・構成部品の重要度に従う。 ・その他、根拠のある順に従う。	バルーン(Balloon) 自動バルーン(Auto Balloon) 積重ねバルーン (Stacked Balloons) バルーンは、注記と同様にコマンドを実行し、指示したい線や面の上にカーソルを移動させ配置を行う。番号は、アセンブリした順番に自動で入力される。ユーザー定義で変更もできるが間違いを防ぐためそのまま使用するとよい。 自動バルーンや積重ねバルーンのコマンドもある。

図 6.25　引出線と照合番号について

6-8-7 寸法数値の記入法

■ 寸法数値の記入方法

図 6.26 は，寸法数値の 2 つの記入方法について JIS による描き方と SolidWorks での作図の簡単な解説を示す。方法 2 もあるが一般的に使用されていない。

6-8 寸法の記入法について

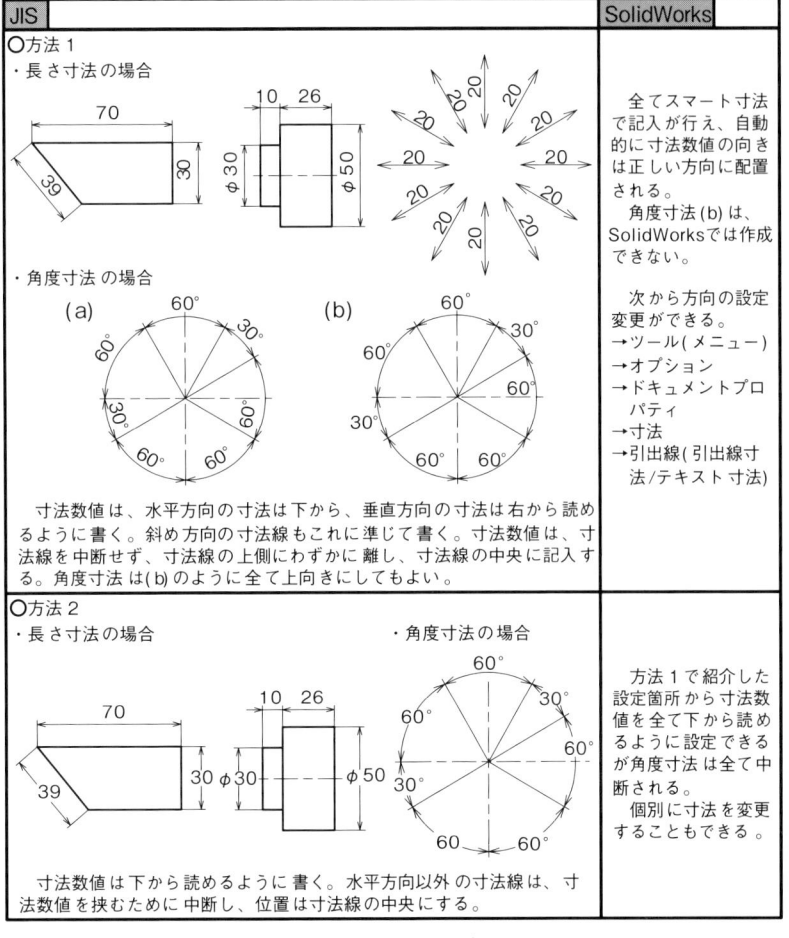

JIS	SolidWorks
○方法 1 ・長さ寸法の場合 （図：長さ寸法の例、70, 39, 30, φ30, 10, 26, φ50、および放射状に配置された20の角度寸法例） ・角度寸法の場合 (a) 60°, 30°, 60°, 30°, 60°, 30°, 60°, 30° (b) 60°, 30°, 60°, 30°, 60°, 30°, 60°, 30° 寸法数値は、水平方向の寸法は下から、垂直方向の寸法は右から読めるように書く。斜め方向の寸法線もこれに準じて書く。寸法数値は、寸法線を中断せず、寸法線の上側にわずかに離し、寸法線の中央に記入する。角度寸法は(b)のように全て上向きにしてもよい。	全てスマート寸法で記入が行え、自動的に寸法数値の向きは正しい方向に配置される。 角度寸法(b)は、SolidWorksでは作成できない。 次から方向の設定変更ができる。 →ツール（メニュー） →オプション →ドキュメントプロパティ →寸法 →引出線（引出線寸法/テキスト寸法）
○方法 2 ・長さ寸法の場合　　・角度寸法の場合 （図：70, 39, 30, φ30, 10, 26, φ50；角度 60°, 30°など） 寸法数値は下から読めるように書く。水平方向以外の寸法線は、寸法数値を挟むために中断し、位置は寸法線の中央にする。	方法1で紹介した設定箇所から寸法数値を全て下から読めるように設定できるが角度寸法は全て中断される。 個別に寸法を変更することもできる。

図 6.26　寸法数値の記入法について

■ 寸法数値の文字記号での記入

図 6.27 は，寸法数値を文字記号で記入する方法について JIS による描き方と SolidWorks での作図方法を示す。

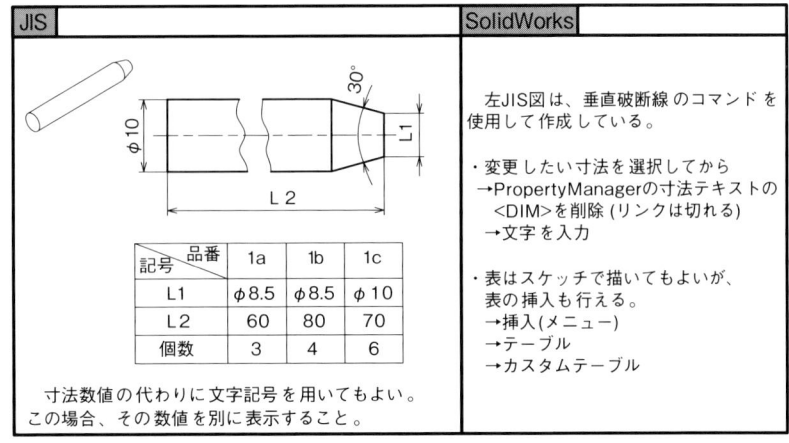

JIS	SolidWorks
（図：φ10、L1、L2、30°、垂直破断線を持つ円筒形状） 	記号＼品番	1a	1b	1c
---	---	---	---
L1	φ8.5	φ8.5	φ10
L2	60	80	70
個数	3	4	6 | 寸法数値の代わりに文字記号を用いてもよい。この場合、その数値を別に表示すること。	左JIS図は、垂直破断線のコマンドを使用して作成している。 ・変更したい寸法を選択してから →PropertyManagerの寸法テキストの<DIM>を削除（リンクは切れる） →文字を入力 ・表はスケッチで描いてもよいが、表の挿入も行える。 →挿入(メニュー) →テーブル →カスタムテーブル

図 6.27　寸法数値の文字記号での記入

寸法テキストの中央揃え：
次の設定を行うことで，記入した寸法数値を寸法線の中央に配置することができる。
→ツール（メニュー）
→オプション
→ドキュメントプロパティ
→寸法
→テキスト中央揃えを ✔

設計テーブル：
設計テーブルの機能を使用してモデルを作成している場合，その設計テーブルを図面に挿入してもよい。
→挿入（メニュー）
→テーブル
→設計テーブル

■ 寸法数値の配置について

図 6.28 は，寸法数値の配置について JIS による描き方を示した例である。SolidWorks では，テンプレートファイルとしてテキストを中央揃えにしておき，必要な箇所のみ変更すればよい。

> 「寸法テキストの中央揃え」の変更について：
> 個々に「寸法テキストの中央揃え」を変更するには，次のようにする。
> → 寸法を右クリック
> → 表示オプション
> → 寸法中央揃えのチェックを外す/入れる

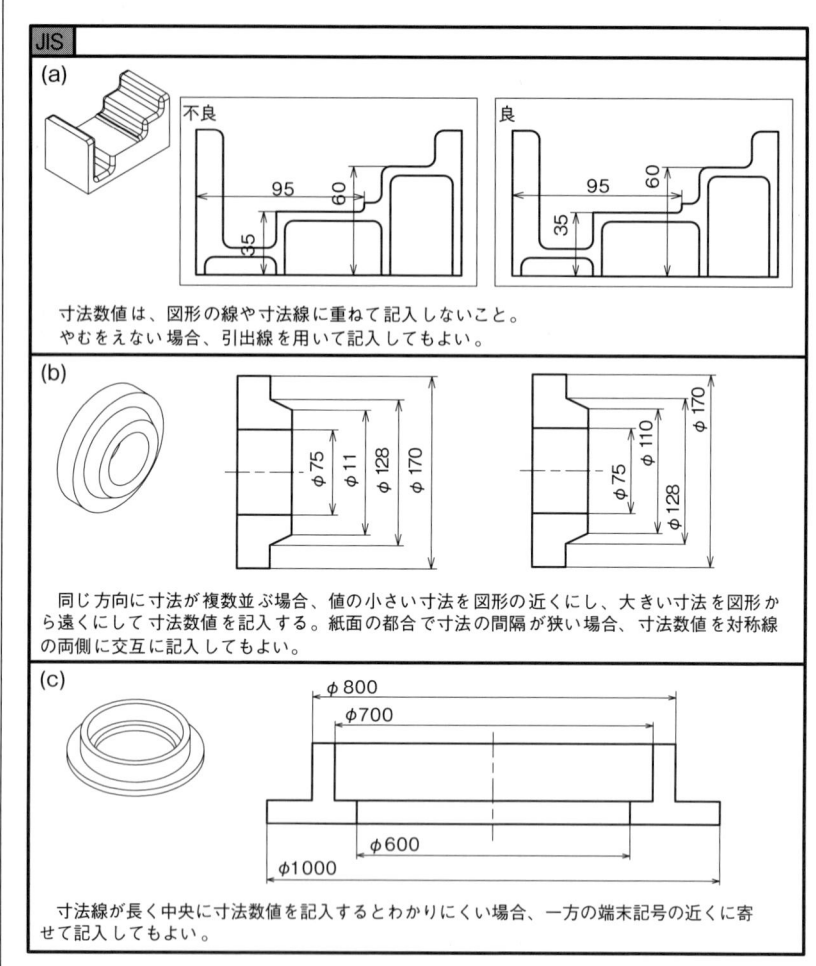

図 6.28　寸法数値の配置について

6-8-8　寸法の配置

寸法の配置方法には，直列寸法記入法と並列寸法記入法がある。累進寸法記入法や座標寸法記入法は，並列寸法記入法を簡略化したものである。寸法を記入する際の基準や起点にする箇所は，対象物の機能や加工を考慮して適切な位置を選ぶとよい。

JIS における寸法の配置方法と SolidWorks の穴テーブルのコマンドについて図 6.29 で説明する。SolidWorks での寸法記入のコマンドは，スマート寸法，自動寸法，累進寸法のコマンドがある（4 章を参照）。整列のコマンドなどを使用すればきれいに配置することができる。

6-8 寸法の記入法について

JIS

○直列寸法記入法 (chain dimensioning)

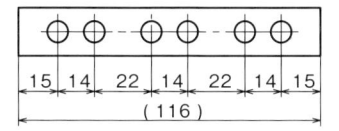

直列に寸法を記入する。個々の寸法公差が累積しても機能を損なわない場合に適用すること。

○並列寸法記入法 (parallel dimensioning)

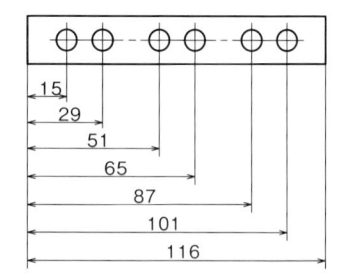

並列に寸法を記入する。個々の寸法公差は、他の寸法公差に影響を与えない。

○累進寸法記入法 (superimposed running dimensioning)

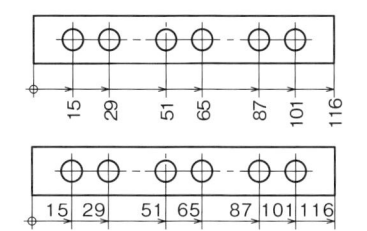

並列寸法を1本の寸法線で表示が行える。寸法の起点記号は(○)で示し、寸法線の他端は矢印で示す。寸法数値は、寸法補助線に並べて記入するか、矢印の近くに寸法線の上側に沿って書く。

○座標寸法記入法 (coordinate dimensioning)

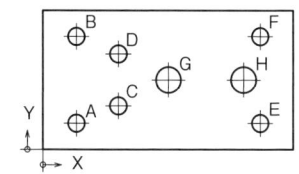

	X	Y	φ
A	20	15	φ10
B	20	65	φ10
C	45	25	φ10
D	45	55	φ10
E	130	15	φ10
F	130	65	φ10
G	75	40	φ15
H	120	40	φ15

穴の位置、大きさ等の寸法は、座標を用いて表にしてもよい。

括弧寸法について:

括弧の寸法は、参考用の寸法で、重複にならないように ( ) を使用する。変更は、次のように行う。PropertyManager からも変更できる。
→ 寸法を右クリック
→ 表示オプション
→ 括弧で表示

起点記号について:

SolidWorks では、累進寸法では、0がつき、座標寸法では、使用する矢印が多少異なるが見誤る恐れがなければ、そのまま使用してよい。

SolidWorks

穴テーブル(Hole Table)

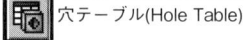

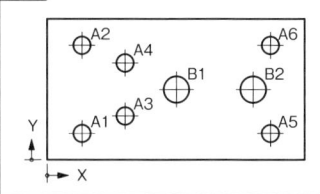

タグ	Xの位置	Yの位置	サイズ
A1	20	15	φ10 貫通
A2	20	65	φ10 貫通
A3	45	25	φ10 貫通
A4	45	55	φ10 貫通
A5	130	15	φ10 貫通
A6	130	65	φ10 貫通
B1	75	40	φ15 貫通
B2	120	40	φ15 貫通

上図は、穴テーブルのコマンドを使用した状態。起点記号や矢印は変更できない。表の変更は可能である。ここではエッジを1つずつ選ばずに、面を選択している。

・穴テーブルコマンドの簡単な解説
① コマンドを実行する。
② 寸法の基準位置として原点かXYの基準位置となるエッジや頂点を指定する。
③ 表にしたい穴を選択する(エッジや面)。
③ コマンドを終了(✔)し表を配置、表の必要な箇所の修正を行う。

図 6.29 寸法の配置について

6-8-9 寸法補助記号

寸法補助記号には、表6.9に示すようなものがある。円弧の長さ以外は、寸法数値の前に寸法数値と同じ大きさで記入する。

表 6.9 寸法補助記号

JIS				SolidWorks	
意味	記号	呼び方	例	SolidWorksでの入力法	PropertyManager寸法テキスト
直径	φ	まる	φ10	寸法テキストから選択。<MOD-DIAM>	寸法を選択してProperty Managerの寸法テキストから記入したい記号を選べばよい。複数の寸法に対しても実行できる。Sφは詳細から選択する。
半径	R	あーる	R10	・スマート寸法で入力。 ・Rを直接入力。	
球の直径	Sφ	えすまる	Sφ10	寸法テキストから選択。<MOD-SPHDIA>	
球の半径	SR	えすあーる	SR10	SRを直接入力。	
正方形の辺	□	かく	□10	寸法テキストから選択。<MOD-BOX>	
円弧の長さ	⌒	えんこ	⌒10	スマート寸法で入力。	
板の厚み	t	てぃー	t10	注記を使用してtを直接入力。	
45°の面取り	C	しー	C10	・面取り寸法を使用する。 ・Cを直接入力。	

寸法補助記号について:
円弧の長さの記号以外は,キーボードから直接入力が可能である。寸法テキストのφと直接入力したφは多少異なるので,一連の図面では,統一するのがよい。

直径の表し方

図 6.30 に JIS による直径の表し方を示した。(d) は SolidWorks では記入できない。他は,スマート寸法や注記で記入が可能である。

SolidWorks では,円径の中心や中心線は,一時的な軸を表示させて寸法を入れてもよい。
→ 表示(メニュー)
→ 一時的な軸

φを記入しない場合:
JIS では,(e) のように寸法線の端末記号が両端につく場合φを記入しないことになっているが,φを記入した方がすぐに判別でき,見誤ることがない。また,SolidWorks や多くの CAD では,円形の図形に寸法を入れるとφは勝手に記入される。
一般的に直径のφや半径のRを記入する。ただし,加工方法を示した場合は記入しない。

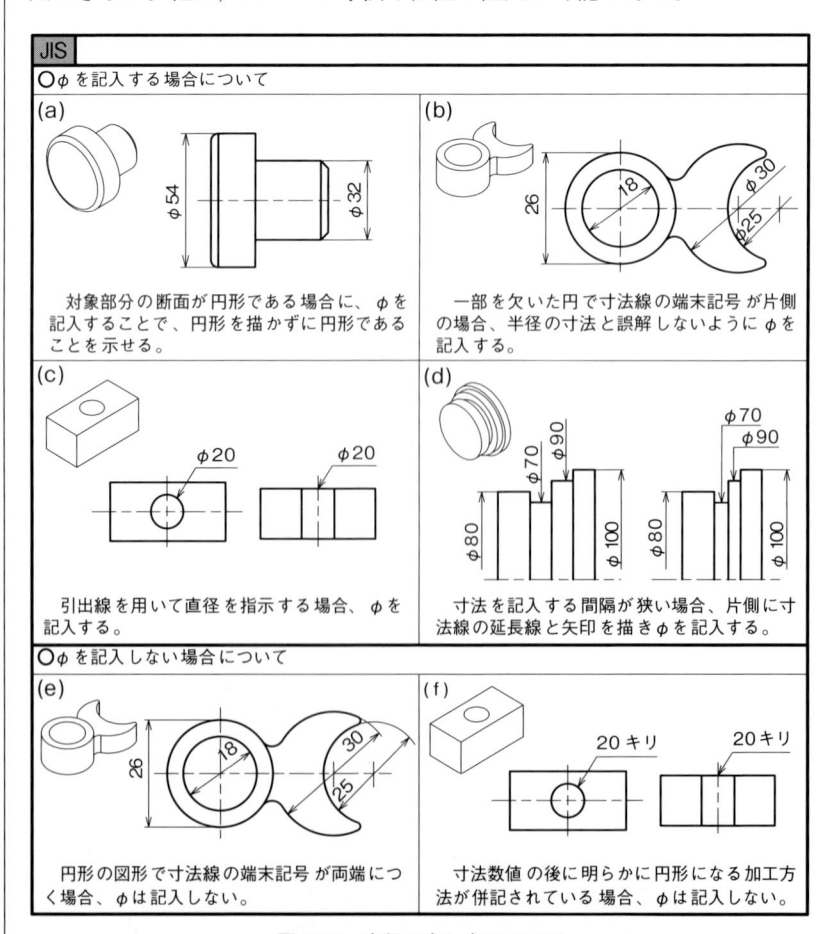

図 6.30 直径の表し方について

半径の表し方

図 6.31 には、JIS による半径の表し方と SolidWorks での作図の解説を示した。

JIS	SolidWorks
(a) 円弧の側にのみ矢印をつけ、中心の側にはつけない。寸法数値を記入する余地がない場合、上図のように記入する。	右端の引出線を用いた寸法以外は、スマート寸法で記入後に配置を変更している(引出線を使用する場合、注記を使用する)。
(b) 半径の寸法線を円弧の中心まで引く場合、記号を省略してよい。	Rを記入した方がすぐに判別でき、見誤ることがない。また、多くのCADでは、円弧の図形に寸法を入れるとRは記入される。
(c) 円弧の中心位置を示す必要がある場合、十字や黒丸で示す。円弧が大きい場合、寸法線の矢印のついた部分を中心位置に向けその半径の寸法線を折り曲げてもよい。	中心位置はスケッチを描いたり、中心マークのコマンドを使用してもよい。折り曲げる寸法は、4章で説明している。折り曲げる寸法にすると中心位置は自動で表示される。
(d) 円弧でない図形に実際の半径を示す場合、数値の前に「実R」、展開した状態の半径を示す場合、「展開R」の文字を記入する。	スマート寸法を使用すると実寸法Rの記入が行えるがうまくいかない。ここでは短い円弧をエッジ上に描き寸法を入れ、寸法テキストの<DIM>を削除し数値を直接記入している。
(e) 半径の寸法が他の寸法から導かれる場合、半径を示す矢印と数値なしの記号(R)で指示する。(R8)と記入してもよい。	(R)は、寸法テキストの<DIM>を削除し、括弧をつけている。
(f) 同一中心をもつ半径は、累進寸法記入法を用いて表示してもよい。	SolidWorksでは作成できない。他の方法で対応すること。

図 6.31 半径の表し方について

■ 球の直径と半径の表し方

JISによる球の直径と半径は，図 6.32 のように表す。SolidWorks ではスマート寸法や PropertyManager の寸法テキストを用いて表す。

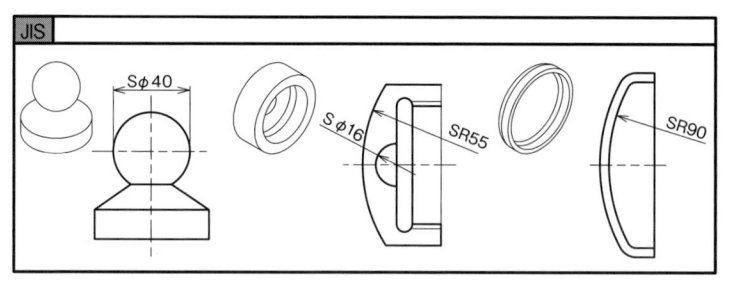

図 6.32　球の直径と半径の表し方

■ 正方形の表し方

JISによる正方形の表し方を図 6.33 に示す。SolidWorks ではスマート寸法や PropertyManager の寸法テキストを用いて表す。

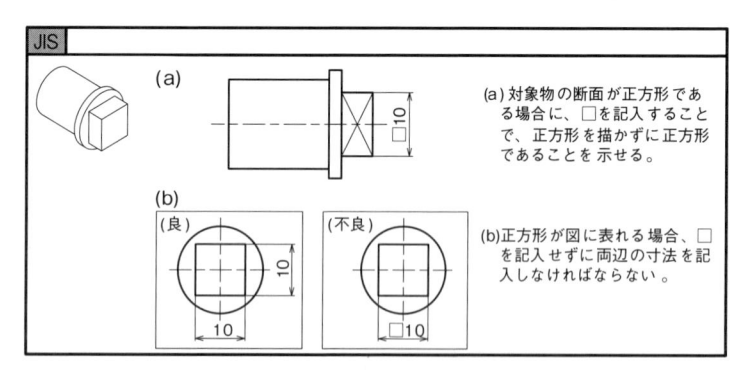

図 6.33　正方形の表し方

■ 厚さの表し方

JISによる厚さの表し方を図 6.34 に示す。SolidWorks では，注記を使用する。

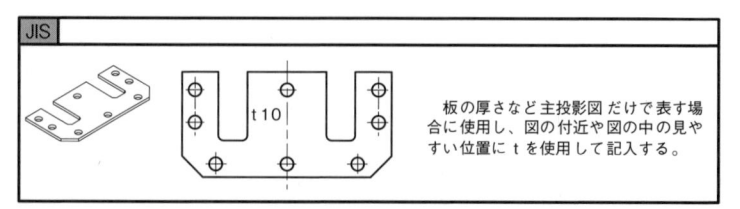

図 6.34　厚さの表し方

6-8 寸法の記入法について

■ 弦の長さの表し方

JIS による弦の長さは，図 6.35 のように表す。SolidWorks ではスマート寸法を使用し 2 点間に寸法を入れる。

JIS

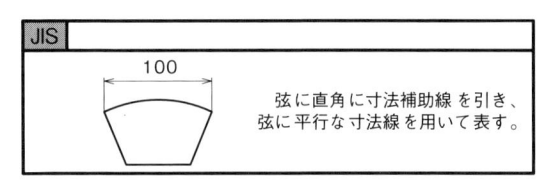

弦に直角に寸法補助線を引き、弦に平行な寸法線を用いて表す。

図 6.35 弦の表し方

■ 円弧の長さの表し方

JIS による円弧の長さの表し方と SolidWorks での作図の解説を図 6.36 に示した。

円弧にあてた矢印：
SolidWorks では，円弧の側にあてた矢印は，マルチジョグ引出線を使用するとよい。
→ 右クリック
→ アノテートアイテム
→ マルチジョグ引出線

JIS

(a) 弦と同じ寸法補助線を引き、円弧と同心の円弧を寸法線として寸法数値の上に ⌒ をつける。

(b) 円弧の長さを表す寸法数値の後に、円弧の半径を括弧に入れて示す場合、円弧の長さの記号はつけない。

(c) 円弧を構成する角度が大きいときや連続して円弧の寸法を記入する場合、円弧の中心から放射状に引いた寸法補助線に寸法線を当ててもよい。どの円弧かを明示する必要がある場合、引出線を引き円弧の側に矢印をつける。

円弧の寸法について：
円弧の寸法は，SolidWorks のスマート寸法で円弧を選択し，端の 2 点を選択して配置する。2 点は円弧状のスケッチ点でもよい。

SolidWorks

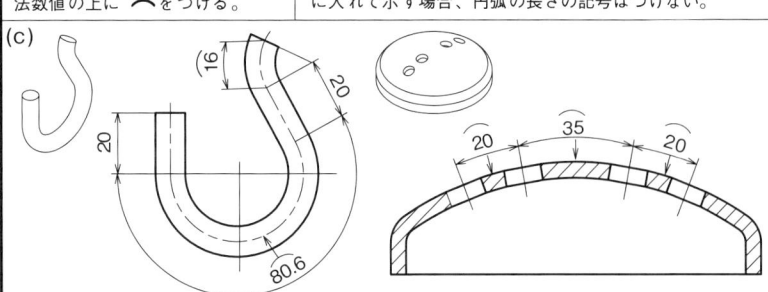

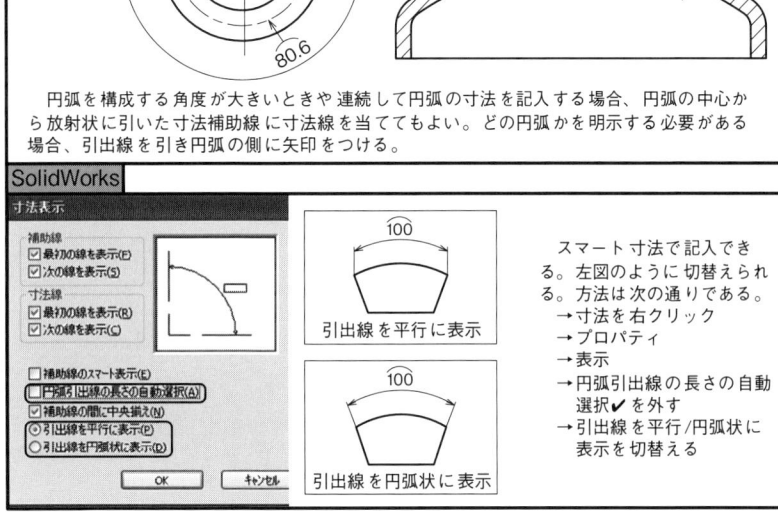

引出線を平行に表示

引出線を円弧状に表示

スマート寸法で記入できる。左図のように切替えられる。方法は次の通りである。
→ 寸法を右クリック
→ プロパティ
→ 表示
→ 円弧引出線の長さの自動選択✔を外す
→ 引出線を平行/円弧状に表示を切替える

図 6.36 円弧の表し方

■ 面取りの表し方

JIS による面取りの表し方と SolidWorks での作図の解説を図 6.37 に示す。

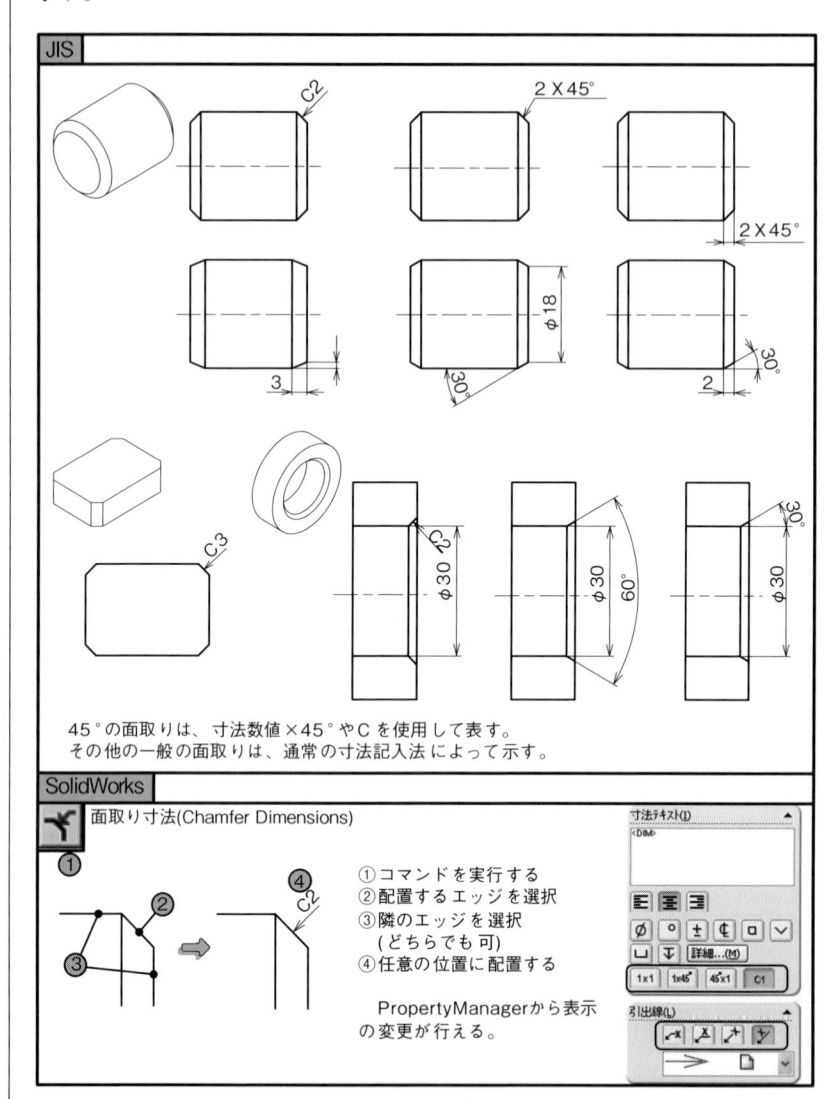

図 6.37　面取りの表し方

面取り寸法コマンド：
次からアクセスできる。
→ 右クリック
→ 寸法配置の詳細
→ 面取り

面取り寸法について：
形状によっては，面取り寸法のコマンドで記入できない。その場合，注記を使用して記入してもよいが，手入力になるので注意すること。図で示したように表示の切り替えが行えるが，C の記述を多用するので次から設定しておくとよい。
→ ツール（メニュー）
→ オプション
→ ドキュメントプロパティ
→ 寸法
→ 引出線
→ 面取りテキスト
　フォーマット

曲線について：
手書きの製図では，フリーハンドや雲形定規を使用して製図する。

■ 曲線の表し方

多くの機械部品は，形状の定義が行いやすい円弧と直線が用いられている。意匠形状などデザイン性が要求される場合，スプライン等の曲線が使用されることが多い。JIS による曲線の表し方と SolidWorks での作図の解説を図 6.38 に示す。

6-8 寸法の記入法について

曲線について：

滑らかな曲線が必要な場合，スプラインを描き，スプラインの点の数や曲率の調整を行う。

図 6.38 の (a), (b) からわかるように，1 本のスプライン曲線で描くと (b) のように，3D モデルに正接箇所のエッジが表れない。

また，CAM ソフトにもよるがスプラインと円弧/直線では NC データは異なる。

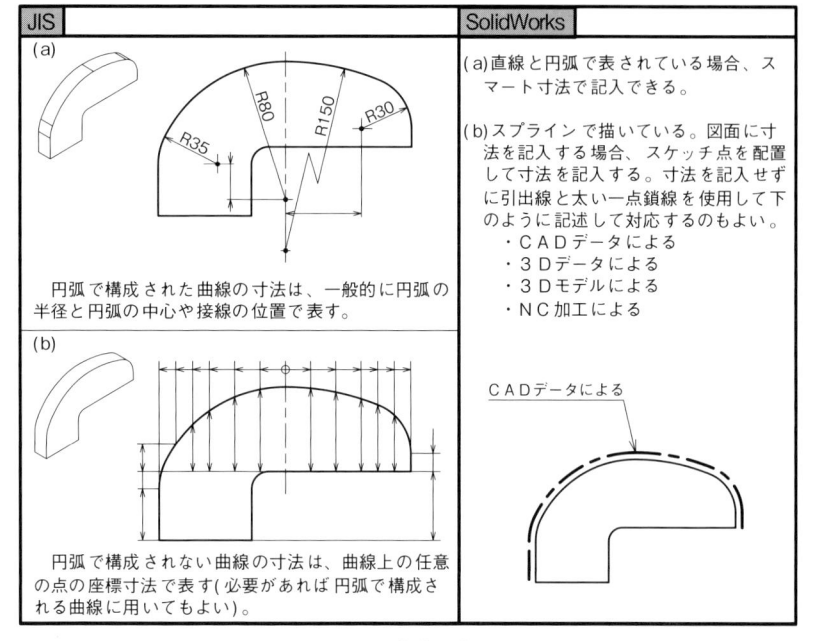

JIS	SolidWorks
(a) 円弧で構成された曲線の寸法は、一般的に円弧の半径と円弧の中心や接線の位置で表す。 (b) 円弧で構成されない曲線の寸法は、曲線上の任意の点の座標寸法で表す(必要があれば円弧で構成される曲線に用いてもよい)。	(a)直線と円弧で表されている場合、スマート寸法で記入できる。 (b)スプラインで描いている。図面に寸法を記入する場合、スケッチ点を配置して寸法を記入する。寸法を記入せずに引出線と太い一点鎖線を使用して下のように記述して対応するのもよい。 ・ＣＡＤデータによる ・３Ｄデータによる ・３Ｄモデルによる ・ＮＣ加工による

図 6.38 曲線の表し方

■ 穴の寸法の表し方

図 6.39 は，JIS による穴の寸法の表し方を示した。SolidWorks ではスマート寸法，穴寸法テキスト，注記を使用して記入する。

穴の寸法について：

SolidWorks で注記を使用して記入する場合，手入力になるので間違えないように注意すること。スマート寸法や穴寸法テキストのコマンドをなるべく使用した方がよい。

JIS

○穴の加工方法の表し方

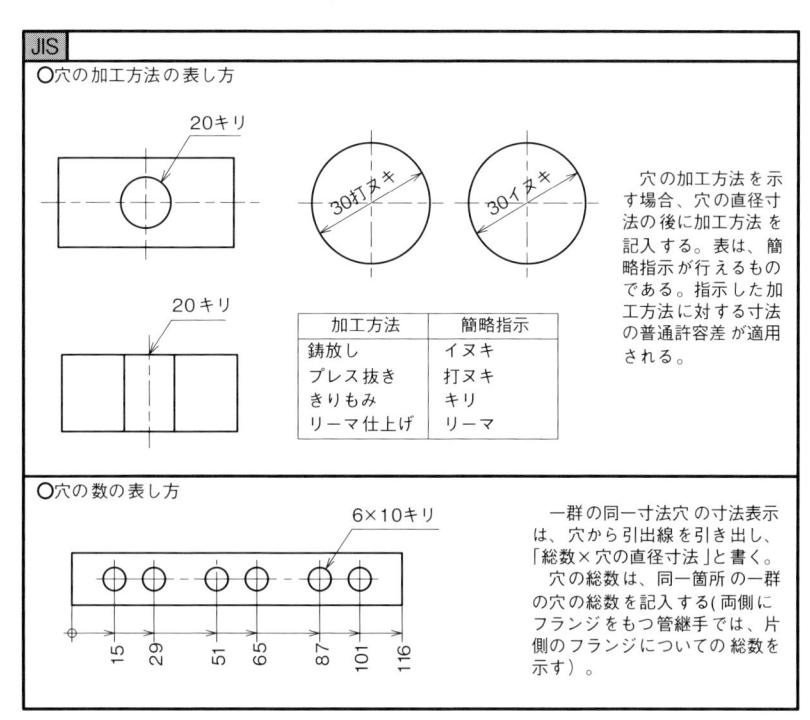

加工方法	簡略指示
鋳放し	イヌキ
プレス抜き	打ヌキ
きりもみ	キリ
リーマ仕上げ	リーマ

穴の加工方法を示す場合、穴の直径寸法の後に加工方法を記入する。表は、簡略指示が行えるものである。指示した加工方法に対する寸法の普通許容差が適用される。

○穴の数の表し方

一群の同一寸法穴の寸法表示は、穴から引出線を引き出し、「総数×穴の直径寸法」と書く。
穴の総数は、同一箇所の一群の穴の総数を記入する(両側にフランジをもつ管継手では、片側のフランジについての総数を示す)。

図 6.39 穴の寸法の表し方 (1/2)

JIS

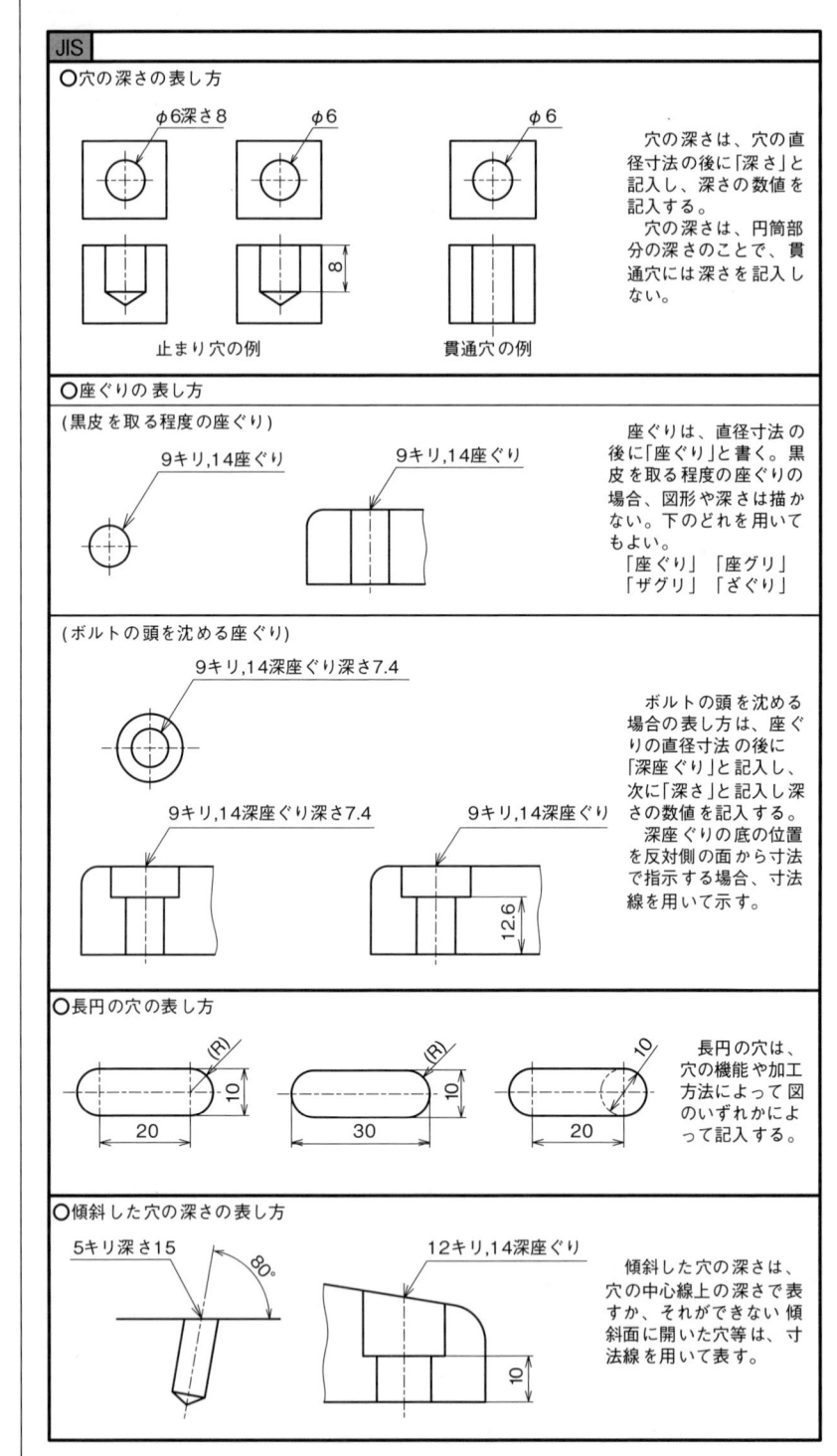

○穴の深さの表し方

φ6深さ8　　φ6　　φ6

止まり穴の例　　貫通穴の例

穴の深さは、穴の直径寸法の後に「深さ」と記入し、深さの数値を記入する。
穴の深さは、円筒部分の深さのことで、貫通穴には深さを記入しない。

○座ぐりの表し方

(黒皮を取る程度の座ぐり)

9キリ,14座ぐり　　9キリ,14座ぐり

座ぐりは、直径寸法の後に「座ぐり」と書く。黒皮を取る程度の座ぐりの場合、図形や深さは描かない。下のどれを用いてもよい。
「座ぐり」「座グリ」
「ザグリ」「ざぐり」

(ボルトの頭を沈める座ぐり)

9キリ,14深座ぐり深さ7.4

9キリ,14深座ぐり深さ7.4　　9キリ,14深座ぐり

ボルトの頭を沈める場合の表し方は、座ぐりの直径寸法の後に「深座ぐり」と記入し、次に「深さ」と記入し深さの数値を記入する。
深座ぐりの底の位置を反対側の面から寸法で指示する場合、寸法線を用いて示す。

○長円の穴の表し方

長円の穴は、穴の機能や加工方法によって図のいずれかによって記入する。

○傾斜した穴の深さの表し方

5キリ深さ15　　12キリ,14深座ぐり

傾斜した穴の深さは、穴の中心線上の深さで表すか、それができない傾斜面に開いた穴等は、寸法線を用いて表す。

図6.39　穴の寸法の表し方 (2/2)

■ キー溝の表し方

　JIS による軸と穴のキー溝の表し方を図 6.40 に示した。SolidWorks ではスマート寸法で記入を行う。

〇軸のキー溝の表し方

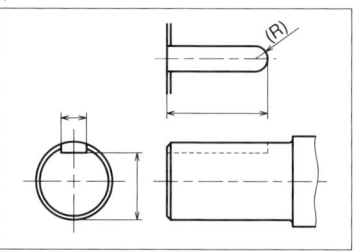

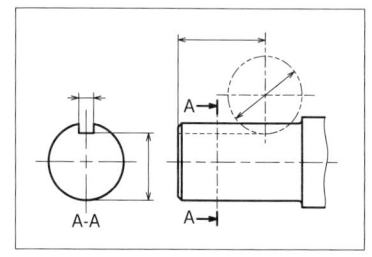

(a) 幅、深さ、長さ、位置、端部の寸法で表す。深さは、キー溝と反対側の軸径面から、キー溝の底までの寸法で表す。キー溝の端部をフライス等で切り上げる場合、基準の位置から工具の中心までの距離と工具の直径とを示す。

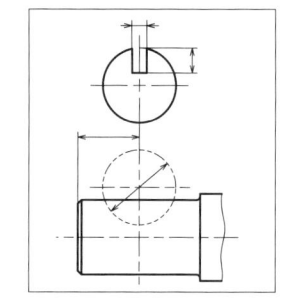

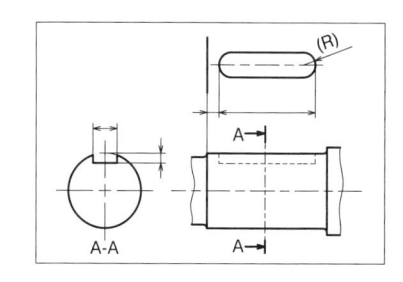

(b) 特に必要な場合、深さをキー溝の中心面上の軸径面からキー溝の底までの寸法で表してもよい。

〇穴のキー溝の表し方

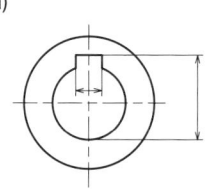

(a) 幅、長さ、深さの寸法で表す。深さは、キー溝の反対側の穴径面からキー溝の底までの寸法で表す。

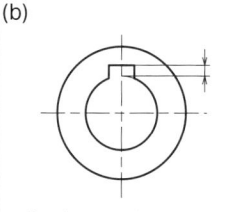

(b) 特に必要な場合、深さをキー溝の中心面上における穴径面からキー溝の底までの寸法で表してよい。

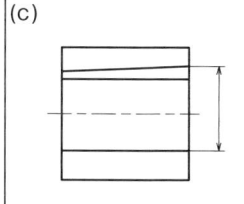

(c) こう配キー用のボスのキー溝の深さは、キー溝の深い側で表す。

図 6.40　キー溝の表し方

■ テーパとこう配の表し方

　テーパとこう配は，どちらも傾きの度合いを表す。こう配が片面の傾斜，テーパは相対する両側面の傾斜の度合いを表す。JIS によるテーパとこう配の表し方と SolidWorks での作図の解説を図 6.41 にまとめた。

テーパとこう配：

　テーパは，工作機械で使用するシャンクやチャック等の中心距離の精度を出すための部品や機密性を要する部品などに用いられている。
　こう配は，道路，屋根，金型等に用いられている。

テーパとこう配について:
1:5 のように比率で表す場合，5mm の変化量に対して 1mm 変化するというとである。

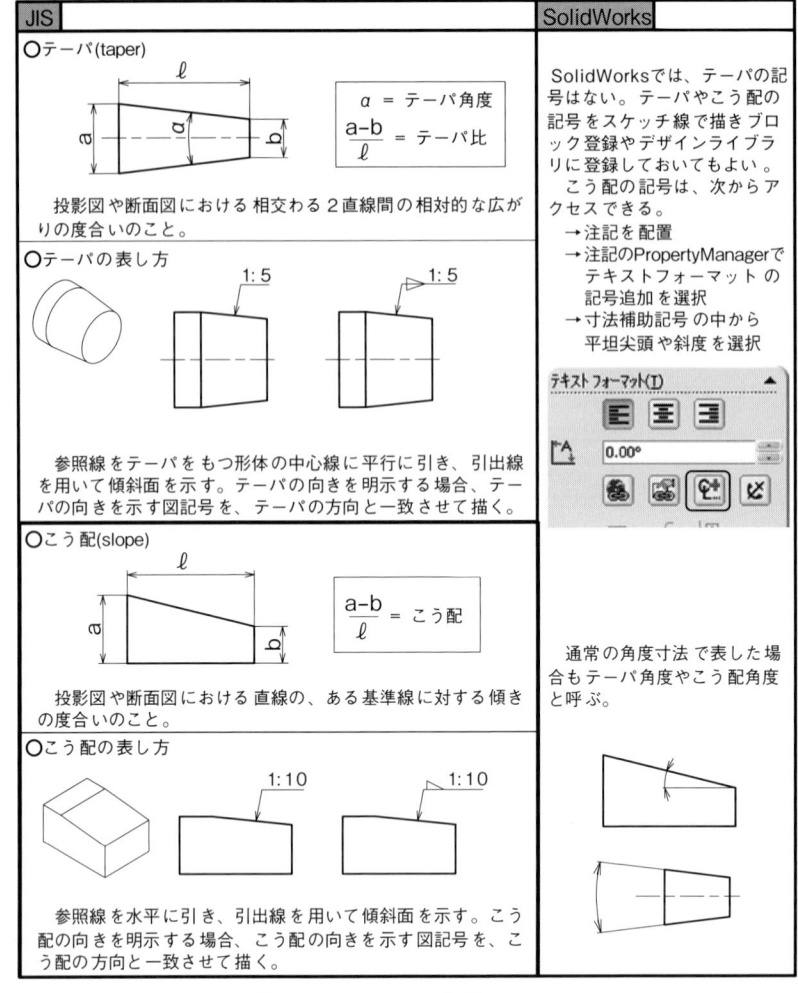

JIS	SolidWorks
○テーパ(taper) a = テーパ角度 $\dfrac{a-b}{\ell}$ = テーパ比 投影図や断面図における相交わる2直線間の相対的な広がりの度合いのこと。 ○テーパの表し方 1:5 1:5 参照線をテーパをもつ形体の中心線に平行に引き，引出線を用いて傾斜面を示す。テーパの向きを明示する場合，テーパの向きを示す図記号を，テーパの方向と一致させて描く。 ○こう配(slope) $\dfrac{a-b}{\ell}$ = こう配 投影図や断面図における直線の，ある基準線に対する傾きの度合いのこと。 ○こう配の表し方 1:10 1:10 参照線を水平に引き，引出線を用いて傾斜面を示す。こう配の向きを明示する場合，こう配の向きを示す図記号を，こう配の方向と一致させて描く。	SolidWorksでは、テーパの記号はない。テーパやこう配の記号をスケッチ線で描きブロック登録やデザインライブラリに登録しておいてもよい。こう配の記号は、次からアクセスできる。 →注記を配置 →注記のPropertyManagerでテキストフォーマットの記号追加を選択 →寸法補助記号の中から平坦尖頭や斜度を選択 テキストフォーマット(T) 0.00° 通常の角度寸法で表した場合もテーパ角度やこう配角度と呼ぶ。

図 6.41 テーパとこう配について

■ 加工・処理範囲の指示

加工・処理範囲の指定は，図 6.19 に従う。範囲を指示する場合，特殊な加工を示す太い一点鎖線の位置と範囲の寸法を記入する（図 6.42）。SolidWorksでは，スケッチを使用し寸法や注記で記入する。

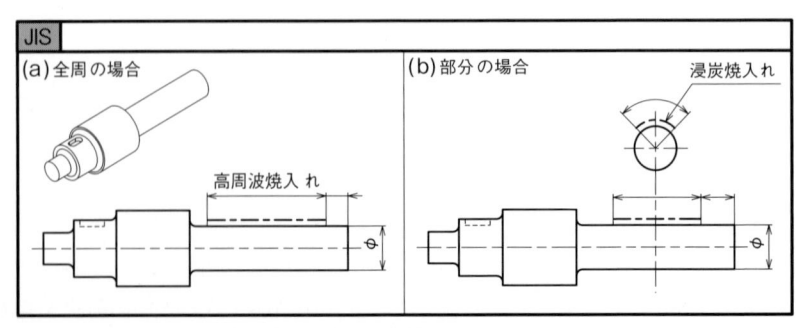

JIS
(a)全周の場合   (b)部分の場合
高周波焼入れ   浸炭焼入れ

図 6.42 加工・処理範囲の指示について

6-8 寸法の記入法について

■ 薄肉部の表し方

図 6.43 は，JIS による薄肉部の表し方と SolidWorks での作図の解説を示したものである。

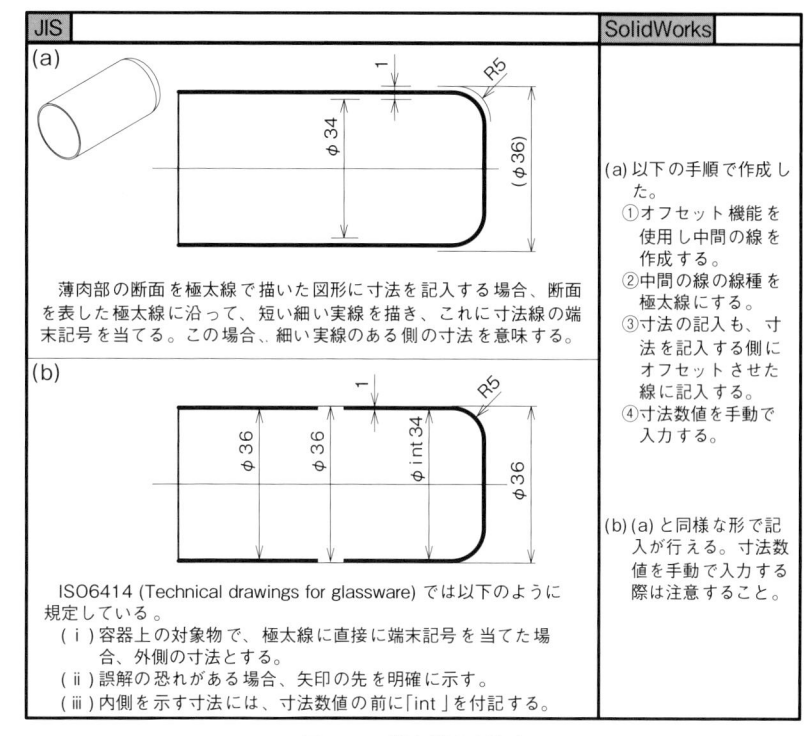

JIS	SolidWorks
(a) 薄肉部の断面を極太線で描いた図形に寸法を記入する場合、断面を表した極太線に沿って、短い細い実線を描き、これに寸法線の端末記号を当てる。この場合、細い実線のある側の寸法を意味する。	(a) 以下の手順で作成した。 ①オフセット機能を使用し中間の線を作成する。 ②中間の線の線種を極太線にする。 ③寸法の記入も、寸法を記入する側にオフセットさせた線に記入する。 ④寸法数値を手動で入力する。
(b) ISO6414 (Technical drawings for glassware) では以下のように規定している。 (ⅰ) 容器上の対象物で、極太線に直接に端末記号を当てた場合、外側の寸法とする。 (ⅱ) 誤解の恐れがある場合、矢印の先を明確に示す。 (ⅲ) 内側を示す寸法には、寸法数値の前に「int」を付記する。	(b) (a) と同様な形で記入が行える。寸法数値を手動で入力する際は注意すること。

図 6.43　薄肉部の表し方

6-8-10　寸法記入に関するその他の一般的注意事項

JIS における寸法記入に関するその他の一般的な注意事項については，図 6.44 にまとめる。

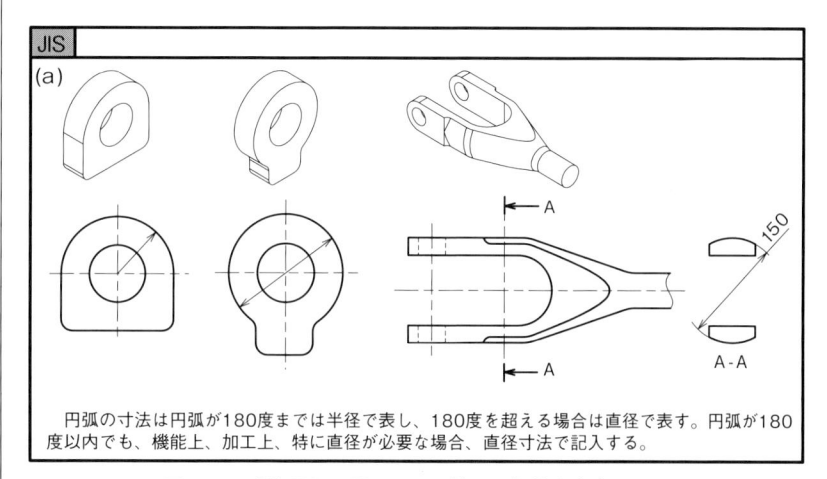

円弧の寸法は円弧が180度までは半径で表し、180度を超える場合は直径で表す。円弧が180度以内でも、機能上、加工上、特に直径が必要な場合、直径寸法で記入する。

図 6.44　寸法記入に関するその他の一般的注意事項 (1/2)

第 6 章　図面について

(b) について：
　φ60 の直径寸法を記入する場合に断面に表れた上のエッジを使用するのは，間違いである。間違えやすいので注意すること。

(d) について：
　累進寸法を使用すると幅を取らずもっとみやすくなる。

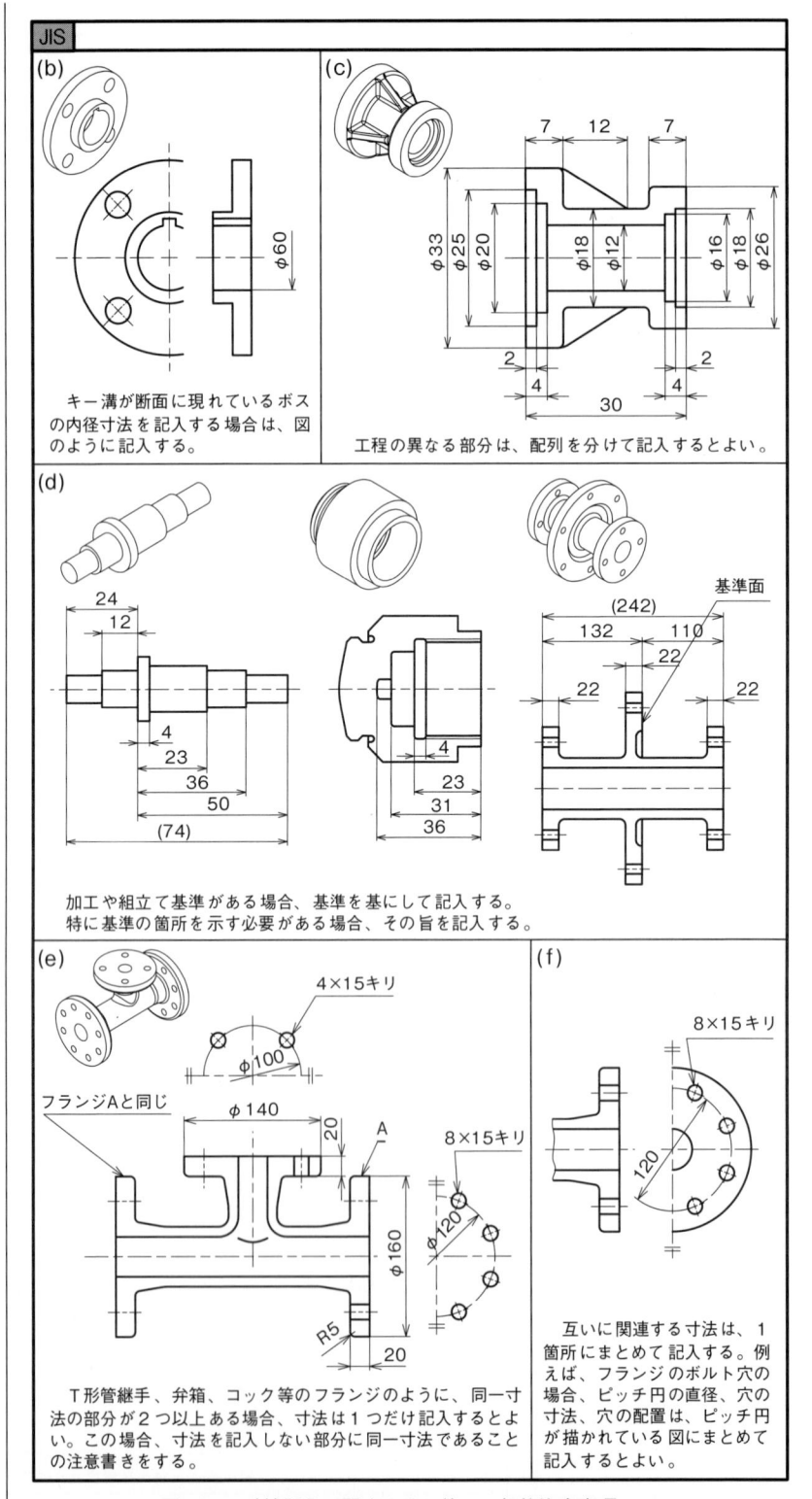

(b) キー溝が断面に現れているボスの内径寸法を記入する場合は、図のように記入する。

(c) 工程の異なる部分は、配列を分けて記入するとよい。

(d) 加工や組立て基準がある場合、基準を基にして記入する。
特に基準の箇所を示す必要がある場合、その旨を記入する。

(e) T形管継手、弁箱、コック等のフランジのように、同一寸法の部分が2つ以上ある場合、寸法は1つだけ記入するとよい。この場合、寸法を記入しない部分に同一寸法であることの注意書きをする。

(f) 互いに関連する寸法は、1箇所にまとめて記入する。例えば、フランジのボルト穴の場合、ピッチ円の直径、穴の寸法、穴の配置は、ピッチ円が描かれている図にまとめて記入するとよい。

図 6.44　寸法記入に関するその他の一般的注意事項 (2/2)

6-8-11 図面内容の変更

図 6.45 では，JIS における図面内容の変更と SolidWorks での対応について記入例を示している。SolidWorks では，変更箇所を検討したり，今後同じモデルや図面ファイルを使用し製作をする場合は，3次元モデルを変更する必要がある。3次元モデルを変更すると図面ファイルも自動的に更新される。変更前のモデルや図面ファイルが必要な場合，別に保存をしておかなければならない。紙の図面を使用している場合，変更は紙の図面に手書きで記入することになる。紙でなくデジタル機器で読む図面ならば，別ファイルを用意し，記号を記入した方がよい。

変更箇所によっては，新しく図面を作成したり，不必要になった部品の図面を廃棄したりすることもある。また，変更が必要な部品の図面が加工中かどうか，現在の状態を把握して指示を出す必要があるので，状況に合わせて対応する。

変更について：
関連する部品モデル，アセンブリモデル，図面ファイル（部品，アセンブリ），部品表全てに対して必要な変更を行わなければならない。

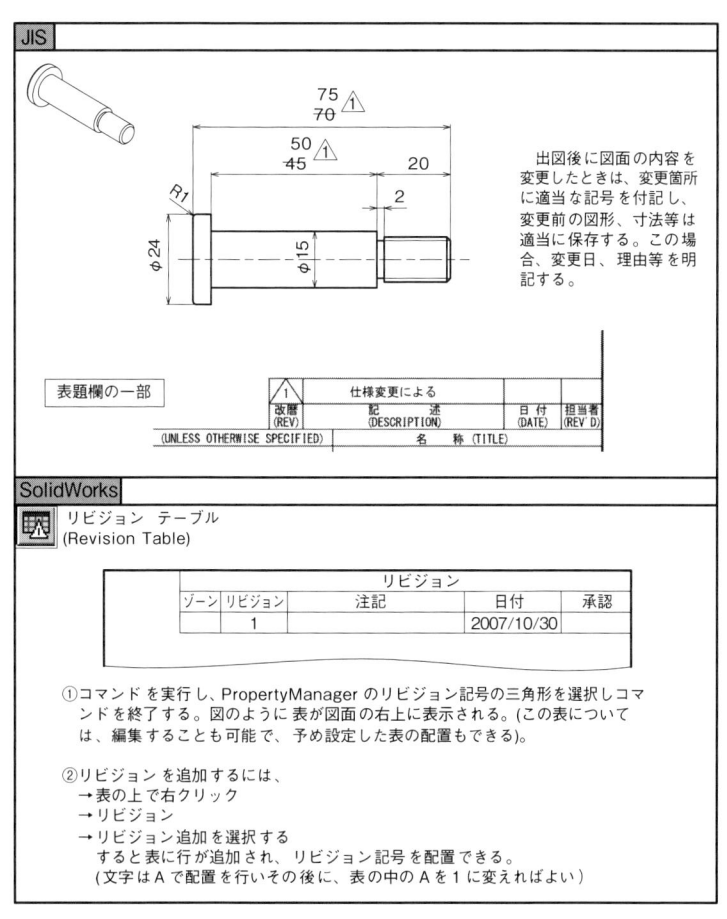

図 6.45 図面内容の変更について

6-8-12 材料記号について

材料の選定は，材料の特性，価格，製品の使用環境，加工性などを考慮し最適な材料を選択する必要がある。また，強度，防錆，耐摩耗性などを高めるための表面処理，機械的性質を変えるために熱処理が施される。図6.46では，JISにおける鉄鋼記号の表し方について示している。非鉄金属材料の表し方は，これとは異なる。表6.10は，主な機械材料の記号についてまとめてある。

材料記号について：
材料記号は，表題欄や部品表に記入する。文字1つ間違えることで違う材料で製作されるので注意すること。

材料について：
本書では簡単な紹介とどめるが，詳細は他書，JIS，部品供給業者のカタログなどを参考にするとよい。

材料の設定について：
SolidWorks での材料の設定は，3章を参照すること。SolidWorks の材料は，基本的に JIS 規格に基づいていないので注意すること。物理性質の似た材料を使用するか，データベースを編集する必要がある。図面の注記と部品ファイルのプロパティをリンクさせずに直接注記を編集するのも1つの方法である。

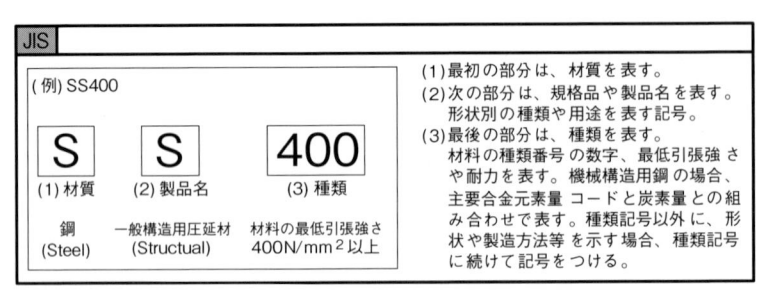

```
JIS
(例) SS400

  S          S          400
(1) 材質    (2) 製品名   (3) 種類

  鋼       一般構造用圧延材   材料の最低引張強さ
(Steel)    (Structual)     400N/mm² 以上
```

(1) 最初の部分は，材質を表す。
(2) 次の部分は，規格品や製品名を表す。形状別の種類や用途を表す記号。
(3) 最後の部分は，種類を表す。材料の種類番号の数字，最低引張強さや耐力を表す。機械構造用鋼の場合、主要合金元素量コードと炭素量との組み合わせで表す。種類記号以外に、形状や製造方法等を示す場合、種類記号に続けて記号をつける。

図 6.46 鉄鋼記号の表し方

表 6.10 主な機械材料の記号

○鉄系材料

JIS規格	種類	記号	JIS規格	種類	記号
G 3101	一般構造用圧延鋼材	SS 400			SUS 303
G 3131	熱間圧延軟鋼板及び鋼帯	SPHC			SUS 304
G 3141	冷間圧延軟鋼板及び鋼帯	SPCC	G 4303	ステンレス鋼棒	SUS 316
G 3522	ピアノ線	SWP-A			SUS 410
		SWP-B			SUS 430
G 4051	機械構造用炭素鋼鋼材	S35C			SUS440C
		S40C			SUM 21
		S45C	G 4804	硫黄及び硫黄複合快削鋼鋼材	SUM 22
		S50C			SUM22L
		S55C			SUM24L
G 4053	機械構造用合金鋼鋼材	SCM415	G 4805	高炭素クロム軸受鋼鋼材	SUJ 2
		SCM418			
		SCM420	G 3201	炭素鋼鍛鋼品	SF440A
		SCM435	G 5101	炭素鋼鋳鋼品	SC360
G 4401	炭素工具鋼鋼材	SK85			SC480
		SK95			FC150
G 4404	合金工具鋼鋼材	SKS3	G 5501	ねずみ鋳鉄品	FC200
		SKS93			FC250
		SKD2	G 5502	球状黒鉛鋳鉄品	FCD600-3

○非鉄系材料

JIS規格	種類	記号	JIS規格	種類	記号
H 3100	銅及び銅合金の板・条	C2801	H 5120	青銅鋳物6種	CAC406
H 3250	銅及び銅合金の棒	C3604	H 5202	アルミ合金鋳物	AC3A
H 4000	アルミニウム合金	A1100	(石)	石定盤材	グラナイト
		A2011		セラミックス	ジルコニア
		A2017		ポリアミド	MC901
		A2024	(プラスチック)	エポキシ樹脂	EP
		A5052		ポリカーボネード	PC
		A5056		メタクリル樹脂	PMMA
		A6061		ニトリルゴム	NBR
		A6063	(ゴム)	シリコーンゴム	VMQ
		A7075		フッ素ゴム	FKM

6-9 公　　差

6-9-1　公差について

　全ての形状には，常に寸法，幾何形状，表面性状がある。理論上図面に指示した寸法数値どおりに加工することはできない。そこで，全ての寸法，幾何形状，表面性状に対して許容される最大値と最小値を決め，図面に機能を損なわないために指示する必要がある。

　また，加工や検査が暗黙の了解のもとに行われないようにしなければならない。図 6.47 は，寸法公差，はめあい，幾何公差，表面性状を示した例である。

ここでは一括指示をしているが，一括ではなく全て個々に指示してもよい。

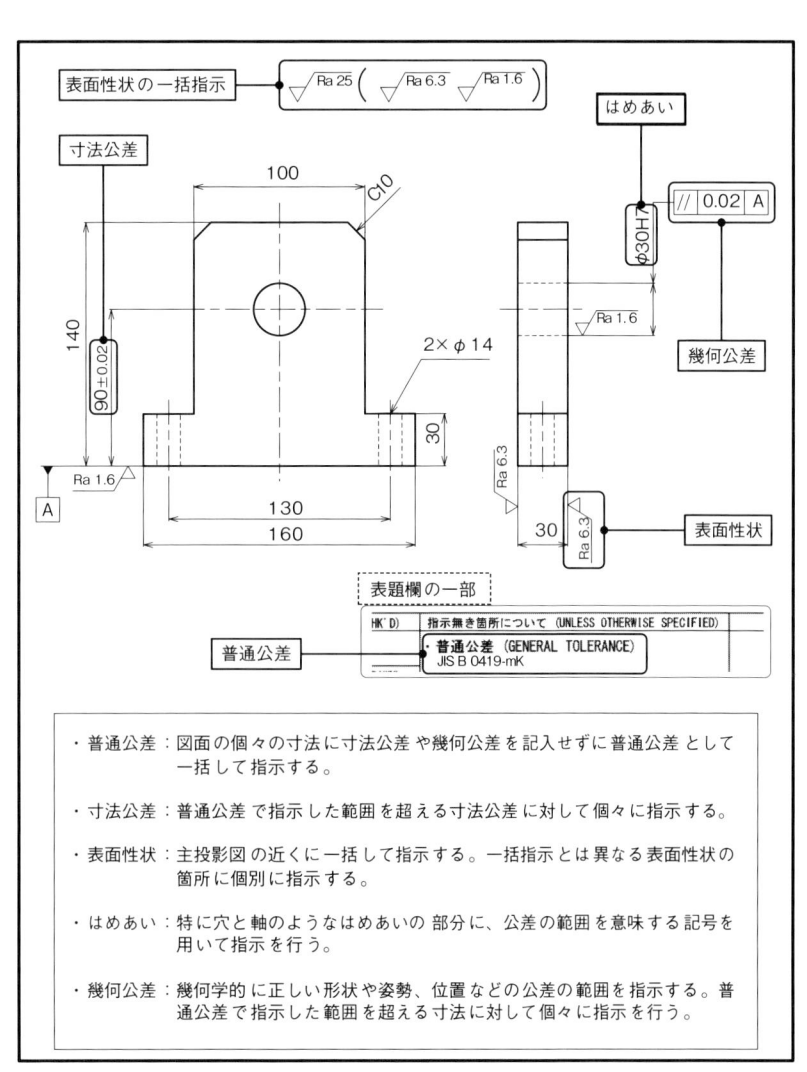

- 普通公差：図面の個々の寸法に寸法公差や幾何公差を記入せずに普通公差として一括して指示する。
- 寸法公差：普通公差で指示した範囲を超える寸法公差に対して個々に指示する。
- 表面性状：主投影図の近くに一括して指示する。一括指示とは異なる表面性状の箇所に個別に指示する。
- はめあい：特に穴と軸のようなはめあいの部分に、公差の範囲を意味する記号を用いて指示を行う。
- 幾何公差：幾何学的に正しい形状や姿勢、位置などの公差の範囲を指示する。普通公差で指示した範囲を超える寸法に対して個々に指示を行う。

図 6.47　公差について

6-9-2　長さ寸法と角度寸法の公差

■ 寸法公差について

　寸法公差と寸法公差に関する用語について図 6.48 にまとめている。図面に指示した寸法数値（基準寸法）どおりに加工することは，理論上できないので，全ての寸法数値に対して許容される最大値と最小値を決め，寸法公差として指示する。設計意図である機能を満たすために，加工や検査の基準面を考慮して寸法の配置や寸法公差を記入する必要がある。

○寸法公差と用語について

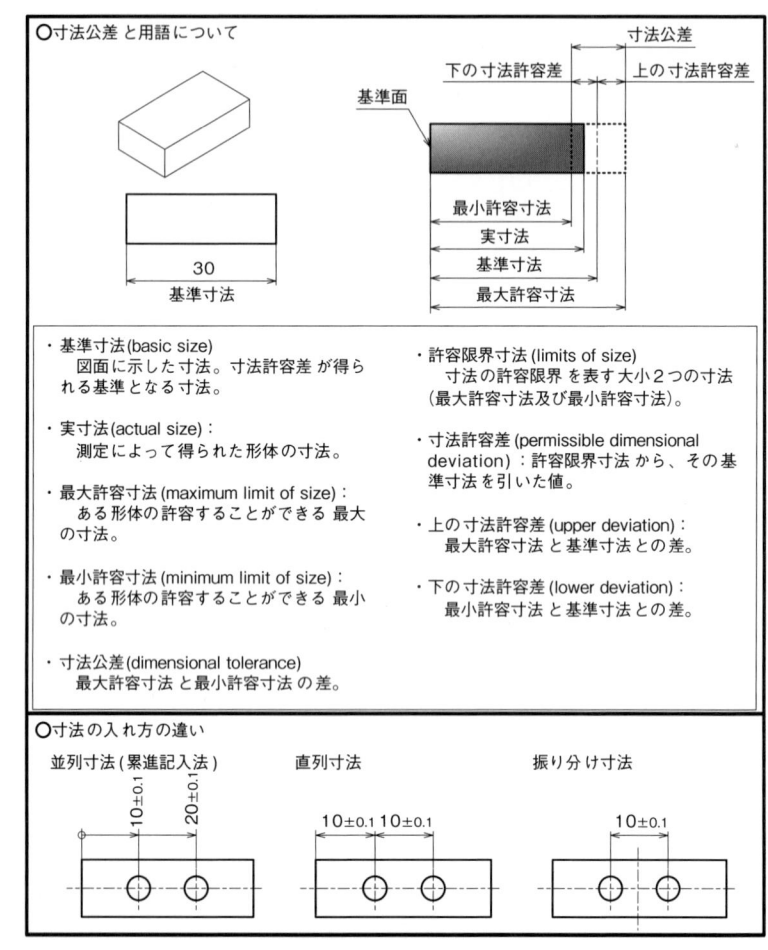

- 基準寸法(basic size)
  図面に示した寸法。寸法許容差が得られる基準となる寸法。

- 実寸法(actual size)：
  測定によって得られた形体の寸法。

- 最大許容寸法 (maximum limit of size)：
  ある形体の許容することができる最大の寸法。

- 最小許容寸法 (minimum limit of size)：
  ある形体の許容することができる最小の寸法。

- 寸法公差(dimensional tolerance)
  最大許容寸法と最小許容寸法の差。

- 許容限界寸法 (limits of size)：
  寸法の許容限界を表す大小２つの寸法（最大許容寸法及び最小許容寸法）。

- 寸法許容差 (permissible dimensional deviation)：許容限界寸法から、その基準寸法を引いた値。

- 上の寸法許容差 (upper deviation)：
  最大許容寸法と基準寸法との差。

- 下の寸法許容差 (lower deviation)：
  最小許容寸法と基準寸法との差。

○寸法の入れ方の違い

図 6.48　寸法公差について

■ 長さ寸法と角度寸法の許容限界の記入方法

　JIS による長さ寸法と角度寸法の許容限界の記入方法と SolidWorks での記入方法について図 6.49 に示す。角度寸法の許容限界の記入方法は，長さ寸法の許容限界の記入方法と同じである。角度寸法の基準寸法や許容差には，角度の単位記号を必ず記入しなければならない。

6-9 公差

寸法公差の文字の大きさ:

寸法公差の文字の大きさやその他の文字の大きさに関しては、JIS Z 8313-1 に推薦する比率や文字の大きさが示されている。SolidWorks では、次から設定を行う。
→ ツール（メニュー）
→ オプション
→ ドキュメントプロパティ
→ 寸法
→ 公差
→ 寸法のフォント使用の ✔ を外し、スケールやサイズを指定する。

（設定例）
寸法数値を 3.5mm
公差を 2.5mm

角度寸法について:

SolidWorks では、度分秒の単位を使用すると、図のように 30°でも「°′″」が全て表示される。

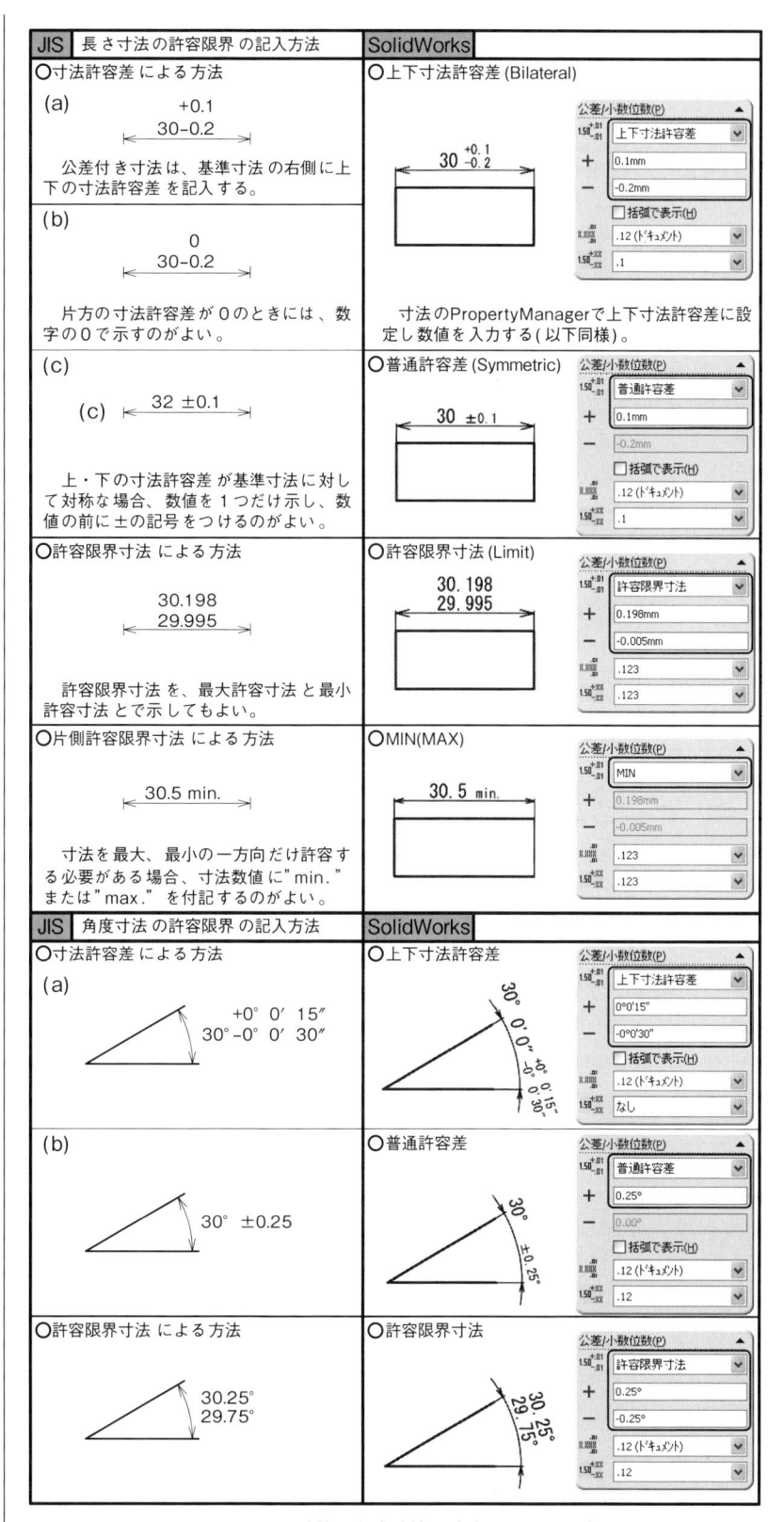

JIS 長さ寸法の許容限界の記入方法	SolidWorks
○寸法許容差による方法 (a) 30 +0.1/−0.2 公差付き寸法は、基準寸法の右側に上下の寸法許容差を記入する。	○上下寸法許容差 (Bilateral) 30 +0.1/−0.2 寸法の PropertyManager で上下寸法許容差に設定し数値を入力する（以下同様）。
(b) 30 0/−0.2 片方の寸法許容差が0のときには、数字の0で示すのがよい。	
(c) 32 ±0.1 上・下の寸法許容差が基準寸法に対して対称な場合、数値を1つだけ示し、数値の前に±の記号をつけるのがよい。	○普通許容差 (Symmetric) 30 ±0.1
○許容限界寸法による方法 30.198 / 29.995 許容限界寸法を、最大許容寸法と最小許容寸法とで示してもよい。	○許容限界寸法 (Limit) 30.198 / 29.995
○片側許容限界寸法による方法 30.5 min. 寸法を最大、最小の一方向だけ許容する必要がある場合、寸法数値に"min."または"max."を付記するのがよい。	○MIN(MAX) 30.5 min.
JIS 角度寸法の許容限界の記入方法	SolidWorks
○寸法許容差による方法 (a) 30 +0°0′15″/−0°0′30″	○上下寸法許容差 30° +0°0′15″/−0°0′30″
(b) 30° ±0.25	○普通許容差 30° ±0.25°
○許容限界寸法による方法 30.25° / 29.75°	○許容限界寸法 30.25° / 29.75°

図 6.49 長さ寸法と角度寸法の許容限界の記入方法

6-9-3　普通公差

■ 普通公差について

　普通公差とは，図面の寸法1つずつに許容差を記入せずに，一括して指示する寸法許容差のことである。普通公差を使用して図面を描くことで，図面への指示が効率的に行え，図面が読みやすくなる。個々に指示を与える公差は，機能面で普通公差より小さい公差が要求されるか，大きい公差が許容されるかを考慮して必要な箇所に記入することになる。

　表6.11は，面取り部分を除く長さ寸法に対する許容差，表6.12は，面取り部分の長さ寸法，表6.13は，角度寸法の許容差についてそれぞれ示している。

> 個々に指示する公差：
> 個々に公差を指示する寸法の大部分は，機能面で普通公差より小さい公差が要求される寸法に記入する。製造，検査，品質管理等で注意が必要な形体を規制することになる。

表 6.11　面取り部分を除く長さ寸法に対する許容差
(JIS B0405　単位：mm)

公差等級		基準寸法の区分						
記号	説明	0.5(1)以上3以下	3を超え6以下	6を超え30以下	30を超え120以下	120を超え400以下	400を超え1000以下	1000を超え2000以下	2000を超え4000以下
		許容差						
f	精級	±0.05	±0.05	±0.1	±0.15	±0.2	±0.3	±0.5	−
m	中級	±0.1	±0.1	±0.2	±0.3	±0.5	±0.8	±1.2	±2
c	粗級	±0.2	±0.3	±0.5	±0.8	±1.2	±2	±3	±4
v	極粗級	−	±0.5	±1	±1.5	±2.5	±4	±6	±8

注(1) 0.5mm未満の基準寸法に対しては、その基準寸法に続けて許容差を個々に指示する。

表 6.12　面取り部分の長さ寸法（かどの丸みおよびかどの面取寸法）
(JIS B 0405　単位：mm)

公差等級		基準寸法の区分		
記号	説明	0.5(1)以上3以下	3を超え6以下	6を超えるもの
		許容差		
f	精級	±0.2	±0.5	±1
m	中級			
c	粗級	±0.4	±1	±2
v	極粗級			

注(1) 0.5mm未満の基準寸法に対しては、その基準寸法に続けて許容差を個々に指示する。

表 6.13　角度寸法の許容差
(JIS B 0405　単位：mm)

公差等級		対象とする角度の短い方の辺の長さの区分			
記号	説明	10以下	10を超え50以下	50を超え120以下	120を超え400以下	400を超えるもの
		許容差				
f	精級	±1°	±30′	±20′	±10′	±5′
m	中級					
c	粗級	±1°30′	±1°	±30′	±15′	±10′
v	極粗級	±3°	±2°	±1°	±30′	±20′

6-9 公差

図 6.50 は，普通寸法公差の図面での指示について JIS での記入方法と SolidWorks の記入方法を示している。SolidWorks では，表題欄の中や付近に表や指示事項を明記しておくとよい。指示事項を明記する場合，普通公差の表を関係部署に配布しておくとよい。

JIS
○普通寸法公差の図面での指示：
　普通公差を使用する規格番号と公差等級を表題欄の中や付近に指示する。

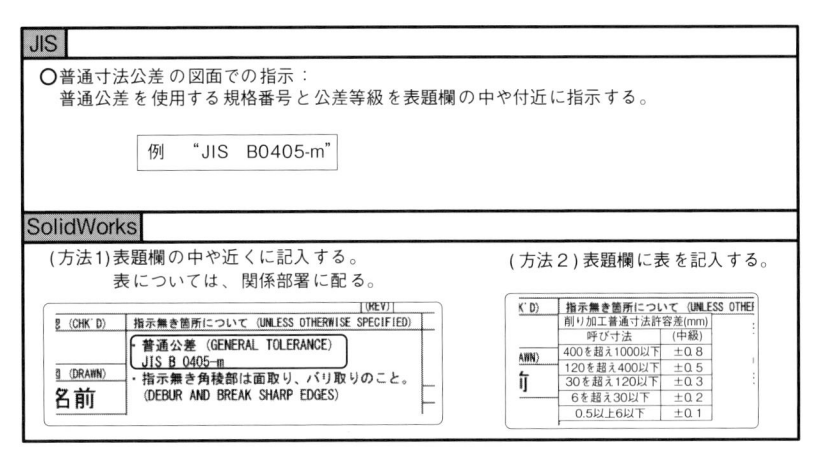

　　　例　"JIS B0405-m"

SolidWorks
(方法1)表題欄の中や近くに記入する。
　　表については，関係部署に配る。
　　・普通公差 (GENERAL TOLERANCE) JIS B 0405-m
　　・指示無き角稜部は面取り，バリ取りのこと。(DEBUR AND BREAK SHARP EDGES)

(方法2)表題欄に表を記入する。
指示無き箇所について (UNLESS OTHER...)
削り加工普通寸法許容差(mm)

呼び寸法	(中級)
400を超え1000以下	±0.8
120を超え400以下	±0.5
30を超え120以下	±0.3
6を超え30以下	±0.2
0.5以上6以下	±0.1

図 6.50　普通寸法公差の図面への指示について

■ 普通公差を指示する際の注意事項

・公差等級を選ぶ場合，それぞれの工場で得られる通常の加工精度を考慮すること（定期的にどのくらいの精度が出ているのか検査するとよい）。
・特別な場合を除いて，普通公差を満たさない工作物でも機能を損なわないかぎり，工作物を自動的に不採用にしないこと。
・次の寸法には普通公差は適用されない。
　― 普通公差についての別の規格（**表 6.14**）が適用される長さ寸法や角度寸法。
　― 括弧内に指示した参考寸法。
　― 長方形の枠内に指示した理論的に正しい寸法。

表 6.14　その他の普通公差について

規格番号	規格名称
JIS B0403	鋳造品－寸法公差方式及び削り代方式
JIS B0405	普通公差－第1部：個々に公差の指示がない長さ寸法及び角度寸法に対する公差
JIS B0408	金属プレス加工品の普通寸法公差
JIS B0410	金属板せん断加工品の普通公差
JIS B0411	金属焼結品普通許容差
JIS B0415	鋼の熱間型鍛造品公差（ハンマ及びプレス加工）
JIS B0416	鋼の熱間型鍛造品公差（アプセッタ加工）
JIS B0417	ガス切断加工鋼板普通許容差
JIS B0419	普通公差－第2部：個々に公差の指示がない形体に対する幾何公差

6-9-4 はめあい

■ はめあいについて

はめあいは，平行ピンやキーのような位置決めや，軸と軸受のような摺動部，歯車と軸のような固定などに用いられる。はめあわせる部分に厳しい公差を設定することで機能を実現している。

図6.51は，はめあいとはめあいの表（表6.18，6.19）の見方について示している。寸法数値の後に，寸法公差記号をつけて指示する。

> **一般の機械では，0.02より高精度のものは加工が難しいといわれている。また加工する機械の精度以上のものは加工できない。**

> **寸法公差記号について：**
> 寸法公差記号は公差域クラスともいう。公差域の位置を表すアルファベットと公差等級を表す数字で構成される。公差等級は，IT1〜IT18まであり，穴の公差域の位置は，A〜ZCまである。公差等級と公差域の位置の組み合わせで寸法許容差が与えられる。本書では常用するはめあいの表のみ載せている。

> **穴と軸について：**
> 穴と軸とは，円筒形体のみでなく，キーとキー溝の間のはめあいなどのような平行2平面をもつ形体にも適用する。

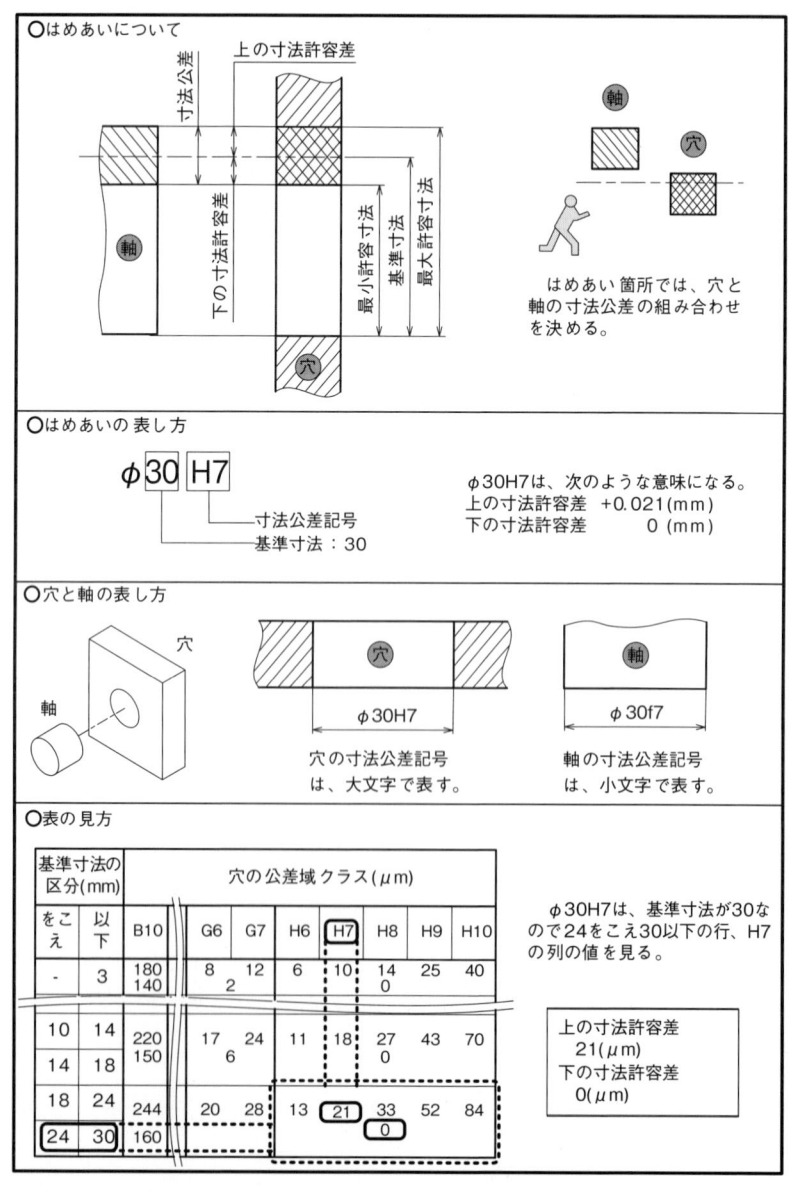

図6.51 はめあいの表し方とはめあいの表の見方ついて

図 6.52 は，寸法公差記号の図面での指示について JIS での記入法と SolidWorks での記入法を示している。よく使用する寸法公差や寸法公差記号は，わかりやすい名前をつけてお気に入りとして登録しておくとよい。

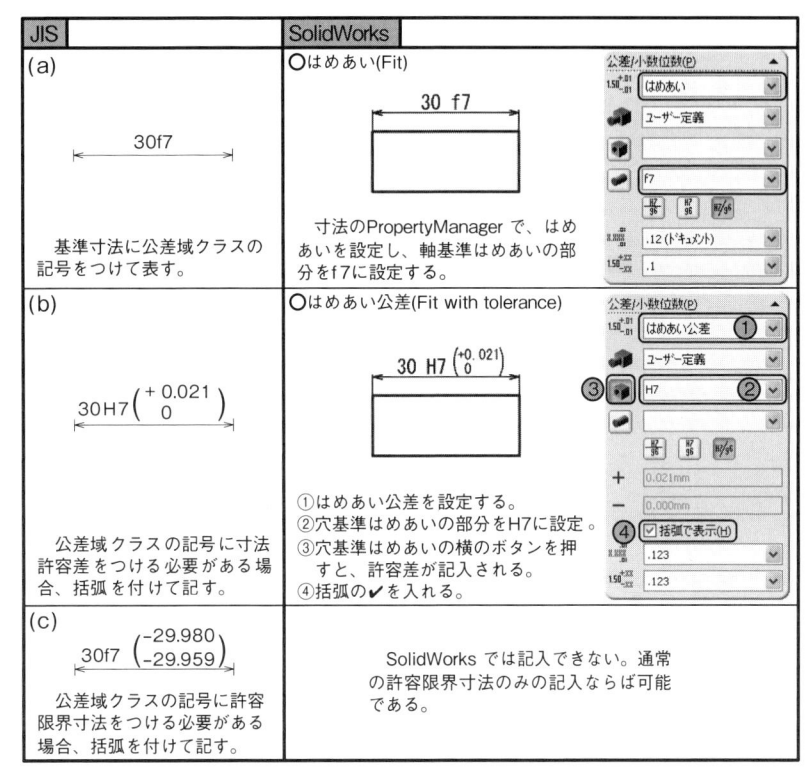

JIS	SolidWorks	
(a) 30f7 基準寸法に公差域クラスの記号をつけて表す。	○はめあい(Fit) 30 f7 寸法のPropertyManager で，はめあいを設定し，軸基準はめあいの部分をf7に設定する。	
(b) 30H7 (+0.021, 0) 公差域クラスの記号に寸法許容差をつける必要がある場合，括弧を付けて記す。	○はめあい公差(Fit with tolerance) 30 H7 (+0.021, 0) ①はめあい公差を設定する。 ②穴基準はめあいの部分をH7に設定。 ③穴基準はめあいの横のボタンを押すと，許容差が記入される。 ④括弧の✔を入れる。	
(c) 30f7 (-29.980, -29.959) 公差域クラスの記号に許容限界寸法をつける必要がある場合、括弧を付けて記す。	SolidWorks では記入できない。通常の許容限界寸法のみの記入ならば可能である。	

図 6.52 寸法公差記号の図面での指示について

はめあい方式には，穴基準はめあいと軸基準はめあいがある（図 6.53）。穴基準はめあいでは穴の公差域クラスを H，軸基準はめあいでは軸の公差域クラスを h に設定する。

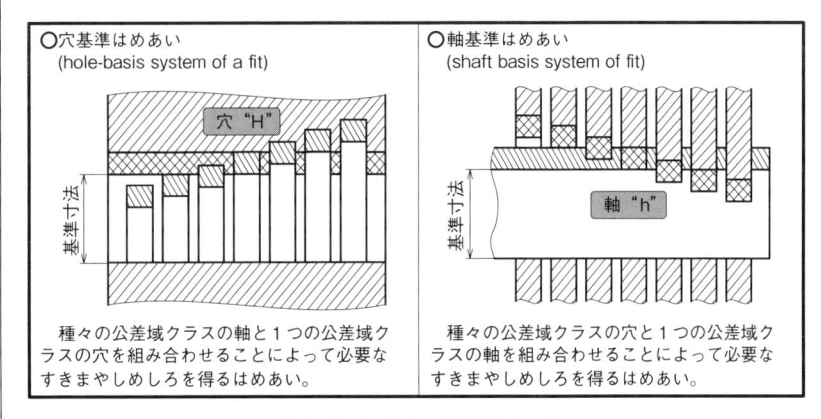

○穴基準はめあい
(hole-basis system of a fit)

穴 "H"

基準寸法

種々の公差域クラスの軸と1つの公差域クラスの穴を組み合わせることによって必要なすきまやしめしろを得るはめあい。

○軸基準はめあい
(shaft basis system of fit)

軸 "h"

基準寸法

種々の公差域クラスの穴と1つの公差域クラスの軸を組み合わせることによって必要なすきまやしめしろを得るはめあい。

図 6.53 はめあい方式について

第6章 図面について

　はめあいは，寸法公差を指定することで，はめあわせる部分に対してすきまやしめしろを設定し，機能を実現している。図6.54は，はめあいの種類と用語について説明している。

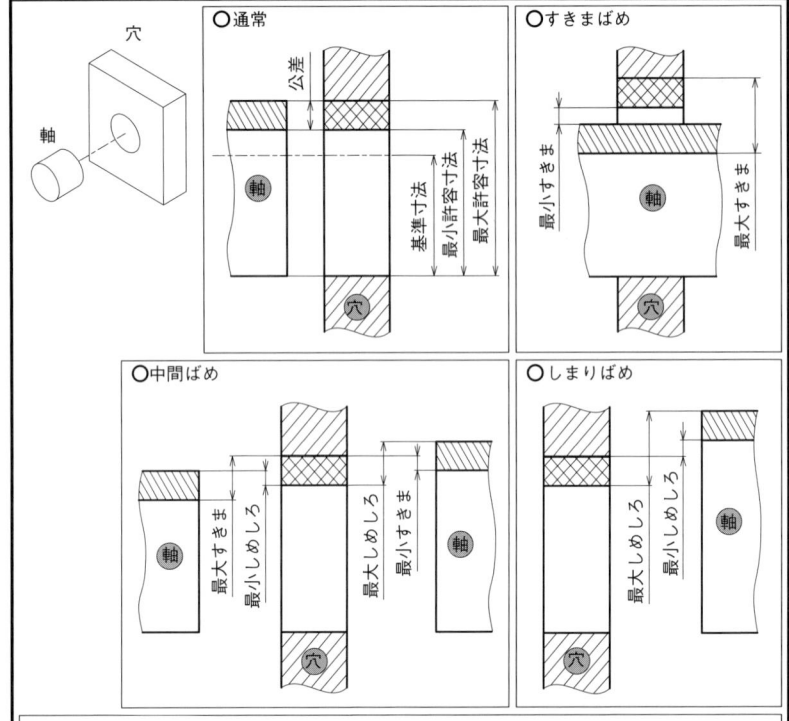

- 穴(hole)：
  円筒形でない形体も含め、加工物の内側形体を表現するのに使われる用語。

- 軸(shaft)：
  円筒形でない形体も含め、加工物の外側形体を表現するのに使われる用語。

- はめあい(fit)：
  組立て前の形体(穴と軸)の組立て前の寸法差から生じる関係。はまり合う2つの部品は同じ基準寸法をもつ。

- すきまばめ(clearance fit)：
  穴と軸を組み立てたときに、常にすきまができるはめあい(穴の最小寸法が軸の最大寸法より大きいか、極端な場合には等しい)。

- しまりばめ(interference fit)：
  穴と軸を組み立てたときに、常にしめしろができるはめあい(穴の最大寸法が軸の最小寸法より小さいか、極端な場合には等しい)。

- 中間ばめ(transition fit)：
  組み立てた穴と軸との間に、実寸法によってすきまやしめしろのどちらかができるはめあい(穴と軸との公差域が全体や部分的に重なり合う)。

- すきま(clearance)：
  軸の寸法が穴の寸法よりも小さい場合の組立て前の正の寸法差。

- 最小すきま(minimum clearance)：
  すきまばめにおいて、組立て前の穴の最小許容寸法と軸の最大許容寸法との正の寸法差。

- 最大すきま(maximum clearance)：
  すきまばめや中間ばめにおいて、組立て前の穴の最大許容寸法と軸の最小許容寸法との正の寸法差。

- しめしろ(interference)：
  軸の寸法が穴の寸法よりも大きい場合の組立て前の負の寸法差。

- 最小しめしろ(minimum interference)：
  しまりばめにおいて、組立て前の穴の最大許容寸法と軸の最小許容寸法との負の寸法差。

- 最大しめしろ(maximum interference)：
  しまりばめや中間ばめにおいて、組立て前の穴の最小許容寸法と軸の最大許容寸法との負の寸法差。

図6.54　はめあいの種類と用語について

6-9 公　差

一般的に穴基準方式が使用される。穴を加工するよりも軸を加工する方が加工がしやすいからである。

表 6.15 は，常用する軸基準はめあい，表 6.16 は，常用する穴基準はめあいをそれぞれ示している。

表 6.15　常用する穴基準はめあい

基準穴	軸の公差域クラス													
	すきまばめ						中間ばめ			しまりばめ				
H6					g5	h5	js5	k5	m5					
				f6	g6	h6	js6	k6	m6	n6*	p6*			
H7				f6	g6	h6	js6	k6	m6	n6*	p6*	r6	s6	t6	u6	x6
			e7	f7		h7	js7							
H8					f7		h7							
			e8	f8		h8								
		d9	e9											
H9			d8	e8		h8								
		c9	d9	e9		h9								
H10	b9	c9	d9											

(注意) *のはめあいは，寸法の区分によっては例外を生じる。

表 6.16　常用する軸基準はめあい

基準軸	穴の公差域クラス													
	すきまばめ						中間ばめ			しまりばめ				
h5						H6	JS6	K6	M6	N6*	P6*			
h6				F6	G6	H6	JS6	K6	M6	N6	P6*			
				F7	G7	H7	JS7	K7	M7	N7	P7*	R7	S7	T7	U7	X7
h7			E7	F7		H7								
				F8		H8								
h8			D8	E8	F8		H8							
			D9	E9			H9							
			D8	E8			H8							
h9		C9	D9	E9			H9							
	B10	C10	D10											

(注意) *のはめあいは、寸法の区分によっては例外を生じる。

表 6.17 は，常用する軸の寸法許容差，表 6.18 は，常用する穴の寸法許容差についてそれぞれ示している。

第6章 図面について

表6.17 常用する軸の寸法許容差

軸の公差域クラス(μm)の大きな表のため、以下に主要な内容を記載する。

基準寸法の区分(mm) をこえ〜以下	b9	c9	d8	d9	e7	e8	e9	f6	f7	f8	g5	g6	h5	h6	h7	h8	h9	js5	js6	js7	k5	k6	m5	m6	n6	p6	r6	s6	t6	u6	x6
− 〜 3	−140/−165	−60/−85	−20/−34	−20/−45	−14/−24	−14/−28	−14/−39	−6/−12	−6/−16	−6/−20	−2/−6	−2/−8	−4	−6	0/−10	0/−14	0/−25	±2	±3	±5	4/0	6/0	6/2	8/2	10/4	12/6	16/10	20/14	−	24/18	26/20
3 〜 6	−140/−170	−70/−100	−30/−48	−30/−60	−20/−32	−20/−38	−20/−50	−10/−18	−10/−22	−10/−28	−4/−9	−4/−12	−5	−8	0/−12	0/−18	0/−30	±2.5	±4	±6	6/1	9/1	9/4	12/4	16/8	20/12	23/15	27/19	−	31/23	36/28
6 〜 10	−150/−186	−80/−116	−40/−62	−40/−76	−25/−40	−25/−47	−25/−61	−13/−22	−13/−28	−13/−35	−5/−11	−5/−14	−6	−9	0/−15	0/−22	0/−36	±3	±4.5	±7.5	7/1	10/1	12/6	15/6	19/10	24/15	28/19	32/23	−	37/28	43/34
10 〜 14	−150/−193	−95/−138	−50/−77	−50/−93	−32/−50	−32/−59	−32/−75	−16/−27	−16/−34	−16/−43	−6/−14	−6/−17	−8	−11	0/−18	0/−27	0/−43	±4	±5.5	±9	9/1	12/1	15/7	18/7	23/12	29/18	34/23	39/28	−	44/33	51/40
14 〜 18																															56/45
18 〜 24	−160/−212	−110/−162	−65/−98	−65/−117	−40/−61	−40/−73	−40/−92	−20/−33	−20/−41	−20/−53	−7/−16	−7/−20	−9	−13	0/−21	0/−33	0/−52	±4.5	±6.5	±10.5	11/2	15/2	17/8	21/8	28/15	35/22	41/28	48/35	−	54/41	67/54
24 〜 30																													54/41	61/48	77/64
30 〜 40	−170/−232	−120/−182	−80/−119	−80/−142	−50/−75	−50/−89	−50/−112	−25/−41	−25/−50	−25/−64	−9/−20	−9/−25	−11	−16	0/−25	0/−39	0/−62	±5.5	±8	±12.5	13/2	18/2	20/9	25/9	33/17	42/26	50/34	59/43	64/48	76/60	−
40 〜 50	−180/−242	−130/−192																											70/54	86/70	
50 〜 65	−190/−264	−140/−214	−100/−146	−100/−174	−60/−90	−60/−106	−60/−134	−30/−49	−30/−60	−30/−76	−10/−23	−10/−29	−13	−19	0/−30	0/−46	0/−74	±6.5	±9.5	±15	15/2	21/2	24/11	30/11	39/20	51/32	60/41	72/53	85/66	106/87	−
65 〜 80	−200/−274	−150/−224																									62/43	78/59	94/75	121/102	
80 〜100	−220/−307	−170/−257	−120/−174	−120/−207	−72/−107	−72/−126	−72/−159	−36/−58	−36/−71	−36/−90	−12/−27	−12/−34	−15	−22	0/−35	0/−54	0/−87	±7.5	±11	±17.5	18/3	25/3	28/13	35/13	45/23	59/37	73/51	93/71	113/91	146/124	−
100〜120	−240/−327	−180/−267																									76/54	101/79	126/104	166/144	
120〜140	−260/−360	−200/−300	−145/−208	−145/−245	−85/−125	−85/−148	−85/−185	−43/−68	−43/−83	−43/−106	−14/−32	−14/−39	−18	−25	0/−40	0/−63	0/−100	±9	±12.5	±20	21/3	28/3	33/15	40/15	52/27	68/43	88/63	117/92	147/122	−	−
140〜160	−280/−380	−210/−310																									90/65	125/100	159/134		
160〜180	−310/−410	−230/−330																									93/68	133/108	171/146		
180〜200	−340/−455	−240/−355	−170/−242	−170/−285	−100/−146	−100/−172	−100/−215	−50/−79	−50/−96	−50/−122	−15/−35	−15/−44	−20	−29	0/−46	0/−72	0/−115	±10	±14.5	±23	24/4	33/4	37/17	46/17	60/31	79/50	106/77	151/122	−	−	−
200〜225	−380/−495	−260/−375																									109/80	159/130			
225〜250	−420/−535	−280/−395																									113/84	169/140			
250〜280	−480/−610	−300/−430	−190/−271	−190/−320	−110/−162	−110/−191	−110/−240	−56/−88	−56/−108	−56/−137	−17/−40	−17/−49	−23	−32	0/−52	0/−81	0/−130	±11.5	±16	±26	27/4	36/4	43/20	52/20	66/34	88/56	126/94	−	−	−	−
280〜315	−540/−670	−330/−460																									130/98				
315〜355	−600/−740	−360/−500	−210/−299	−210/−350	−125/−182	−125/−214	−125/−265	−62/−98	−62/−119	−62/−151	−18/−43	−18/−54	−25	−36	0/−57	0/−89	0/−140	±12.5	±18	±28.5	29/4	40/4	46/21	57/21	73/37	98/62	144/108	−	−	−	−
355〜400	−680/−820	−400/−540																									150/114				
400〜450	−760/−915	−440/−595	−230/−327	−230/−385	−135/−198	−135/−232	−135/−290	−68/−108	−68/−131	−68/−165	−20/−47	−20/−60	−27	−40	0/−63	0/−97	0/−155	±13.5	±20	±31.5	32/5	45/5	50/23	63/23	80/40	108/68	166/126	−	−	−	−
450〜500	−840/−995	−480/−635																									172/132				

備考 表中の各段で、上側の数値は上の寸法許容差、下側の数値は下の寸法許容差を示す。

6-9 公　　差

表 6.18　常用する穴の寸法許容差

穴の公差域クラス (μm)

基準寸法の区分(mm) を こえ	以下	B10	C9	C10	D8	D9	D10	E7	E8	E9	F6	F7	F8	G6	G7	H6	H7	H8	H9	H10	JS6	JS7	K6	K7	M6	M7	N6	N7	P6	P7	R7	S7	T7	U7	X7
−	3	180/140	85/60	100/60	34/20	45/20	60/20	24/14	28/14	39/14	12/6	16/6	20/6	8/2	12/2	6/0	10/0	14/0	25/0	40/0	±3	±5	0/−6	0/−10	−2/−8	−2/−12	−4/−10	−4/−14	−6/−12	−6/−16	−10/−20	−14/−24	−	−18/−28	−20/−30
3	6	188/140	100/70	118/70	48/30	60/30	78/30	32/20	38/20	50/20	18/10	22/10	28/10	12/4	16/4	8/0	12/0	18/0	30/0	48/0	±4	±6	2/−6	3/−9	−1/−9	0/−12	−5/−13	−4/−16	−9/−17	−8/−20	−11/−23	−15/−27	−	−19/−31	−24/−36
6	10	208/150	116/80	138/80	62/40	76/40	98/40	40/25	47/25	61/25	22/13	28/13	35/13	14/5	20/5	9/0	15/0	22/0	36/0	58/0	±4.5	±7.5	2/−7	5/−10	−3/−12	0/−15	−7/−16	−4/−19	−12/−21	−9/−24	−13/−28	−17/−32	−	−22/−37	−28/−43
10	14	220/150	138/95	165/95	77/50	93/50	120/50	50/32	59/32	75/32	27/16	34/16	43/16	17/6	24/6	11/0	18/0	27/0	43/0	70/0	±5.5	±9	2/−9	6/−12	−4/−15	0/−18	−9/−20	−5/−23	−15/−26	−11/−29	−16/−34	−21/−39	−	−26/−44	−33/−51
14	18																																		−38/−56
18	24	244/160	162/110	194/110	98/65	117/65	149/65	61/40	73/40	92/40	33/20	41/20	53/20	20/7	28/7	13/0	21/0	33/0	52/0	84/0	±6.5	±10.5	2/−11	6/−15	−4/−17	0/−21	−11/−24	−7/−28	−18/−31	−14/−35	−20/−41	−27/−48	−	−33/−54	−46/−67
24	30																																−33/−54	−40/−61	−56/−77
30	40	270/170	182/120	220/120	119/80	142/80	180/80	75/50	89/50	112/50	41/25	50/25	64/25	25/9	34/9	16/0	25/0	39/0	62/0	100/0	±8	±12.5	3/−13	7/−18	−4/−20	0/−25	−12/−28	−8/−33	−21/−37	−17/−42	−25/−50	−34/−59	−39/−64	−51/−76	−
40	50	280/180	192/130	230/130																													−45/−70	−61/−86	−
50	65	310/190	214/140	260/140	146/100	174/100	220/100	90/60	106/60	134/60	49/30	60/30	76/30	29/10	40/10	19/0	30/0	46/0	74/0	120/0	±9.5	±15	4/−15	9/−21	−5/−24	0/−30	−14/−33	−9/−39	−26/−41	−21/−51	−30/−60	−42/−72	−55/−85	−76/−106	−
65	80	320/200	224/150	270/150																											−32/−62		−48/−78	−64/−94	−91/−121	−
80	100	360/220	257/170	310/170	174/120	207/120	260/120	107/72	126/72	159/72	58/36	71/36	90/36	34/12	47/12	22/0	35/0	54/0	87/0	140/0	±11	±17.5	4/−18	10/−25	−6/−28	0/−35	−16/−38	−10/−45	−30/−52	−24/−59	−38/−73	−58/−93	−78/−113	−111/−146	−
100	120	380/240	267/180	320/180																											−41/−76	−66/−101	−91/−126	−131/−166	−
120	140	420/260	300/200	360/200	208/145	245/145	305/145	125/85	148/85	185/85	68/43	83/43	106/43	39/14	54/14	25/0	40/0	63/0	100/0	160/0	±12.5	±20	4/−21	12/−28	−8/−33	0/−40	−20/−45	−12/−52	−36/−61	−28/−68	−48/−83	−77/−117	−107/−147	−	−
140	160	440/280	310/210	370/210																											−50/−90	−85/−125	−119/−159	−	−
160	180	470/310	330/230	390/230																											−53/−93	−93/−133	−131/−171	−	−
180	200	525/340	355/240	425/240	242/170	285/170	355/170	146/100	172/100	215/100	79/50	96/50	122/50	44/15	61/15	29/0	46/0	72/0	115/0	185/0	±14.5	±23	5/−24	13/−33	−8/−37	0/−46	−22/−51	−14/−60	−41/−70	−33/−79	−60/−106	−105/−151	−	−	−
200	225	565/380	375/260	445/260																											−63/−109	−113/−159	−	−	−
225	250	605/420	395/280	465/280																											−67/−113	−123/−169	−	−	−
250	280	690/480	430/300	510/300	271/190	320/190	400/190	162/110	191/110	240/110	88/56	108/56	137/56	49/17	69/17	32/0	52/0	81/0	130/0	210/0	±16	±26	5/−27	16/−36	−9/−41	0/−52	−25/−57	−14/−66	−47/−79	−36/−88	−74/−126	−	−	−	−
280	315	750/540	460/330	540/330																											−78/−130	−	−	−	−
315	355	830/600	500/360	590/360	299/210	350/210	440/210	182/125	214/125	265/125	98/62	119/62	151/62	54/18	75/18	36/0	57/0	89/0	140/0	230/0	±18	±28.5	7/−29	17/−40	−10/−46	0/−57	−26/−62	−16/−73	−51/−87	−41/−98	−87/−144	−	−	−	−
355	400	910/680	540/400	630/400																											−93/−150	−	−	−	−
400	450	1010/760	595/440	690/440	327/230	385/230	480/230	198/135	232/135	290/135	108/68	131/68	165/68	60/20	83/20	40/0	63/0	97/0	155/0	250/0	±20	±31.5	8/−32	18/−45	−10/−50	0/−63	−27/−67	−17/−80	−55/−95	−45/−108	−103/−166	−	−	−	−
450	500	1090/840	635/480	730/480																											−109/−172	−	−	−	−

備考　表中の各段で、上側の数値は上の寸法許容差、下側の数値は下の寸法許容差を示す。

6-9-5 表面性状

■ 表面性状について

機械加工後の表面の状態は，3次元モデルや図面に示した線のように均一な面ではなく，凹凸がある．図面では，この凹凸の許容範囲，必要があれば対象面の加工法や機械加工の筋目の方向を指示しなければならない．

表面性状の指示は，粗さ曲線から求められる算術平均高さ (Ra) が多く用いられる．一方，粗さ曲線から求められる最大高さ (Rz) は，耐圧密封が必要な箇所など深い傷が許されない場所に用いられる．図 6.55 は，粗さ曲線の抽出について，図 6.56 は，算術平均高さ (Ra) と最大高さ (Rz) について示している．Ra や Rz は，粗さ曲線からその平均線の方向に基準長さ ℓr を抜き取り，抜き取り部分の平均線の方向に x 軸，縦倍率の方向に y 軸を取って求める．

> **表面性状について：**
> 表面性状には，Ra, Rz 以外にも多くのパラメータが規定されている．
> 表面性状に関する事項が改正される背景には，測定器の進化やその他の技術の発展，国際規格との整合性が挙げられる．
> 用いられるパラメータや指示の仕方は，それぞれの会社や工場，対象とする製品や求められる品質によって異なる．

> **λs 輪郭曲線フィルタ：**
> 粗さ成分とそれより短い波長成分との境界を定義するフィルタ．

> **λc 輪郭曲線フィルタ：**
> 粗さ成分とうねり成分との境界を定義するフィルタ．

> **λf 輪郭曲線フィルタ：**
> うねり成分とそれより長い波長成分との境界を定義するフィルタ．

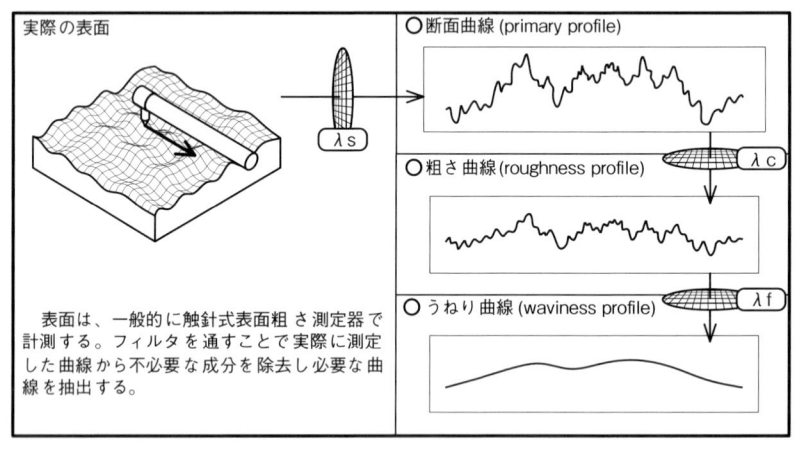

図 6.55 粗さ曲線の抽出について

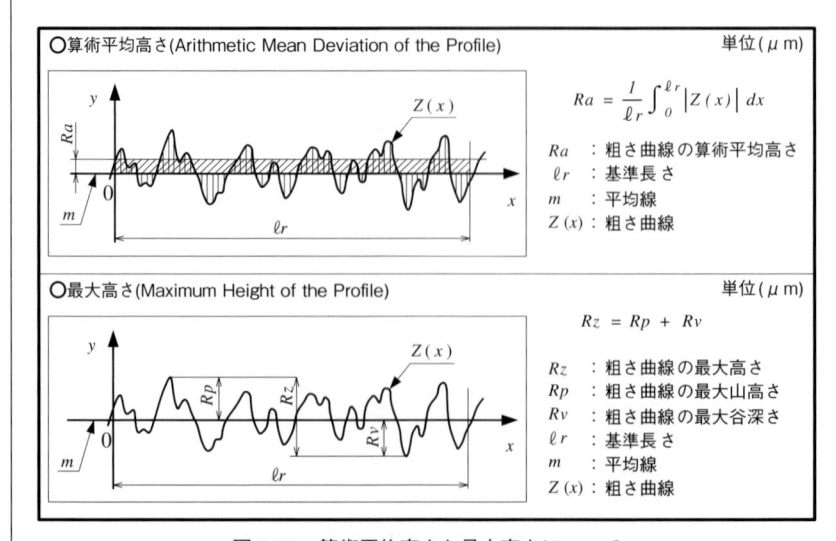

○算術平均高さ (Arithmetic Mean Deviation of the Profile) 　 単位 (μm)

$$Ra = \frac{1}{\ell r}\int_0^{\ell r} |Z(x)|\,dx$$

- Ra : 粗さ曲線の算術平均高さ
- ℓr : 基準長さ
- m : 平均線
- $Z(x)$: 粗さ曲線

○最大高さ (Maximum Height of the Profile) 　 単位 (μm)

$$Rz = Rp + Rv$$

- Rz : 粗さ曲線の最大高さ
- Rp : 粗さ曲線の最大山高さ
- Rv : 粗さ曲線の最大谷深さ
- ℓr : 基準長さ
- m : 平均線
- $Z(x)$: 粗さ曲線

図 6.56 算術平均高さと最大高さについて

表面性状の図示記号について

図6.57は，JISにおける表面性状の図示記号とSolidWorksでのコマンド並びに入力箇所について示している。

図示記号について：
除去加工をしない場合や，除去加工の有無を問わないと指示すると，鋼材，鋳造・鍛造素材（粗材）などの表面の状態でよいという指示になる。実物を見るのが一番である。一般に機械加工前の表面は，黒皮と呼ばれる。

本書では，除去加工をする場合の加工方法の記号や筋目とその方向の記号が，全て記入された例は省略しているので他書を参考にするとよい。

旧JIS記号について：
実際には，旧JIS記号を使用している会社も多い。記入がしやすいので作図に時間がかからない。旧JIS記号でも，設計で必要な機能が満たされ，その情報が明確に伝わり製作されれば実際は問題ないためである。( )内の呼び方で呼ばれ，使用されることが多い。
・〜（クロカワ）
　素材面のまま
・▽（イッパツ）
　一度削った表面，
　どうでもいい面
・▽▽（ニハツ）
　一般的なあわせ面
・▽▽▽（サンパツ）
　はめあい，摺動面，
・▽▽▽▽
　超精密な面

十点平均粗さについて：
ISO，JISともに現在は，削除されている。日本では，以前から広く使用されてきたパラメータのため参考としてJISの付属書に残されている。

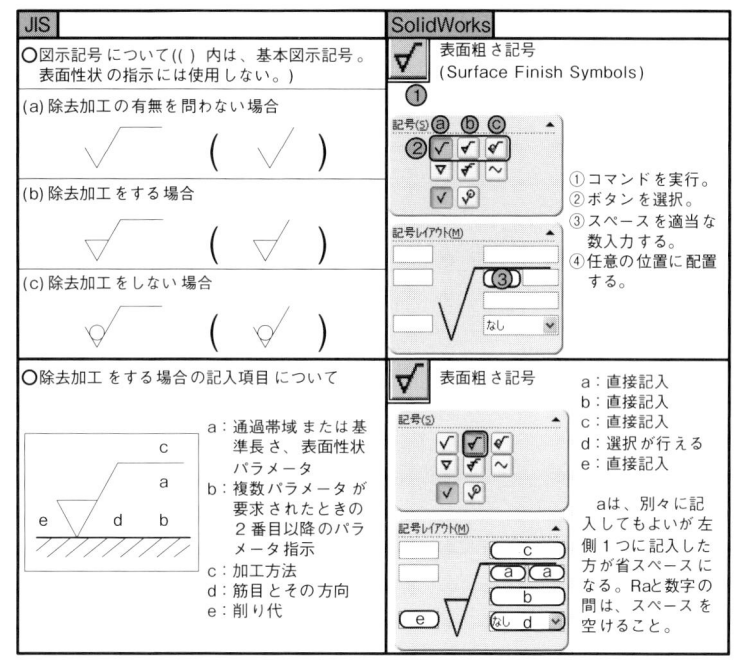

図6.57　表面性状の図示記号について

表6.19は，一般的に使用される標準数列と現在のJIS記号並びに旧JIS記号について示している。Ra，Rz，Rzjisの数値の対応を示したが厳密なものではない。

表6.19　表面性状の図示記号の例

単位(μm)

Ra : 算術平均高さ			Rz(旧Ry) :最大高さ			Rzjis (旧Rz) :十点平均粗さ	
標準数列	図示記号		標準数列	図示記号		標準数列	図示記号
	現JIS	旧JIS		現JIS	旧JIS		旧JIS
0.05			0.2			0.2	
0.1	Ra 0.05	0.05	0.4	Rz 0.05	0.2s	0.4	0.2z
0.2			0.8			0.8	
0.4			1.6			1.6	
0.8	≀	≀	3.2	≀	≀	3.2	≀
1.6			6.3			6.3	
3.2			12.5			12.5	
6.3			25			25	
12.5	Ra 25	25	50	Rz 25	100s	50	100z
25			100			100	
	√	√		√	√		√

■ 表面性状の記入方法

図 6.58 は，JIS における表面性状の記入方法について示している。

表面性状は，実際の外形線の外側に指示する。外形線の内側には指示しないこと。

(a) 外形線、引出線、引出補助線に指示する場合

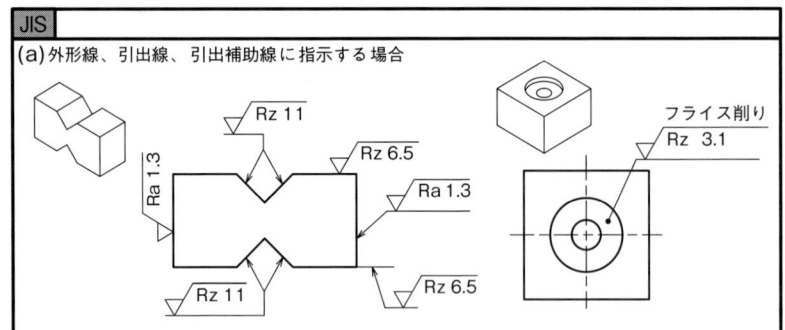

図面の下辺か右辺から読めるように指示する。対象面に接するか、対象面に矢印で接する引出線につながった引出補助線に指示する。

引出補助線が適用できない場合、引出線に接するように指示する。引出線は、部品の実体の外側から、表面を表す外形線または外形線の延長線に接するように指示する。

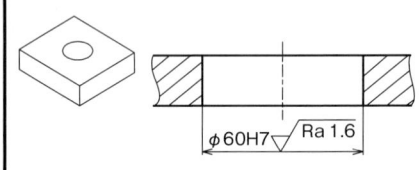

(b) 寸法線に指示する場合

誤った解釈がされるおそれがない場合、寸法に並べて指示してもよい。

(c) 幾何公差の公差記入枠に指示する場合

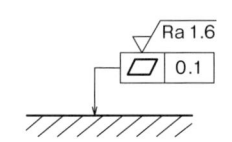

誤った解釈がされるおそれがない場合、幾何公差の公差記入枠の上側につけてもよい。

(d) 寸法補助線に指示する場合

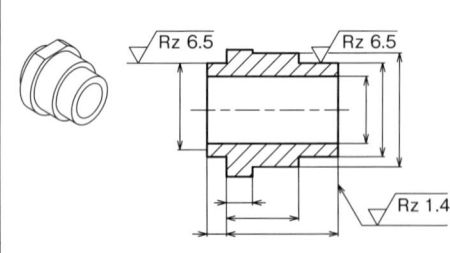

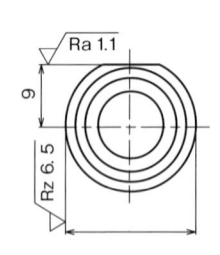

寸法補助線に接するか、矢印で接する引出線につながった引出補助線に接するように指示する。引出補助線が適用できない場合、引出線に接するように指示してよい。

(e) 大部分が同じ表面性状である場合

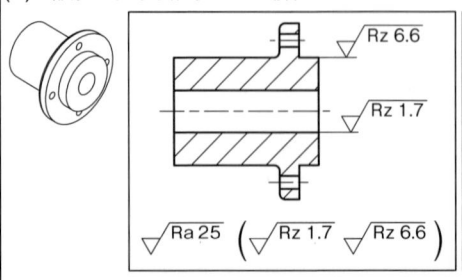

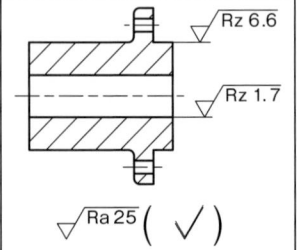

主投影図の傍らに置き、部分的に異なる要求事項を括弧で囲んで指示するか、主投影図の傍らに置き、何もつけない基本図示記号を括弧で囲んで指示する。

図 6.58　表面性状の記入方法

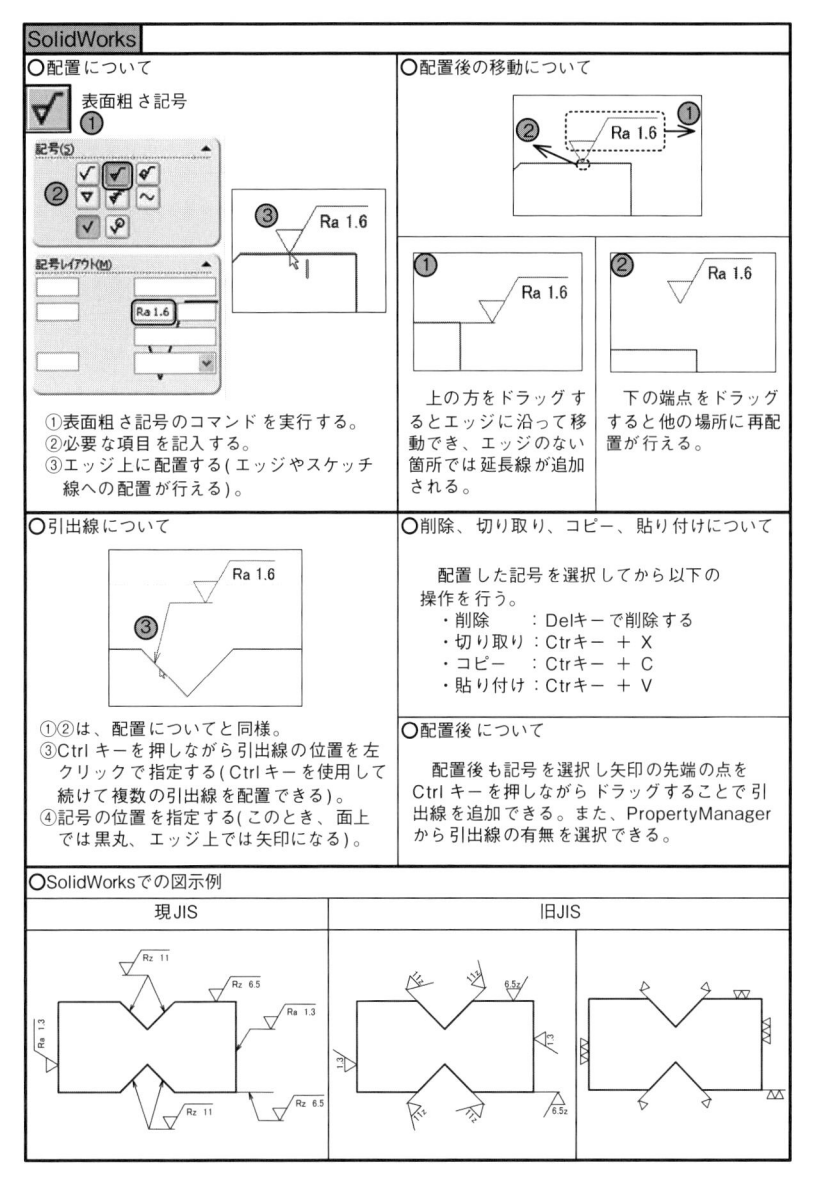

6-9 公差

■ SolidWorks での表面性状の記入方法

図 6.59 は，SolidWorks における表面性状の記入方法について示している。

エッジを選択してコマンドを実行すると選択したエッジに配置できる。これは，注記，幾何公差，データムでも同様である。

SolidWorks	
○配置について ①表面粗さ記号のコマンドを実行する。 ②必要な項目を記入する。 ③エッジ上に配置する(エッジやスケッチ線への配置が行える)。	○配置後の移動について 上の方をドラッグするとエッジに沿って移動でき、エッジのない箇所では延長線が追加される。 下の端点をドラッグすると他の場所に再配置が行える。
○引出線について ①②は、配置についてと同様。 ③Ctrlキーを押しながら引出線の位置を左クリックで指定する(Ctrlキーを使用して続けて複数の引出線を配置できる)。 ④記号の位置を指定する(このとき、面上では黒丸、エッジ上では矢印になる)。	○削除、切り取り、コピー、貼り付けについて 配置した記号を選択してから以下の操作を行う。 ・削除　　：Delキーで削除する ・切り取り：Ctrlキー＋X ・コピー　：Ctrlキー＋C ・貼り付け：Ctrlキー＋V ○配置後について 配置後も記号を選択し矢印の先端の点をCtrlキーを押しながらドラッグすることで引出線を追加できる。また、PropertyManagerから引出線の有無を選択できる。
○SolidWorksでの図示例	
現JIS	旧JIS

図 6.59　SolidWorks での表面性状の記入方法

6-9-6 幾何公差

■幾何公差について

図 6.60 に示すように,寸法公差が 2 点間の距離の許容差を指示するのに対し,幾何公差は,幾何学的に正しい形状(例は円筒)や姿勢,位置,振れの許容差を指示する。

> **形体 (feature)：**
> 幾何公差の対象となる点,線,軸線,面,中心面。

> **独立の原則：**
> 図面上に個々に指示した寸法および幾何特性に対する要求事項は,それらの間に特別な関係が指定されない限り,独立に適用する。何も関係が指定されていない場合は,幾何公差は形体の寸法に無関係に適用し,幾何公差と寸法公差は関係ないものとして扱う。
> 特別な相互関係をもたせて指示する方法が「包括の条件」や「最大実体公差方式」になる。

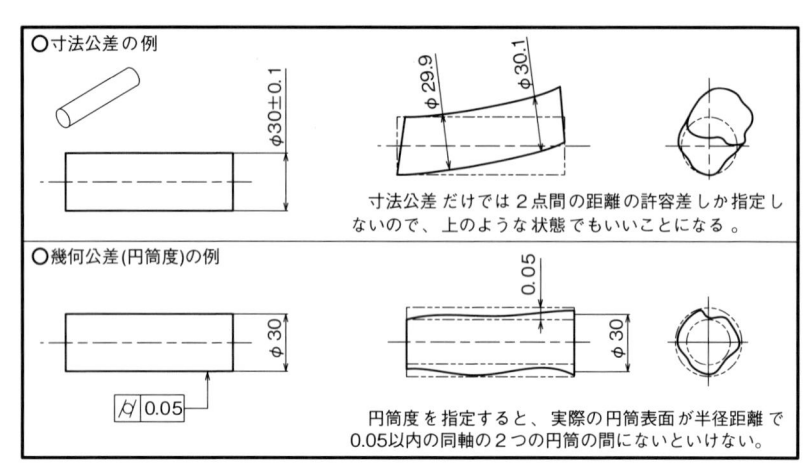

○寸法公差の例
φ30±0.1
φ29.9 φ30.1
寸法公差だけでは 2 点間の距離の許容差しか指定しないので、上のような状態でもいいことになる。

○幾何公差(円筒度)の例
φ30
0.05
φ30
円筒度を指定すると、実際の円筒表面が半径距離で 0.05 以内の同軸の 2 つの円筒の間にないといけない。

図 6.60　寸法公差と幾何公差について

図 6.61 は,単独形体と関連形体についての幾何公差の指示について示している。データムという理論的に正確な幾何学的基準と関連させて幾何公差を指示するものを関連形体への指示といい,データムを指定せずに単独で幾何公差を指示できるものを単独形体への指示という。

○単独形体への幾何公差の指示
0.08
データムを指定せずに、幾何公差を指定できる。

○関連形体への幾何公差の指示
// 0.01 A
A
データムを指定して幾何公差を指定する。

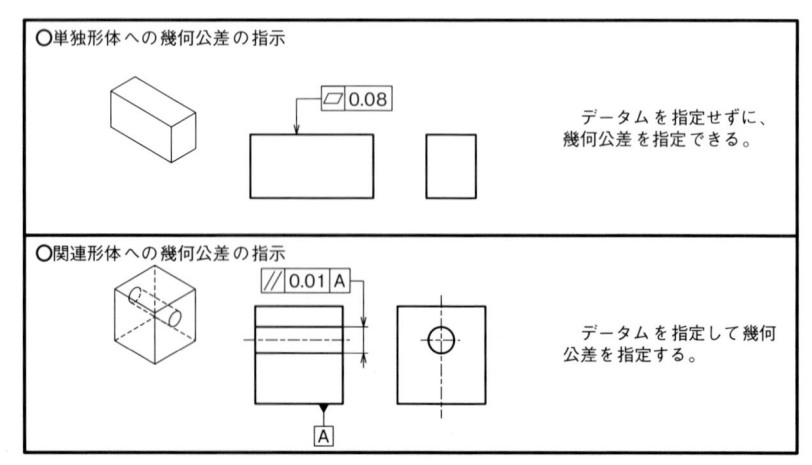

図 6.61　単独形体と関連形体について

幾何公差の種類と記号について

表 6.20 は，幾何公差の種類と記号について示している。幾何公差は，形状，姿勢，位置，振れの 4 種類に対して 19 の特性がある。

表 6.20 幾何公差の種類と記号について

種類	幾何公差の種類	記号	データム指示
形状公差	真直度公差	―	否
	平面度公差	▱	
	真円度公差	○	
	円筒度公差	⌭	
	線の輪郭度公差	⌒	
	面の輪郭度公差	⌓	
姿勢公差	平行度公差	∥	要
	直角度公差	⊥	
	傾斜度公差	∠	
	線の輪郭度公差	⌒	
	面の輪郭度公差	⌓	
位置公差	位置度公差	⊕	要・否
	同心度公差(中心点に対して)	◎	要
	同軸度公差(軸線に対して)	◎	
	対称度公差	≡	
	線の輪郭度公差	⌒	
	面の輪郭度公差	⌓	
振れ公差	円周振れ公差	↗	要
	全振れ公差	↗↗	

表 6.21 は，幾何公差の付加記号について示している。

表 6.21 付加記号について

説明	記号	説明	記号
公差付き形体指示		データムターゲット記入枠	φ2/A1
データム指示	A	データムターゲットが点のとき	X
突出公差域	Ⓟ	データムターゲットが線のとき	X—X
最大実体公差方式	Ⓜ	データムターゲットが円のとき	⊘ ⊘
最小実体公差方式	Ⓛ		
自由状態(非剛性部品)	Ⓕ	データムターゲットが長方形のとき	▨ ▨
全周(輪郭度)			
包括の条件	Ⓔ		
共通公差域	CZ		

参考 P,M,L,F,E,CZ以外の記号は一例を示す。

本書では，幾何公差で次の項目を説明していないので必要な場合は，加工方法や検査方法も含め，他書やJISを参考にしてほしい。
・包括の条件
・最大実体公差方式
・最小実体公差方式
・突出公差域
・自由状態（非剛性部品）
・データムターゲットの指示方法

データム指示について：
三角は塗りつぶしても塗りつぶさなくてもよいが，一般的に塗りつぶした方がみやすい。文字は，規定されていないが全て下方向から読めるように書く。

データムターゲットの領域：
原則として二点鎖線で囲み，ハッチングを施す。図示が困難な場合は，細い実線でもよい。

第6章 図面について

■ 公差記入枠，公差付き形体の指示ついて

図 6.62 は，JIS における公差記入枠と公差付き形体の指示について示している。

> **公差付き形体 (toleranced feature)：**
> 幾何公差によって規制された形体。

JIS

○公差記入枠の記入について

(a) 記入順序について

```
─ 0.1
    └─ 公差値
  └─ 幾何公差の記号
```

・円筒形や円の場合
⌖ φ0.1

・球の場合
⌖ Sφ0.1

// 0.1 A
        └─ データム

⌖ φ0.1 A C B
              └─ データム系

① 幾何公差の記号
② 公差値。適用する形体に合わせて φ や Sφ を公差値の前につける。
③ 必要ならばデータムやデータム系を示す文字記号をつける。

(b) 複数の形体に適用する場合

6×   6× φ12-0.02/0
▱ 0.2   ⌖ φ0.1

「×」を用いて形体の数を公差記入枠の上側に示す。

(c) 公差域内にある形体の形状の品質を指示する場合

▱ 0.1
中高を許さない

公差記入枠の付近に書く。

(d) 1つの形体に複数の公差を指定する場合

─ 0.01
// 0.06 B

公差記入枠の下側につけて示す。公差には矛盾がないようにすること。

○公差付き形体の指示について

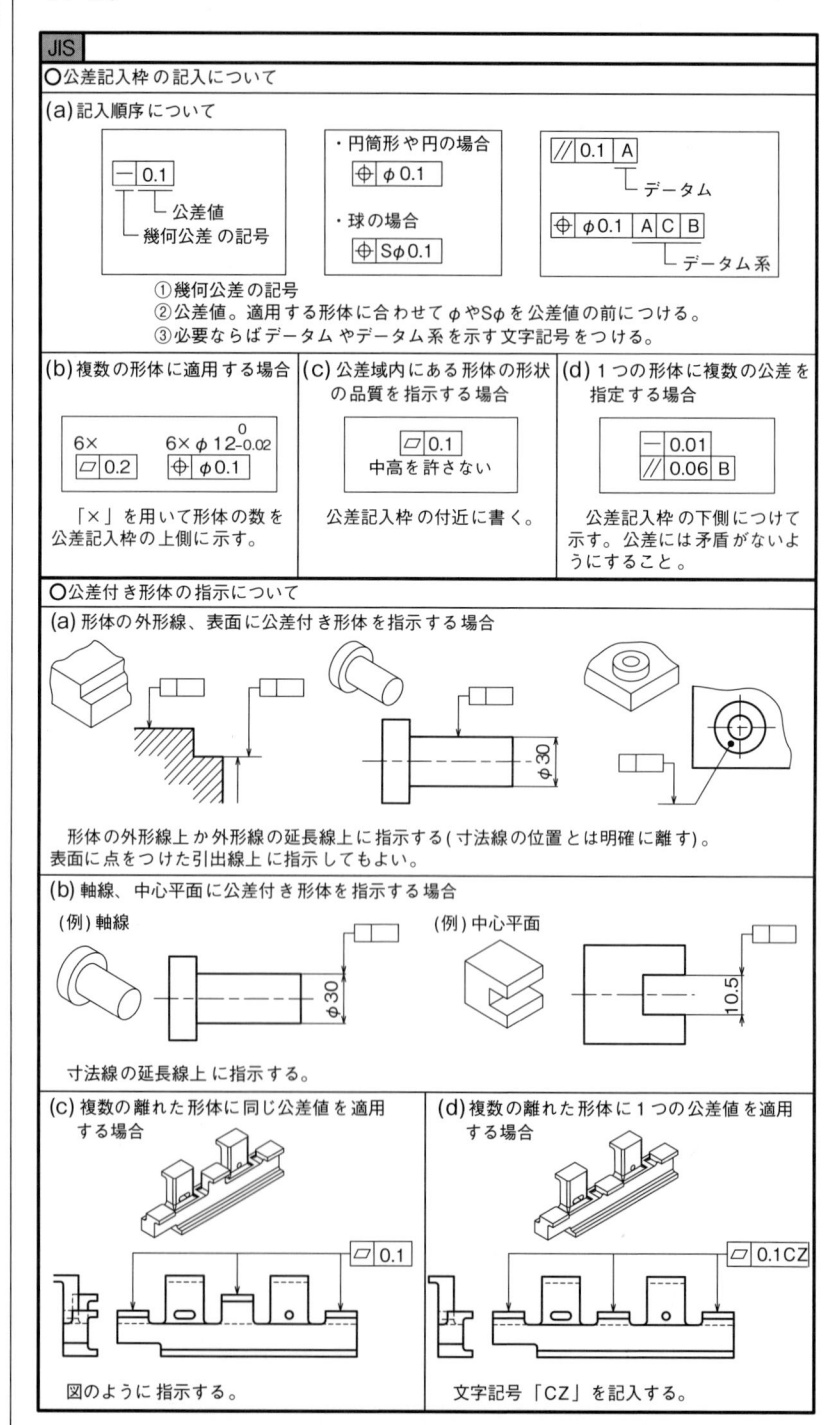

(a) 形体の外形線、表面に公差付き形体を指示する場合

形体の外形線上か外形線の延長線上に指示する（寸法線の位置とは明確に離す）。表面に点をつけた引出線上に指示してもよい。

(b) 軸線、中心平面に公差付き形体を指示する場合

(例) 軸線   (例) 中心平面

寸法線の延長線上に指示する。

(c) 複数の離れた形体に同じ公差値を適用する場合

▱ 0.1

図のように指示する。

(d) 複数の離れた形体に1つの公差値を適用する場合

▱ 0.1CZ

文字記号「CZ」を記入する。

図 6.62 公差記入枠と公差付き形体の指示ついて

6-9 公　　差

　図 6.63 は，SolidWorks における公差記入枠と公差付き形体の指示ついて示している。

```
SolidWorks
幾何公差（Geometric Tolerance）
①
```

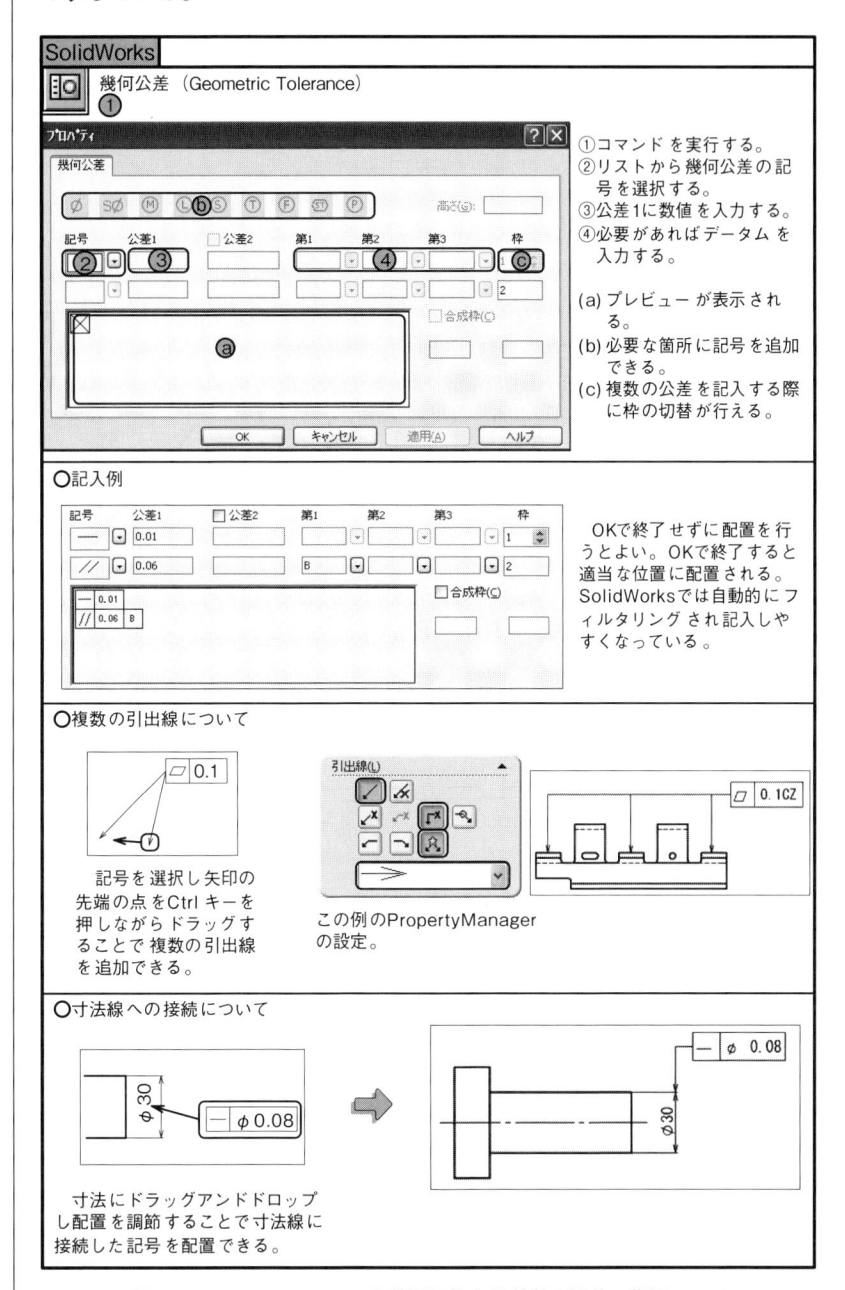

①コマンドを実行する。
②リストから幾何公差の記号を選択する。
③公差1に数値を入力する。
④必要があればデータムを入力する。

(a) プレビューが表示される。
(b) 必要な箇所に記号を追加できる。
(c) 複数の公差を記入する際に枠の切替が行える。

○記入例

　OKで終了せずに配置を行うとよい。OKで終了すると適当な位置に配置される。SolidWorksでは自動的にフィルタリングされ記入しやすくなっている。

○複数の引出線について

　記号を選択し矢印の先端の点をCtrlキーを押しながらドラッグすることで複数の引出線を追加できる。

この例のPropertyManagerの設定。

○寸法線への接続について

　寸法にドラッグアンドドロップし配置を調節することで寸法線に接続した記号を配置できる。

図 6.63　SolidWorks での公差記入枠と公差付き形体の指示ついて

■ データムについて

図 6.64 は，データムとデータムに関する用語について示している。

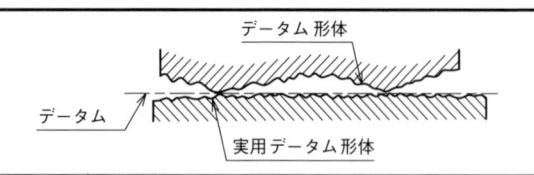

データムについて：
基準が点，直線，軸直線，平面および中心平面の場合，それぞれデータム点，データム直線，データム軸直線，データム平面，データム中心平面と呼ぶ。

データム系：
公差付き形体の基準とするために，2つ以上の個別データムを組み合わせて用いる場合のデータムのグループ。

データムターゲット：
データムを設定するために，加工，測定および検査用の装置・器具などに接触させる対象物上の点，線または限定した領域。

共通データム：
2つのデータム形体によって設定される単一のデータム。

- データム(datum)
  関連形体に幾何公差を指示するときに，その公差域を規制するために設定した理論的に正確な幾何学的基準。

- データム形体(datum feature)
  データムを設定するために用いる対象物の実際の形体（部品の表面，穴等）。
  データム形体には，加工誤差などがあるので，必要に応じてデータム形体にふさわしい形状公差を指示する。

- 実用データム形体
  データム形体に接してデータムの設定を行う場合に用いる，十分に精密な形状をもつ実際の表面（定盤，軸受，マンドレルなど）。
  実用データム形体は，加工，測定，検査をする場合に，指示したデータムを実際に具体化したものである。

図 6.64　データムについて

図 6.65 は，JIS におけるデータムの図示方法について示している。

(a) 形体の外形線，表面をデータムにする場合

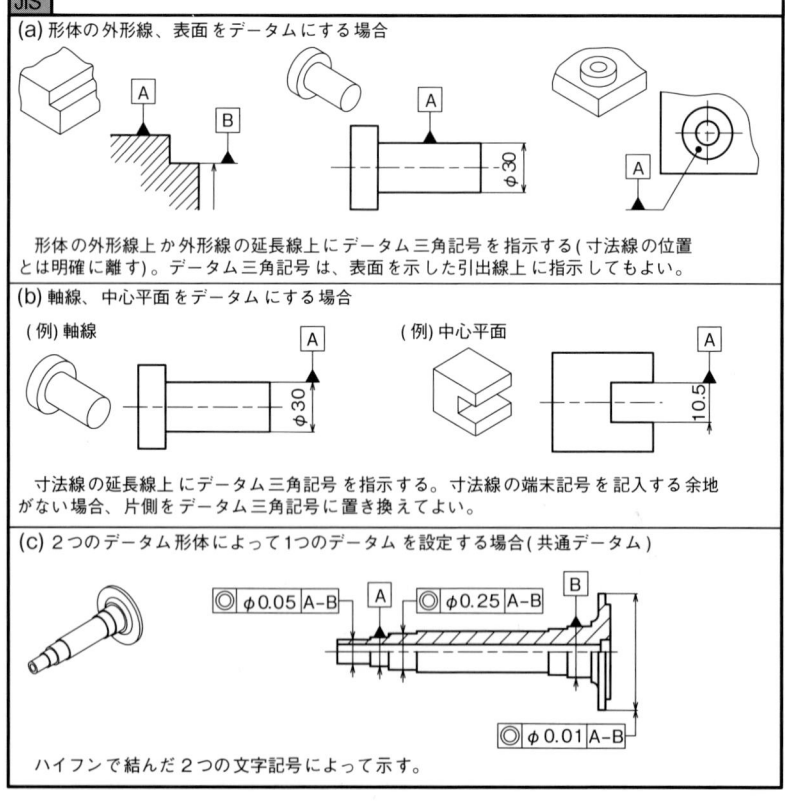

形体の外形線上か外形線の延長線上にデータム三角記号を指示する(寸法線の位置とは明確に離す)。データム三角記号は，表面を示した引出線上に指示してもよい。

(b) 軸線，中心平面をデータムにする場合

(例) 軸線　　　(例) 中心平面

寸法線の延長線上にデータム三角記号を指示する。寸法線の端末記号を記入する余地がない場合，片側をデータム三角記号に置き換えてよい。

(c) 2つのデータム形体によって1つのデータムを設定する場合(共通データム)

ハイフンで結んだ2つの文字記号によって示す。

図 6.65　データムの図示方法について

6-9 公　　差　　　　　　　　　　　　　　　　　　　　　　　163

　図 6.66 は，データムの優先順位について示している。データムは，優先順位によって意味が異なるので注意しよう。

この例では，実際に穴の加工や検査を行う際もデータムの優先順に基準をとるとよい。

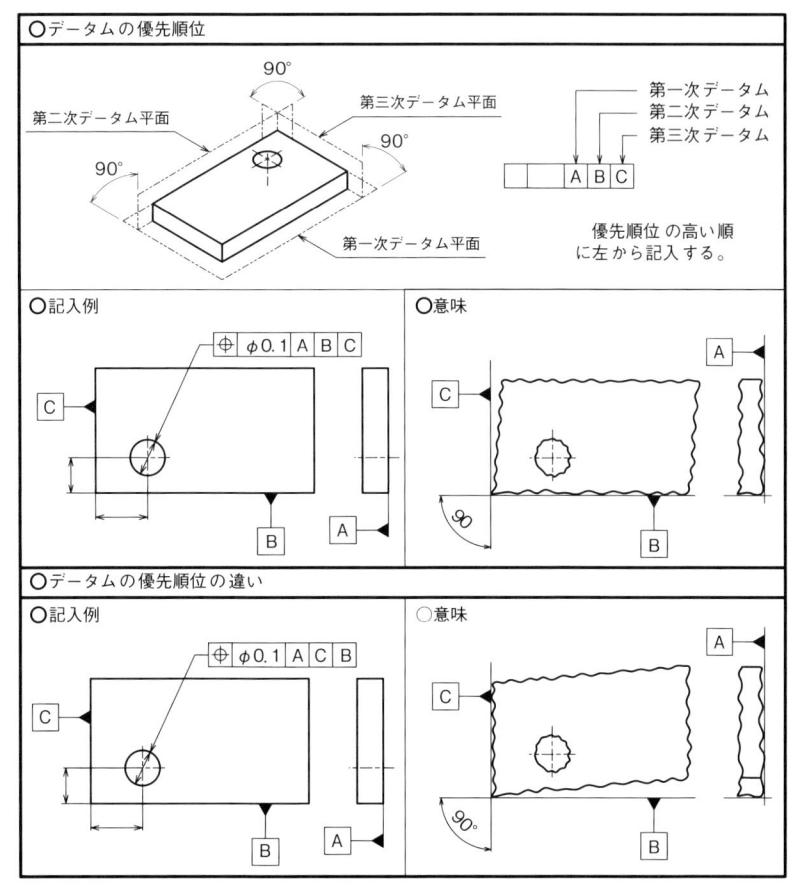

図 6.66　データムの優先順位について

　図 6.67 は，SolidWorks におけるデータム記号の記入について示している。

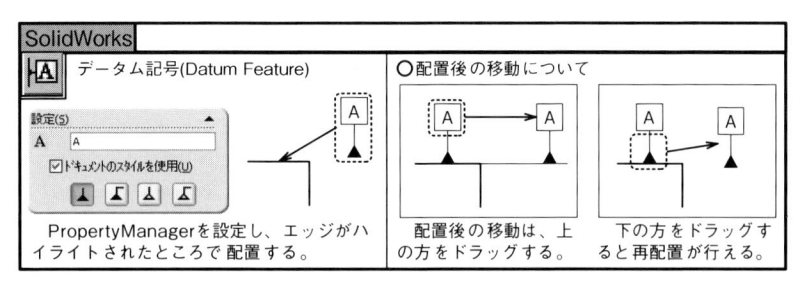

図 6.67　SolidWorks でのデータム記号の記入

■ 幾何公差の図示例

　表 6.22 は，幾何公差の図示例を示している。

第6章 図面について

理論的に正確な寸法：
形体に幾何公差を指示するときの輪郭・位置・方向等を決めるための基準となる理論的に正確な寸法。

表 6.22　幾何公差の図示例 (1/2)

JIS		公差域の定義	指示方法と説明
―	真直度公差	直径 t の円筒内	円筒の実際の軸線は、直径0.08の円筒の中になければならない。
▱	平面度公差	距離 t の平行2平面間	実際の表面は、距離0.08の平行2平面の間になければならない。
○	真円度公差	半径距離 t の同軸の2円間	実際の任意の断面の輪郭が半径距離0.1の2つの同軸円の間になければならない。
⌀	円筒度公差	半径距離 t の同軸の2円筒間	実際の円筒表面が半径距離0.1の2つの同軸円筒の間になければならない。
⌒	線の輪郭度公差	輪郭線上を中心とする直径 t の円で構成される2包絡線間	実際の任意の断面の輪郭が幾何学的に正確な輪郭線上を中心とする直径0.04の円で構成される2つの包絡線の間になければならない。
⌓	面の輪郭度公差	表面上を中心とする直径 t の球で構成される2包絡面間	実際の表面が幾何学的に正確な表面上を中心とする直径0.02の球で構成される2つの包絡面の間になければならない。
∥	平行度公差	データム平面に平行で距離 t の平行2平面間	実際の軸線がデータム平面に平行で距離0.01の平行2平面の間になければならない。

表 6.22 幾何公差の図示例 (2/2)

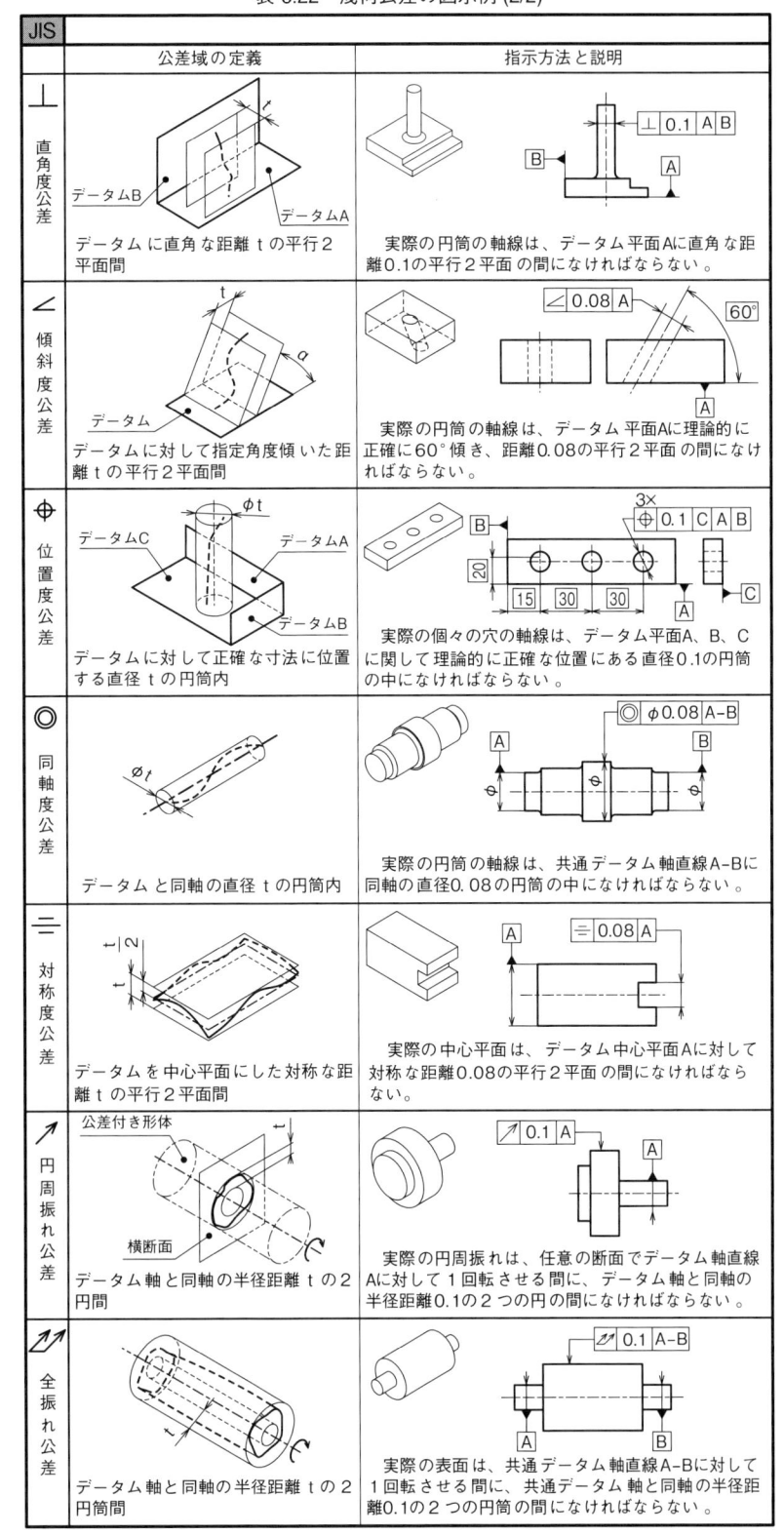

JIS		公差域の定義	指示方法と説明
⊥	直角度公差	データムに直角な距離 t の平行 2 平面間	実際の円筒の軸線は、データム平面Aに直角な距離0.1の平行2平面の間になければならない。
∠	傾斜度公差	データムに対して指定角度傾いた距離 t の平行 2 平面間	実際の円筒の軸線は、データム平面Aに理論的に正確に60°傾き、距離0.08の平行2平面の間になければならない。
⊕	位置度公差	データムに対して正確な寸法に位置する直径 t の円筒内	実際の個々の穴の軸線は、データム平面A、B、Cに関して理論的に正確な位置にある直径0.1の円筒の中になければならない。
◎	同軸度公差	データムと同軸の直径 t の円筒内	実際の円筒の軸線は、共通データム軸直線A-Bに同軸の直径0.08の円筒の中になければならない。
═	対称度公差	データムを中心平面にした対称な距離 t の平行 2 平面間	実際の中心平面は、データム中心平面Aに対して対称な距離0.08の平行2平面の間になければならない。
↗	円周振れ公差	データム軸と同軸の半径距離 t の 2 円間	実際の円周振れは、任意の断面でデータム軸直線Aに対して1回転させる間に、データム軸と同軸の半径距離0.1の2つの円の間になければならない。
↗↗	全振れ公差	データム軸と同軸の半径距離 t の 2 円筒間	実際の表面は、共通データム軸直線A-Bに対して1回転させる間に、共通データム軸と同軸の半径距離0.1の2つの円筒の間になければならない。

■ 普通幾何公差

寸法公差の普通公差と同様に幾何公差にも普通公差を指示する。公差等級を選ぶ場合，それぞれの工場で得られる通常の加工精度を考慮する。注意事項等については，普通公差の項を参照してほしい。**表 6.23** は，真直度及び平面度の普通公差，**表 6.24** は，直角度の普通公差，**表 6.25** は，対称度の普通公差，**表 6.26** は，円周振れの普通公差についてそれぞれ示している。

表 6.23　真直度および平面度の普通公差
(JIS B0419　単位:mm)

公差等級	呼び長さの区分					
	10以下	10を超え30以下	30を超え100以下	100を超え300以下	300を超え1000以下	1000を超え3000以下
	真直度公差及び平面度公差					
H	0.02	0.05	0.1	0.2	0.3	0.4
K	0.05	0.1	0.2	0.4	0.6	0.8
L	0.1	0.2	0.4	0.8	1.2	1.6

表 6.24　直角度の普通公差
(JIS B0419　単位:mm)

公差等級	短い方の辺の呼び長さの区分			
	100以下	100を超え300以下	300を超え1000以下	1000を超え3000以下
	直角度公差			
H	0.2	0.3	0.4	0.5
K	0.4	0.6	0.8	1
L	0.6	1	1.5	2

表 6.25　対称度の普通公差
(JIS B0419　単位:mm)

公差等級	呼び長さの区分			
	100以下	100を超え300以下	300を超え1000以下	1000を超え3000以下
	対称度公差			
H	0.5			
K	0.6		0.8	1
L	0.6	1	1.5	2

表 6.26　円周振れの普通公差
(JIS B0419　単位:mm)

公差等級	円周振れ公差
H	0.1
K	0.2
L	0.5

6-9 公差

　図 6.68 は，普通幾何公差の図面での指示について，JIS での記入方法と SolidWorks の記入方法を示している。SolidWorks では，表題欄の中や付近に指示事項を明記しておくとよい。指示事項を明記する場合は普通公差の表を関係部署に配布しておくようにしよう。

JIS
○普通幾何公差 の図面での指示：
　普通公差 を使用する規格番号と公差等級を表題欄の中や付近に指示する。

　・普通寸法公差 と共に適用する場合　　例　"JIS B0419-mK"

　・普通幾何公差 のみ適用する場合　　　例　"JIS B0419-K"

SolidWorks
　表題欄の中や近くに記入する。
　表については、関係部署に配る。

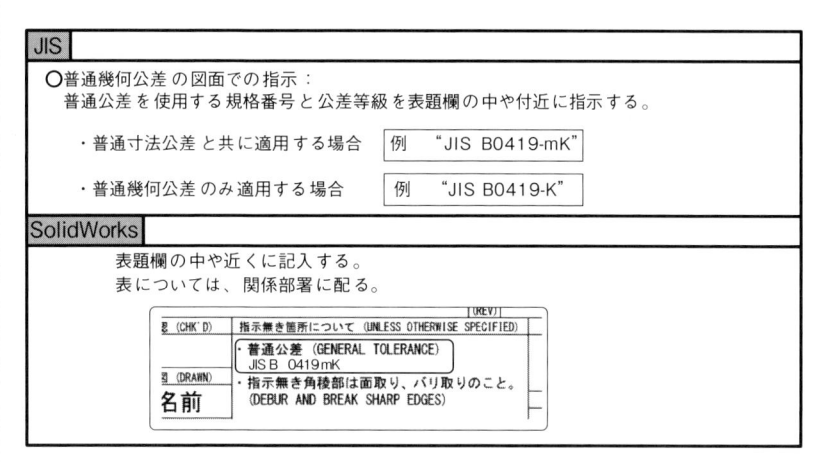

　指示無き箇所について (UNLESS OTHERWISE SPECIFIED)
　・普通公差 (GENERAL TOLERANCE)
　　JIS B 0419mK
　・指示無き角稜部は面取り、バリ取りのこと。
　　(DEBUR AND BREAK SHARP EDGES)

図 6.68　普通幾何公差の図面への指示について

　意匠的なデザインとは違い，基本的な機械の設計では，寸法・公差・形状・材質等，図面に指示する項目は，設計で要求される機能を満たすことが最も重要である。機能を実現するためには，図面に指示した内容をどうやって実現し（製造），検証（検査）するか，また製作物の全製造過程の流れを把握する必要がある。高精度な加工や難しい検査を要求するような指示を与えることは，コストの増大を招くので，要求される機能に見合った設計指示をすることが重要である。

ポイント

　実際の設計業務では，
・品質，コスト，納期が重要となる。
・正確な作業が要求される。
・幅広く深い知識が必要となる。
・現状の製造過程全体（人についても）の把握が必要となる。

6-10 機械要素について

機械要素とは，ボルト，ナット，ピン，軸受，歯車など，機械を構成する要素的な部品のことで，機械の設計には頻繁に用いられる．特別な簡略図示，サイズ，材質などが JIS により規格化されている．SolidWorks では，デザインライブラリから用意された3次元モデルを使用することができる．表 6.27 は，機械要素関連の JIS 規格について示している．簡略図示については，表 6.1 の規格が対応する．本書では，機械要素の中でも多用されるねじについてのみ簡単に説明する．

機械要素について：

機械要素は，一般的に多用される部品で標準部品と呼ばれ，各メーカーが独自に規格化を行っている場合もある．基本的には JIS に従って作られている．標準部品については，その都度図面を描いたりせず，番号だけで済ませたり，用意された図面を使用する．

また，部品供給業者のカタログを参考にして使用する部品の選択を行うこともある．部品供給業者の Web サイトから 3 次元モデルや図面データがダウンロードできるところもある．SolidWorks では，3DContentCentral サイトを検索して，オンラインでモデルの表示，構成，評価をして，モデルをダウンロードすることもできる．

本書ではこの他に溶接記号等も省略している．他書を参考にしてほしい．

表 6.27 機械要素関連の JIS 規格 (1/2)

「JISハンドブック 機械要素」での分類		規格番号 : 規格名称
ねじ、ピン関係	一般	JIS B0123 ねじの表し方 JIS B0143 ねじ部品各部の寸法の呼び及び記号 JIS B1001 ボルト穴径及びざぐり径 JIS B1002 二面幅の寸法 JIS B1051 炭素鋼及び合金鋼製締結用部品の機械的質 JIS B1052 鋼製ナットの機械的性質
	ねじ基本	JIS B0202 管用平行ねじ JIS B0203 管用テーパねじ JIS B0205 一般用メートルねじ JIS B0216 メートル台形ねじ
	小ねじ類	JIS B1107 ヘクサロビュラ穴付き小ねじ JIS B1111 十字穴付き小ねじ JIS B1128 ヘクサロビュラ穴付きタッピンねじ JIS B1129 平座金組込みタッピンねじ JIS B1177 六角穴付き止めねじ
	ボルト類	JIS B1136 ヘクサロビュラ穴付きボルト JIS B1176 六角穴付きボルト JIS B1180 六角ボルト
	ナット類	JIS B1181 六角ナット
	座金	JIS B1251 ばね座金 JIS B1256 平座金 JIS B1257 座金組込みタッピンねじ用平座金
	ピン・止め輪関係	JIS B1351 割りピン JIS B1352 テーパピン JIS B1354 平行ピン JIS B2804 止め輪 JIS B2808 スプリングピン
軸関係	用語	JIS B0104 転がり軸受用語 JIS B0161 球面滑り軸受一用語
	軸の直径と高さ	JIS B0901 軸の直径 JIS B0902 駆動機及び被駆動機一軸高さ
	軸端	JIS B0903 円筒軸端 JIS B0904 テーパ比1：10円すい軸端
	スプライン・キー及びセレーション	JIS B1301 キー及びキー溝 JIS B1601 角形スプライン一小径合わせ JIS B1603 インボリュートスプライン一歯面合わせ
	軸継手	JIS B1451 フランジ形固定軸継手 JIS B1452 フランジ形たわみ軸継手 JIS B1453 歯車形軸継手 JIS B1454 こま形自在軸継手 JIS B1455 ゴム軸継手 JIS B1456 ローラチェーン軸継手
	ボールねじ類	JIS B1192 ボールねじ JIS B1193 ボールスプライン

表 6.27 機械要素関連の JIS 規格 (2/2)

「JISハンドブック 機械要素」での分類		規格番号 : 規格名称
転がり軸受	基本	JIS B0124 転がり軸受用量記号 JIS B1511 転がり軸受総則 JIS B1512 転がり軸受－主要寸法 JIS B1513 転がり軸受の呼び番号 JIS B1514 転がり軸受－精度 JIS B1515 転がり軸受の測定方法 JIS B1518 転がり軸受の動定格荷重及び定格寿命の計算方法 JIS B1519 転がり軸受の静定格荷重の計算方法 JIS B1520 転がり軸受のラジアル内部すきま JIS B1548 転がり軸受の騒音レベル測定方法 JIS B1566 転がり軸受の取付関係寸法及びはめあい
	軸受	JIS B1521 深溝玉軸受 JIS B1522 アンギュラ玉軸受 JIS B1523 自動調心玉軸受 JIS B1532 平面座スラスト玉軸受 JIS B1533 円筒ころ軸受 JIS B1534 円すいころ軸受 JIS B1535 自動調心ころ軸受 JIS B1536 転がり軸受－針状ころ軸受－主要寸法及び精度 JIS B1539 スラスト自動調心ころ軸受 JIS B1557 転がり軸受ユニット JIS B1558 転がり軸受ユニット用玉軸受
	軸受用部品	JIS B1501 玉軸受用鋼球 JIS B1506 転がり軸受－ころ JIS B1509 転がり軸受－止め輪付きラジアル軸受－寸法及び精度
	軸受用付属品	JIS B1551 転がり軸受用プランマブロック軸受箱 JIS B1552 転がり軸受－アダプタ，アダプタスリーブ及び取外しスリーブ JIS B1554 転がり軸受－ロックナット，座金及び止め金 JIS B1559 転がり軸受ユニット用軸受箱
	滑り軸受	JIS B1582 滑り軸受用ブシュ
歯車、チェーン、ベルト関係	歯車	JIS B0121 歯車記号－幾何学的データの記号 JIS B1701 円筒歯車－インボリュート歯車歯形 JIS B1702 円筒歯車－精度等級 JIS B1704 かさ歯車の精度 JIS B1705 かさ歯車のバックラッシ JIS B1706 すぐばかさ歯車 JIS B1753 歯車装置の受入検査－歯車装置から放射される空気伝ぱ音のパワーレベルの決定 JIS B1754 歯車装置の受入検査－第2部：歯車装置の機械振動の測定方法及び振動等級の決定
	ローラチェーンとスプロケット	JIS B1801 伝動用ローラチェーン及びブシュチェーン JIS B1810 伝動用ローラチェーンの選定指針
	ベルト車とベルト	JIS B1852 平プーリ JIS B1854 一般用Vプーリ JIS B1855 細幅Vプーリ JIS B1856 歯付プーリ JIS B1858 Vリブドベルト伝動－一般用プーリ及びベルト JIS K6323 一般用Vベルト JIS K6368 細幅Vベルト JIS K6372 一般用歯付ベルト
その他の機械部品	ばね	JIS B2704 圧縮及び引張コイルばね－設計・性能試験方法 JIS B2706 皿ばね JIS B2709 ねじりコイルばね－設計・性能試験方法 JIS B2711 ショットピーニング
	シール類	JIS B2401 Oリング JIS B2402 オイルシール JIS B2403 Vパッキン JIS B2405 メカニカルシール通則 JIS B2406 Oリング取付溝部の形状・寸法 JIS B2407 Oリング用バックアップリング JIS B2410 Oリング－ゴム材料の選定指針
	銘板	JIS Z8304 銘板の設計基準

6-11 ねじの表し方

ねじは，種類，寸法，ピッチなどによっていろいろなねじがある。**表 6.28** は，ねじの種類と記号について示している。

表 6.28 ねじの種類と記号について

区分	ねじの種類		種類を表す記号		規格
ピッチをmmで表すねじ	メートル並目ねじ		M	M8	JIS B 0205
	メートル細目ねじ			M8×1	JIS B 0207
	ミニチュアねじ		S	S0.5	JIS B 0201
	メートル台形ねじ		Tr	Tr10×2	JIS B 0216
ピッチを山数で表すねじ	管用テーパねじ	テーパおねじ	R	R3/4	JIS B 0203
		テーパめねじ	Rc	Rc3/4	
		平行めねじ	Rp	Rp3/4	
	管用平行ねじ		G	G1/2	JIS B 0202
	ユニファイ並目ねじ		UNC	3/8-16UNC	JIS B 0206
	ユニファイ細目ねじ		UNF	No.8-36UNF	JIS B 0208

図 6.69 は，一般的に多用される三角ねじのメートルねじの表し方について示している。

ねじの種類を表す記号	ねじの呼び径を表す数字	×	ピッチ

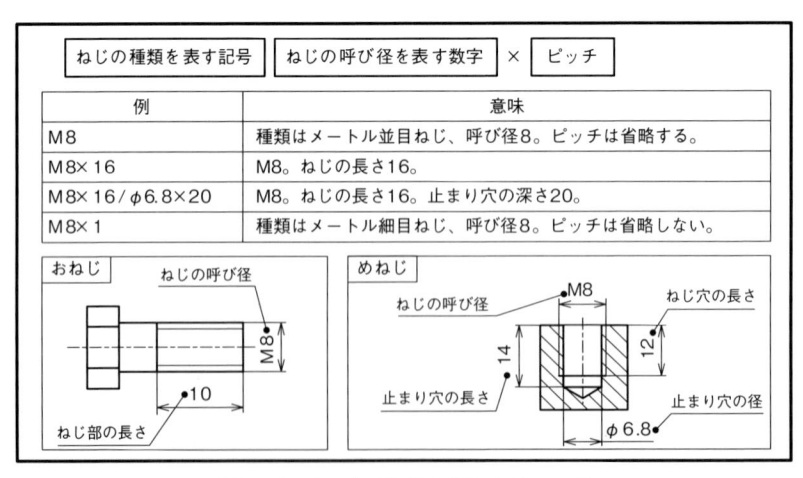

例	意味
M8	種類はメートル並目ねじ、呼び径8。ピッチは省略する。
M8×16	M8。ねじの長さ16。
M8×16/φ6.8×20	M8。ねじの長さ16。止まり穴の深さ20。
M8×1	種類はメートル細目ねじ、呼び径8。ピッチは省略しない。

図 6.69 メートルねじの表し方について

本書では，ねじやボルトに関する次の項目を取り上げていないが，重要な事項なので JIS や他書を参考してほしい。

・ねじの種類，穴の種類，用途，材質，工学的な計算
・加工方法，加工機械，工具
・寸法（JIS で寸法の一覧表があり，これが通常用いられる）
・締結方法や関連部品（座金，ナットなど）
・ねじを締め付けるための工具（スパナ，ドライバーなど）

図 6.70 は，JIS におけるねじの図示方法について示している。

ねじは，多用され基本的な部品であるが，間違えやすい部品でもある。次に注意事項を挙げておく。
・穴位置，穴深さ
・ねじのサイズ（長さ，径）
・組み立てるための工具の空間
・他部品との干渉

6-11 ねじの表し方

SolidWorks では，JIS の設定にするとねじの端面は，円周の 3/4 にほぼ等しい円の一部で表せない。旧 JIS の描き方の完全な円になる。見誤る恐れはないのでそのまま使用しても構わない。

JIS

○通常のねじの図示方法

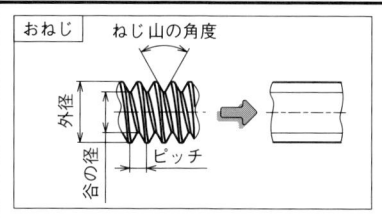

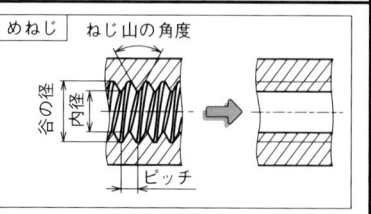

おねじは外径、めねじは内径を太い実線、谷の径を細い実線で表す。ハッチングはねじの山の頂を示す線まで描く。

○不完全ねじ部について

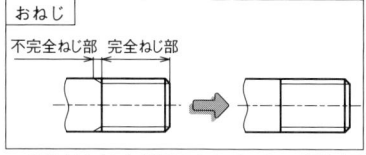

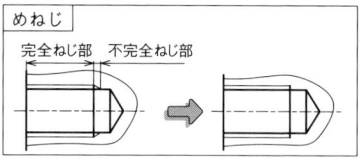

完全にねじ山が加工されていない部分を不完全ねじ部、完全にねじ山が加工されている部分を完全ねじ部といい上のように図示する。一般的に不完全ねじ部は省略される。

○ねじの端面図示について

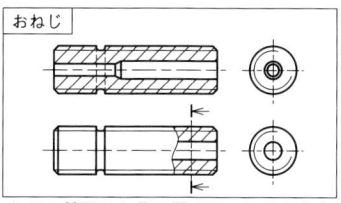

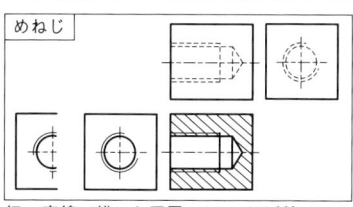

ねじの端面から見た図では、ねじの谷底は、細い実線で描いた円周の3/4にほぼ等しい円の一部で表し、できれば右上方に4分円を開けるのがよい。面取り円を表す太い線は、一般的に端面から見た図では省略する(欠円の場合、直行する中心線に対し他の位置でもよい)。隠れたねじは細い破線で表す。

○組み立てた状態の図示について

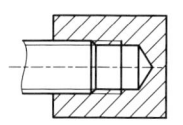

組み立てた状態では、通常のねじの図示方法を使用し、おねじでめねじを隠した状態で図示する。

○ねじの寸法記入について

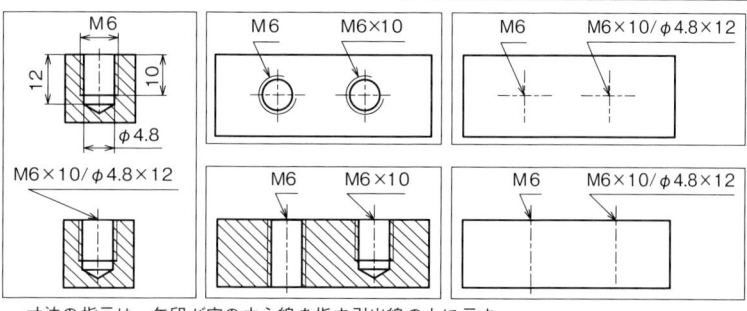

・寸法の指示は、矢印が穴の中心線を指す引出線の上に示す。
・ねじの長さ寸法は必要であるが、止まり穴の深さは省略してもよい(止まり穴深さを省略する場合、ねじ長さの1.25倍程度で描く)。
・小径(6mm以下)や規則的に並ぶ同じ径や形のねじ穴は、簡略図示にしてもよい。

図 6.70 JIS におけるねじの図示方法

表6.29は，JISにおけるねじおよびナットの簡略図示について示している。

表6.29 ねじおよびナットの簡略図示について

1.六角ボルト	5.十字穴付き平小ねじ	9.十字穴付き皿小ねじ	13.六角ナット
2.四角ボルト	6.すりわり付き丸皿小ねじ	10.すりわり付き止めねじ	14.溝付き六角ナット
3.六角穴付きボルト	7.十字穴付き丸皿小ねじ	11.すりわり付き木ねじ、タッピンねじ	15.四角ナット
4.すりわり付き平小ねじ	8.すりわり付き皿小ねじ	12.ちょうボルト	16.ちょうナット

SolidWorksでは，ねじ部品は，デザインライブラリが使用できる。必要があれば，個別にモデリングを行ってもよい。その際には，設計テーブルやコンフィギュレーションといった機能を使用した方がよい。

図6.71はSolidWorksによるねじ部品の表し方について示している。おねじは，ねじ山のコマンドを使用しても問題はない。めねじについては，穴ウィザードのねじ山（寸法テキストなし）を使用すると，3次元モデルがねじの下穴径で作成されるので注意が必要である。ねじをアセンブリした場合は常に干渉状態になる。また，SolidWorksのデザインライブラリを使用したねじ部品は，その他にも干渉部分が出る場合があるので注意が必要である。

組み立てた状態の図面を描く際は，ファスナーを除いた断面図を作成するとよい。ねじ山のスケッチは，アセンブリでは表示されない。ねじのアセンブリは，一般的に正接と一致というふうに回転を許す状態で合致させるので，断面図を作成した際に図6.71のようにちょうどいい位置での断面図にならない場合がある。必要ならば，合致条件を追加するとよい。

寸法の記入は，スマート寸法，穴寸法テキスト，注記などを使用するとよい。

6-11 ねじの表し方

ねじ山のコマンド：
　ねじ山のコマンドは，図面でも使用できる。円の図形に対して指定した径の円のスケッチが描ける。

ねじ山シェイディング表示：
　次のように設定を行うとねじ山のコマンドを使用した場合，シェイディング表示される。
→ ツール（メニュー）
→ オプション
→ ドキュメントプロパティ
→ アノテートアイテムの表示
→ 表示フィルター
→ ねじ山を ✔
　シェイディングされたねじ山表示を ✔

　便利なコマンドがあるので確認しておくとよい。
・中心線
・中心マーク
・モデルアイテム

SolidWorks

○おねじについて

(方法1) 通常のモデリング

モデリングした状態	図面での状態

投影した状態 → スケッチ線を追加し線種を変更した状態。

(方法2) ねじ山のコマンドを使用する。

ねじ山 (Cosmetic Thread)

解説のため意図的に濃くしている。　ねじ山シェイディング表示の状態

①コマンドを実行する。
②ねじの部分のエッジを指定する。
③ねじの下穴径か(適当な径)を指定。
④コマンドを終了。ねじ山がFeatureManagerに追加されスケッチが表示される。

投影すると上のように表示される。面取り部分は線種を変更する必要がある。

○めねじについて

通常の穴ウィザード

ねじの呼び径でモデリングされる

穴ウィザード(オプションをねじ山寸法テキストなし)
オプション
☑ねじ山
ねじ山寸法テキストなし

ねじの下穴径でモデリングされる
呼び径はスケッチだけである。

○ねじを組み立てた状態について

アセンブリモデルでは、部品のねじ山やToolBoxのねじ部品で設定した化粧(ねじ山)は、図面で表示されないので、必要ならば線種の変更やスケッチをする必要がある。

☑ファスナーを除く(F)　　□ファスナーを除く(F)

断面図を作成する際には、ファスナーを除くのオプションにチェックを入れて断面図を作成する。

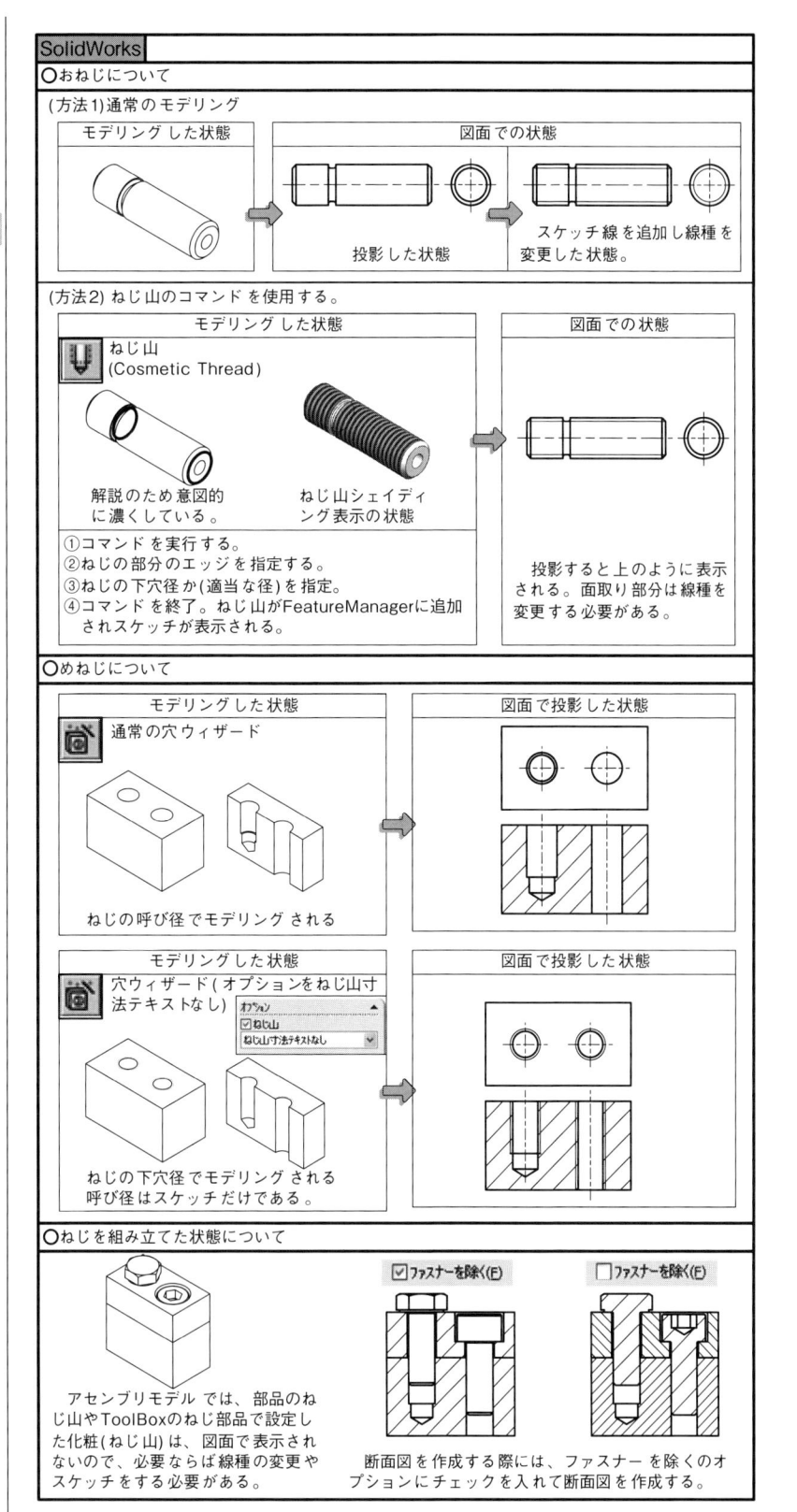

図 6.71 SolidWorks におけるねじの図示について

練習問題

1 オンラインチュートリアル

本書では,板金や溶接の機能について説明を省略したが,製作物によっては多用することもある。

○SolidWorksのユーザー定義化

SolidWorksのカスタマイズ(ユーザー定義設定)について学習できる。

・ユーザー定義テンプレートの作成
・ユーザーインタフェースのカスタマイズ
・ユーザー定義設定の保存

○設計テーブル

右図のようなモデルを作成しながら、以下について学習できる。
・フィーチャーや寸法の名前の変更
・フィーチャー寸法の表示
・モデル寸法の値のリンク
・幾何拘束関係の定義や検証
・設計テーブルの作成、編集
・部品コンフィギュレーションの表示

○図面の応用

3つのレッスンからなり、4つの図面シートを作成しながら以下について学習できる。

L1・断面図、投影図、部分断面、トリミング
・寸法記入方法
L2・自動寸法、データム記号、注記、
幾何公差記号、モデルアイテム
L3・分解図、詳細図、部品表、自動バルーン

○板金

右図のような板金部品を作成しながら、以下について学習できる。

・板金部品作成用のコマンド
・板金部品の図面作成

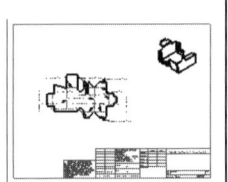

○Toolbox

2つのレッスンからなり、右図のようなモデルを使用して以下について学習できる。

L1・アセンブリへの標準部品の追加と編集
L2・スマートファスナーの設定・追加・編集

○溶接

2つのレッスンからなり、右図のような溶接する部品を作成しながら、以下について学習できる。

・溶接部品作成用のコマンド
・溶接部品の図面作成

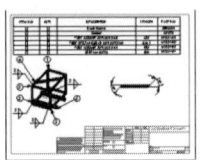

図6.72 オンラインチュートリアル

練習問題

2 図面の作成

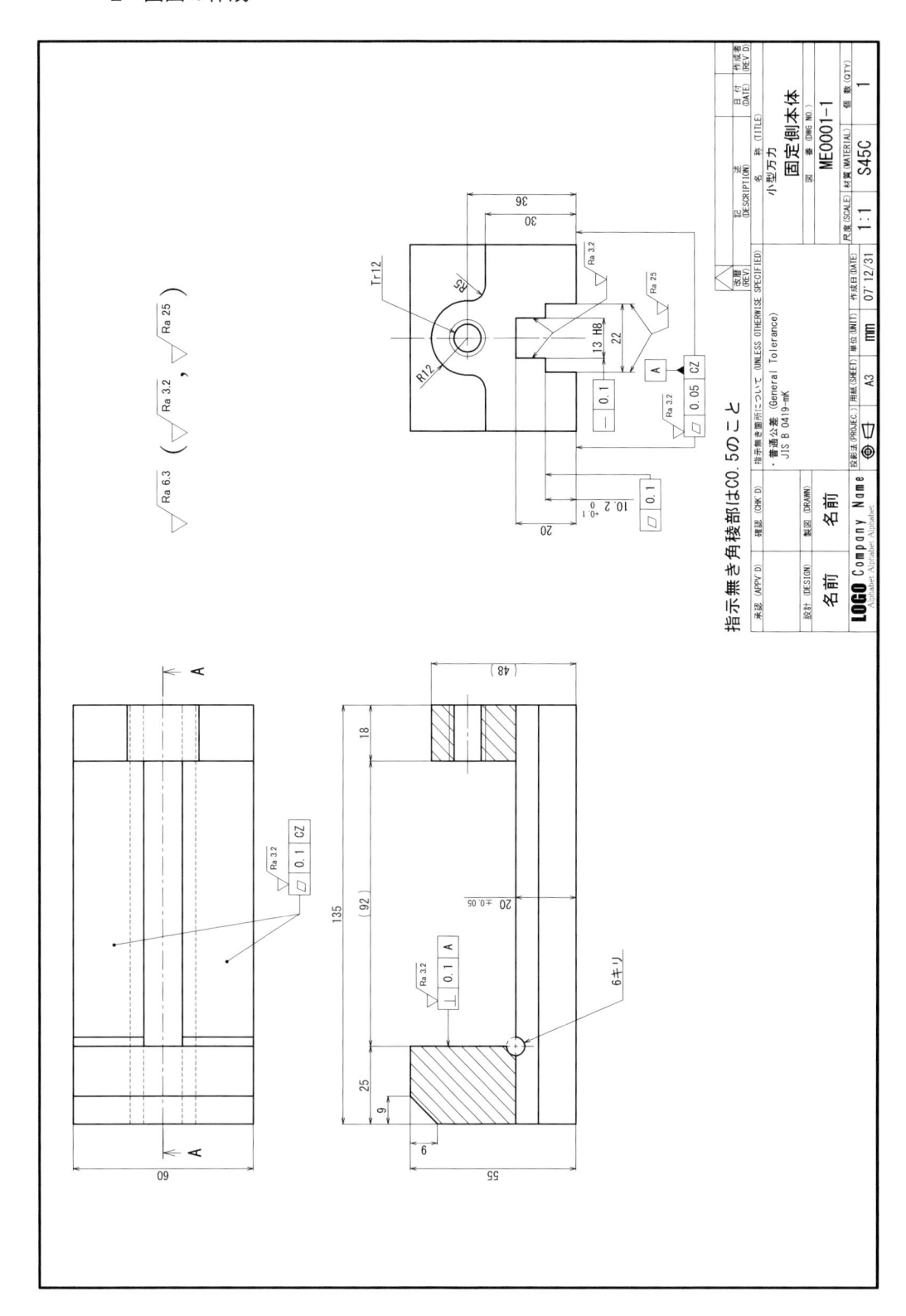

第 6 章　図面について

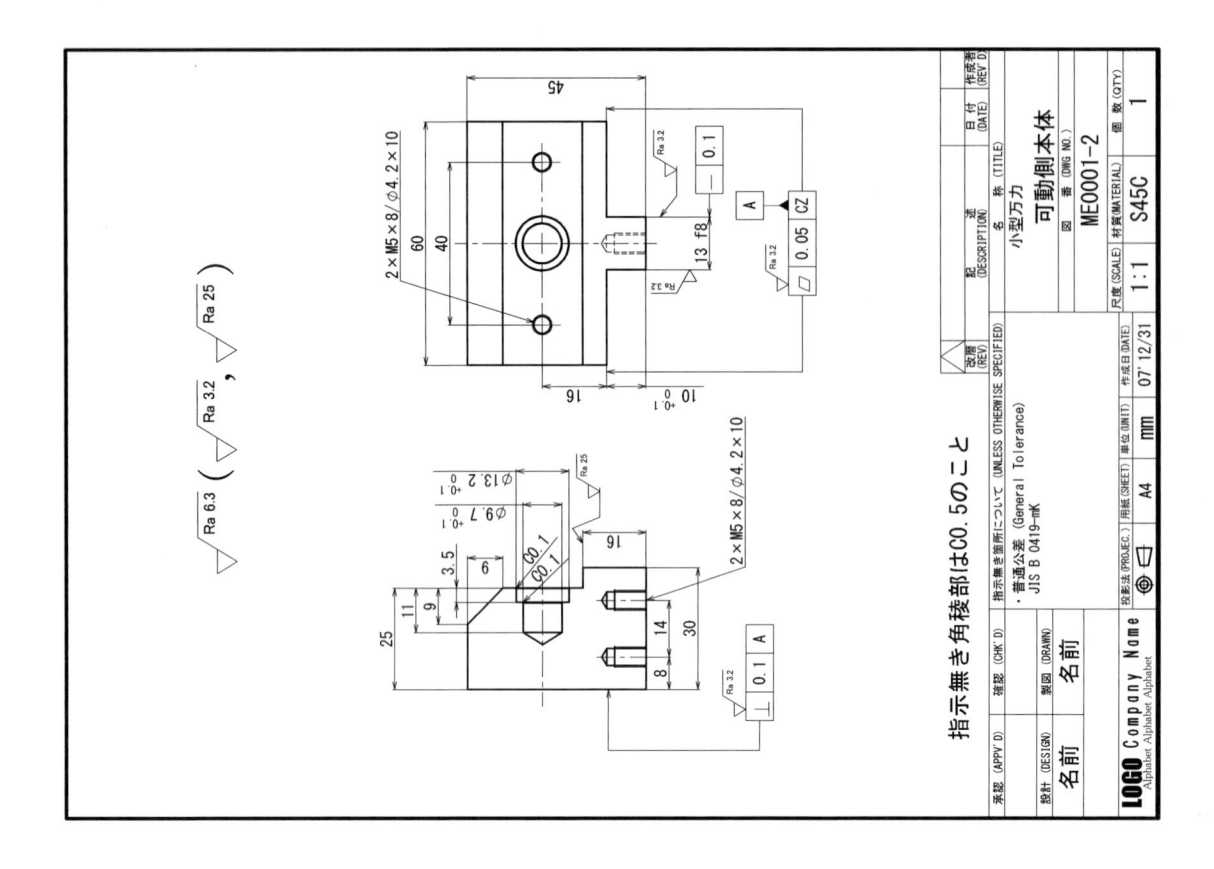

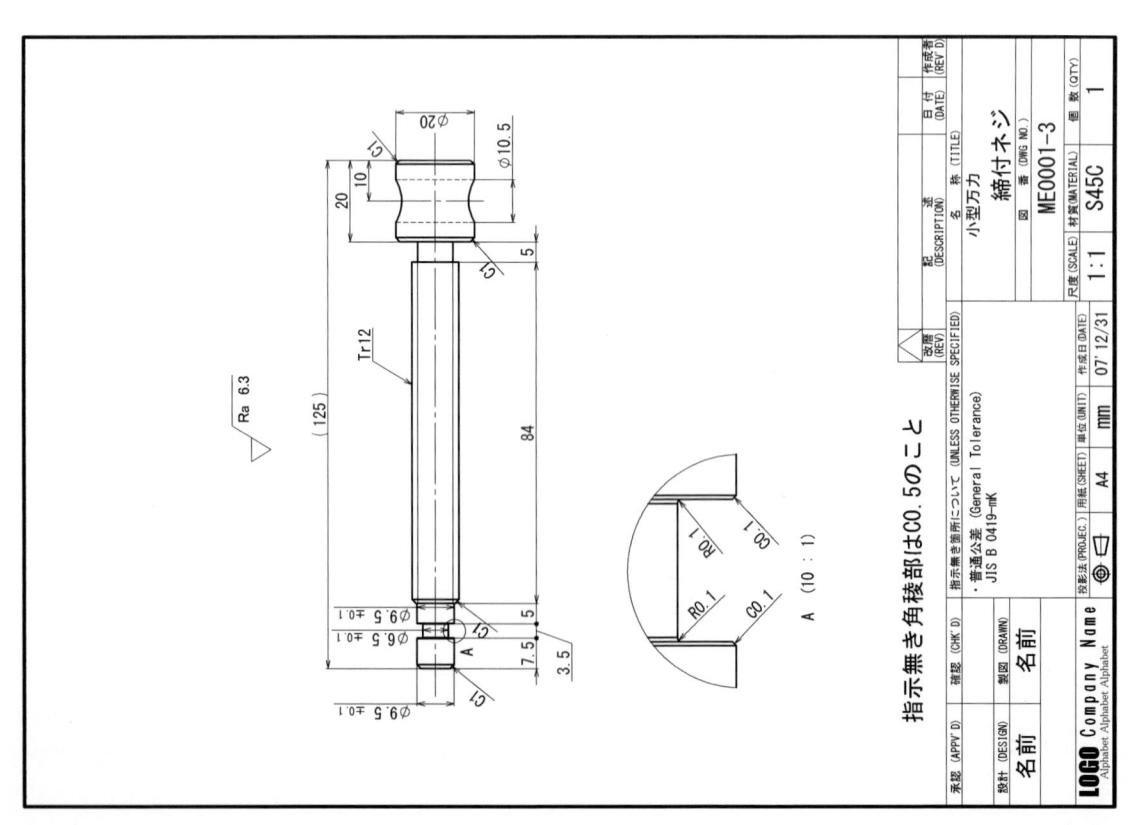

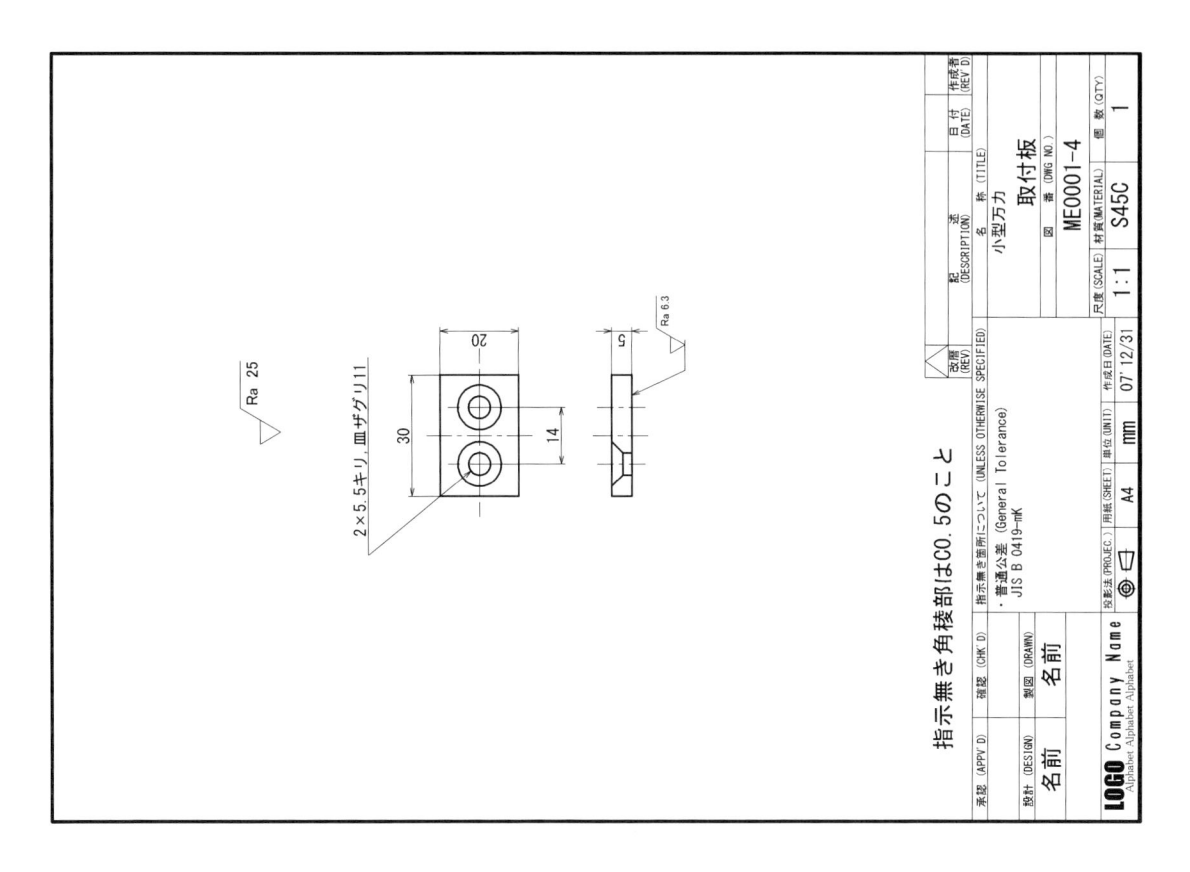

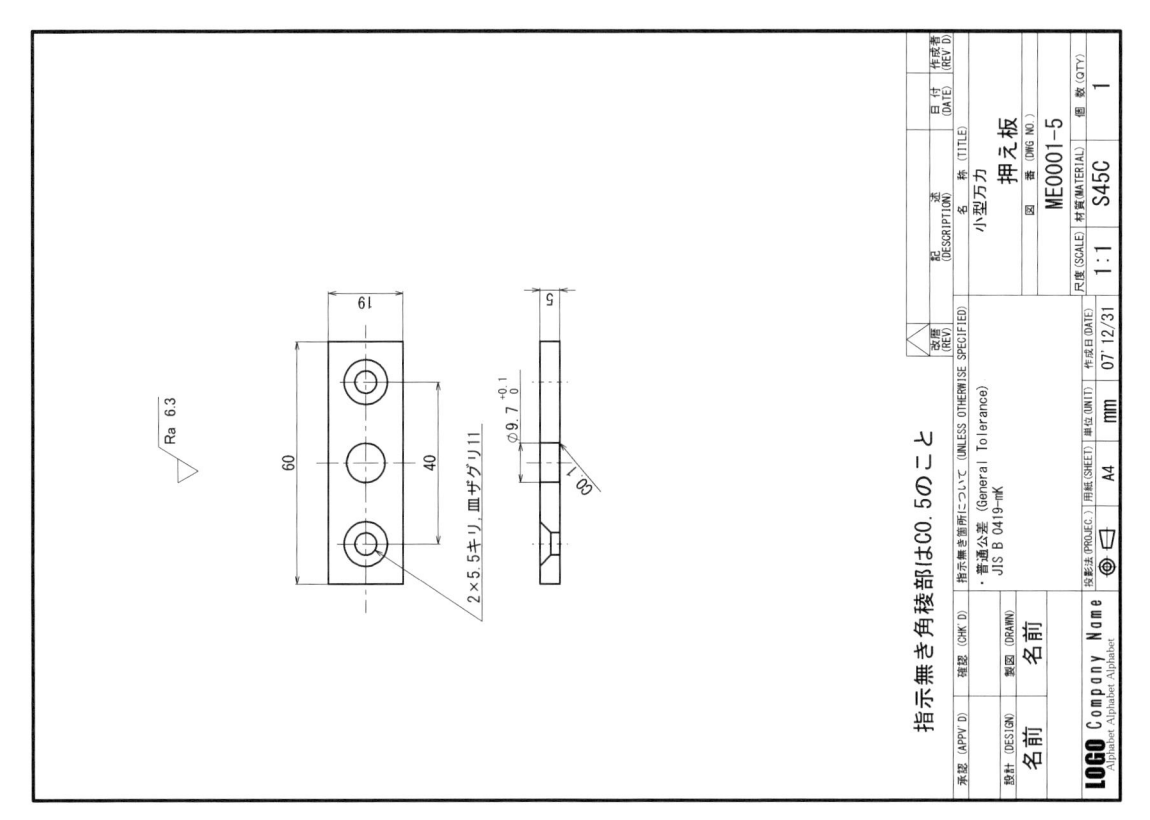

練習問題

ME0001-4 取付板

- 2×5.5キリ, 皿ザグリ11
- 20, 30, 14, 5
- Ra 25, Ra 6.3
- 指示無き角稜部はC0.5のこと
- 普通公差 (General Tolerance) JIS B 0419-mK
- 小型万力 取付板
- 図番: ME0001-4
- 材質: S45C
- 尺度: 1:1
- 用紙: A4
- 単位: mm
- 作成日: 07'12/31
- 個数: 1

ME0001-5 押え板

- 2×5.5キリ, 皿ザグリ11
- 19, 60, 40, 5, 8
- φ9.7 +0.1 / 0
- Ra 6.3
- 指示無き角稜部はC0.5のこと
- 普通公差 (General Tolerance) JIS B 0419-mK
- 小型万力 押え板
- 図番: ME0001-5
- 材質: S45C
- 尺度: 1:1
- 用紙: A4
- 単位: mm
- 作成日: 07'12/31
- 個数: 1

第6章　図面について

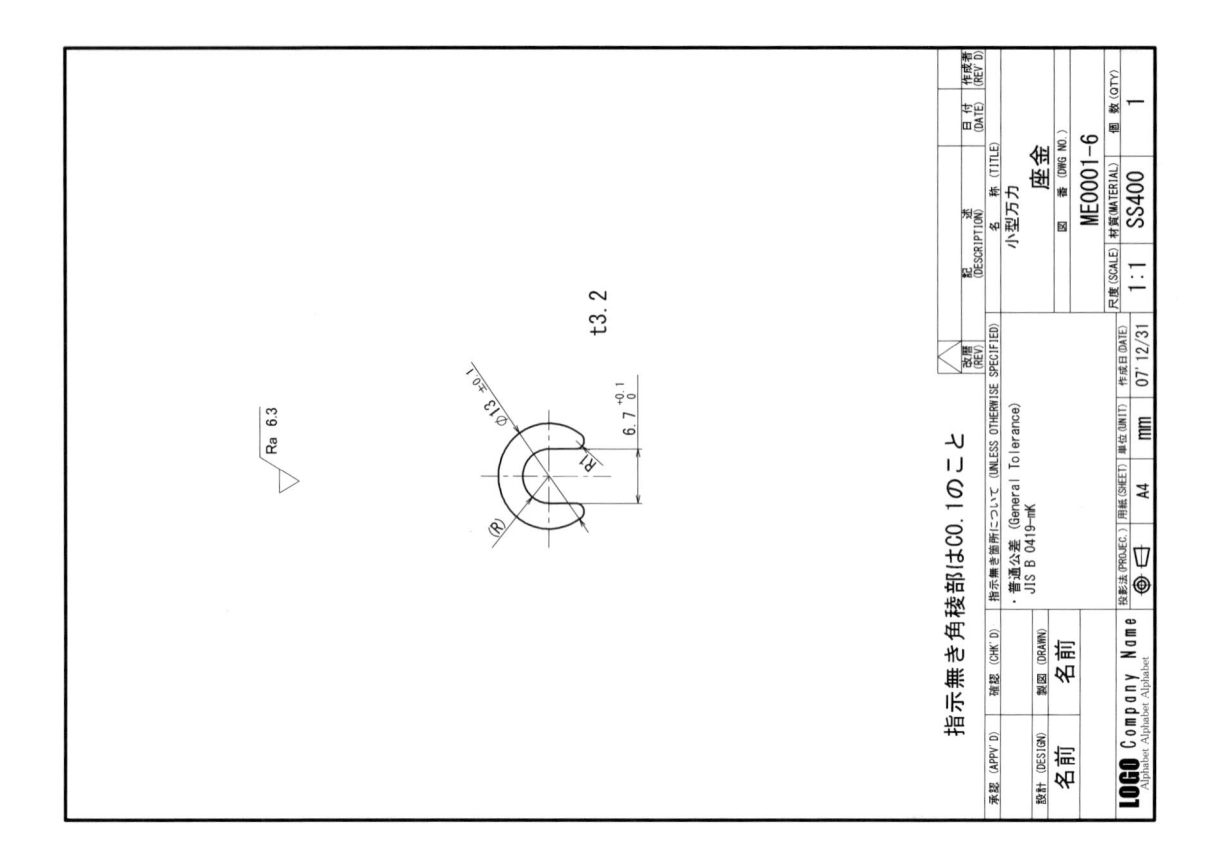

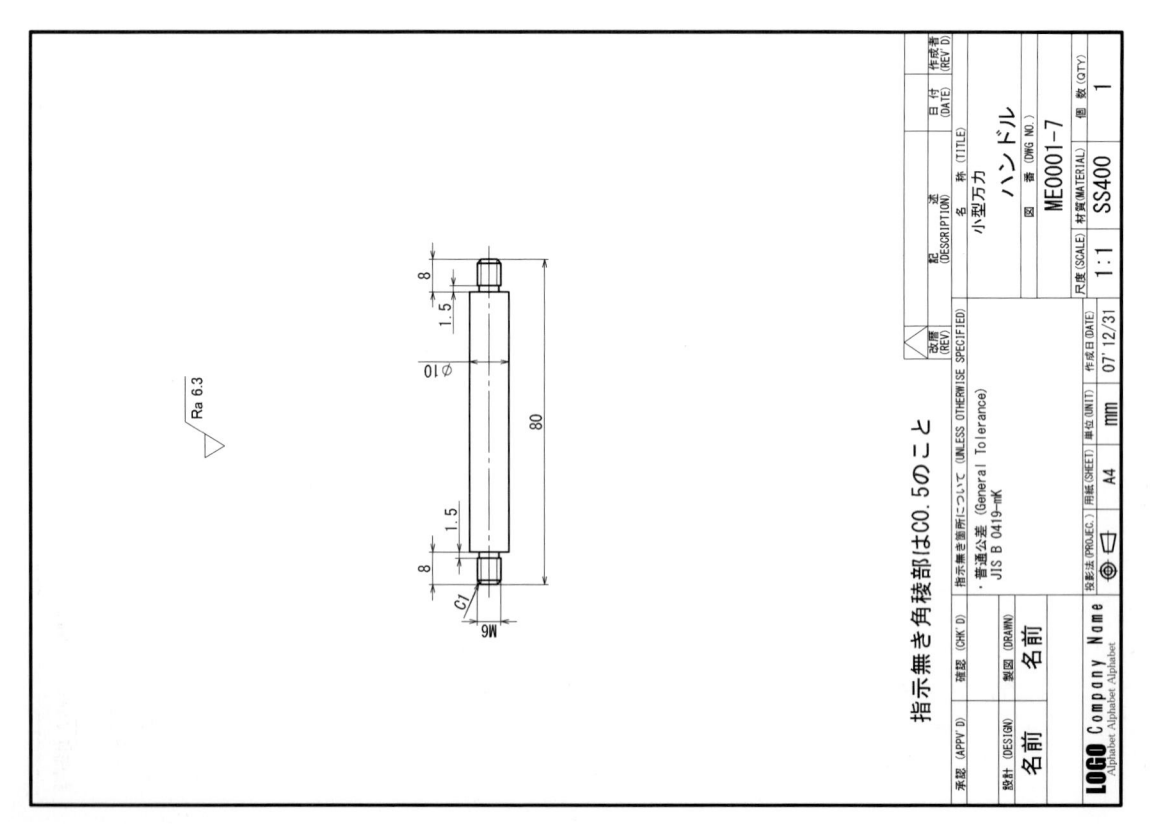

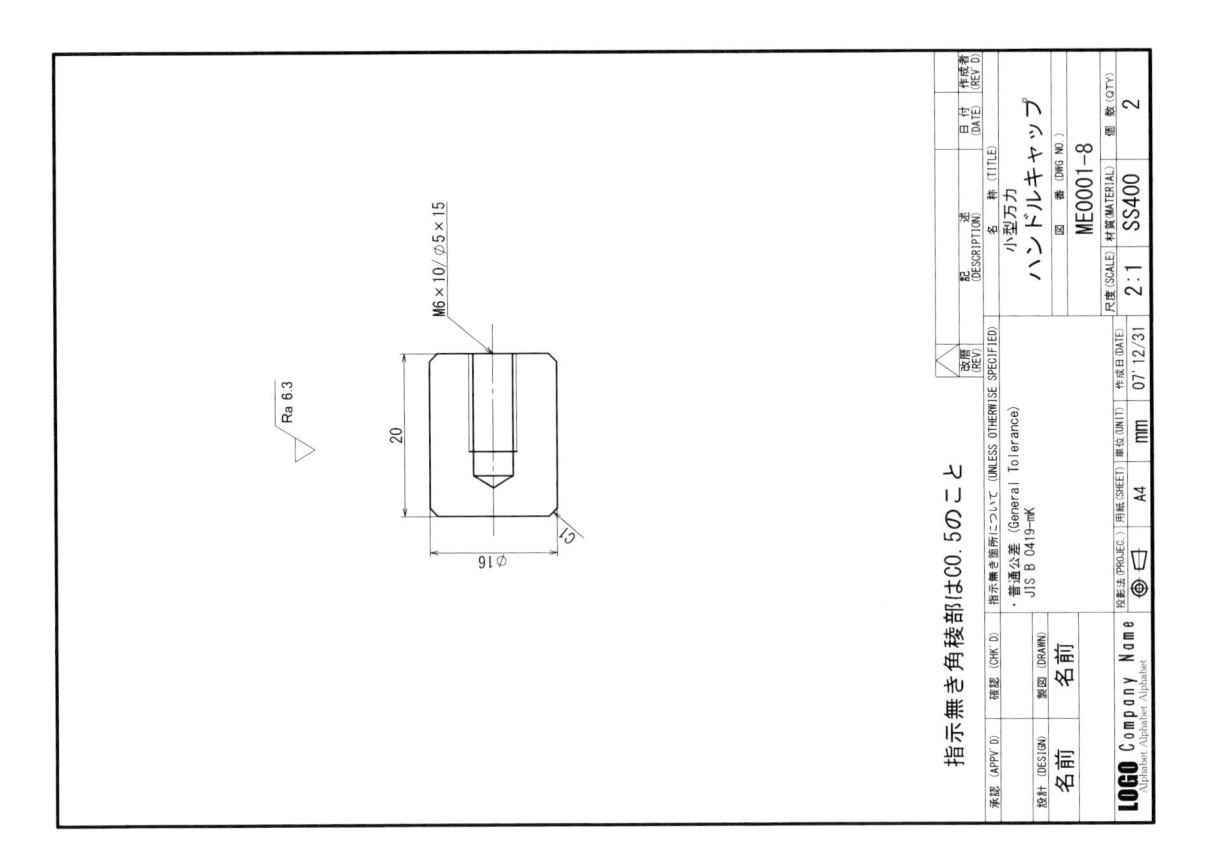

3　調べる問題

インターネットや書籍等を利用して調べなさい。

(1) どのような部品にどのような材料が用いられているか？
(2) どのような所にどのようなはめあいが用いられているか？
(3) どのような所にどのような表面性状が用いられているか？
(4) 他書やインターネットを利用して図面をいくつか探しなさい。

4 用語に関する問題

SolidWorksのヘルプ，インターネット，書籍等を利用して，以下の用語について簡単に説明しなさい。

1	ISO	
2	JIS	
3	部品図	
4	組立図	
5	一品一葉図面	
6	多品一葉図面	
7	部品表	
8	表題欄	
9	シートフォーマット（SolidWorks）	
10	尺度（スケール）	
11	外形線	
12	中心線	
13	寸法線	
14	寸法補助線	
15	引出線	
16	想像線	
17	相貫線	
18	切断線	
19	破断線	
20	主投影図	

21	ビュー (SolidWorks)	
22	断面図	
23	矢示法	
24	ピッチ	
25	照合番号	
26	テーパ	
27	こう配	
28	寸法公差	
29	普通交差	
30	はめあい	
31	穴基準はめあい	
32	軸基準はめあい	
33	公差域クラス	
34	表面性状	
35	Ra	
36	Rz	
37	幾何公差	
38	データム	
39	実用データム形体	
40	標準部品	

第7章　アセンブリの基本

7-1　アセンブリについて
7-2　構成部品の合致
7-3　アセンブリの例
7-4　設計について
7-5　3次元CADに関して
　　　練習問題

7-1　アセンブリについて

■ 構成部品の挿入

　アセンブリファイルの作成画面では，アセンブリで使用できるCommand-Managerやツールバーが表示される。デフォルトの設定では新規アセンブリファイルを作成すると，自動的に構成部品の挿入ができるようになる（図7.1）。部品を新たに挿入するには，既存の部品/アセンブリのコマンドを使用する。部品ファイルは，一度保存をしないとアセンブリに挿入できない。アセンブリファイルには，部品ファイルとアセンブリファイル（サブアセンブリになる）が挿入できる。

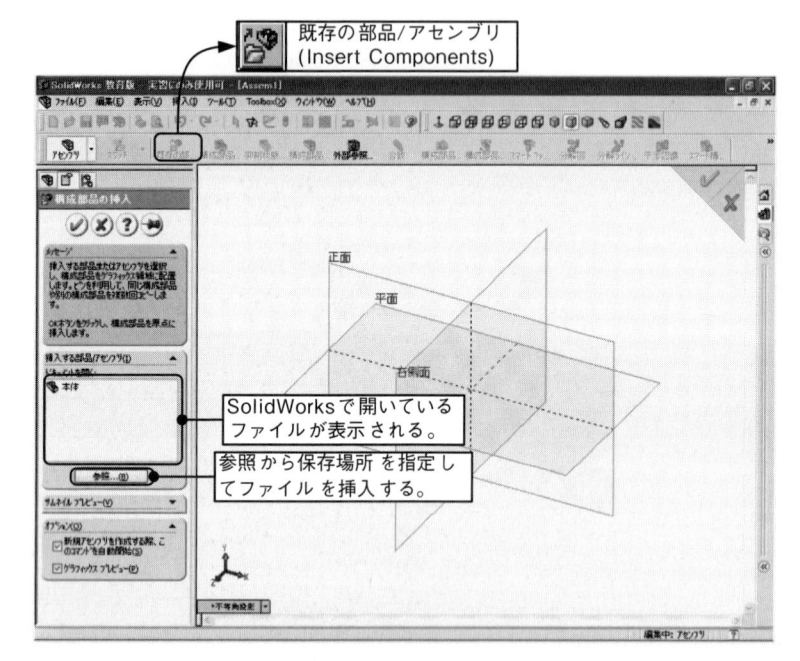

図 7.1　構成部品の挿入について

・構成部品の挿入

　構成部品の挿入は，図7.1の既存の部品/アセンブリのコマンドを実行する。図7.1の状態になり構成部品が挿入できる。

・構成部品の削除

　構成部品の削除は，FeatureManager（またはグラフィックス領域上）で削除したい構成部品を選択してDelキーを押すか，右クリックから削除を選択する。

7-1 アセンブリについて

■ アセンブリ編集と部品編集について

構成部品の挿入，合致条件の設定，干渉チェック等のアセンブリ作業は，アセンブリ編集の状態で行う。部品編集では，アセンブリ内で部品ファイルのスケッチ編集やフィーチャー編集等が行える。部品編集中は，FeatureManager で部品編集中のファイル名が青色で表示される。アセンブリ編集中に構成部品のスケッチ編集を行うと自動的に部品編集状態になる。部品をダブルクリックして寸法を変更する場合は，部品編集の状態にはならない。

・部品編集へのアクセス

　FeatureManager（またはグラフィックス領域上）で編集したい構成部品を選択して，右クリックから部品編集（サブアセンブリ編集）を選択する（図7.2）。

・アセンブリ編集へのアクセス

　アセンブリ編集に戻るには，FeatureManager の一番上（またはグラフィックス領域の何もないところ）を選択して，右クリックからアセンブリ編集を選択する（図7.2）。

インスタンス番号：

図 7.2 で構成部品 1 の横に ⟨1⟩ や ⟨2⟩ がついているのは，アセンブリ内に構成部品 1 のインスタンスがいくつあるかを示している。ただし，⟨1⟩⟨2⟩⟨3⟩ と挿入して ⟨2⟩ を削除しても ⟨3⟩ は，⟨3⟩ のままである。

図 7.2　アセンブリ編集と部品編集

■ 構成部品の移動

挿入した構成部品を移動するには，図 7.3 に示したような方法がある。アセンブリで最初に挿入した構成部品は，自動的に固定されるので，移動を行うためには構成部品を右クリックし，非固定にする必要がある。

第 7 章 アセンブリの基本

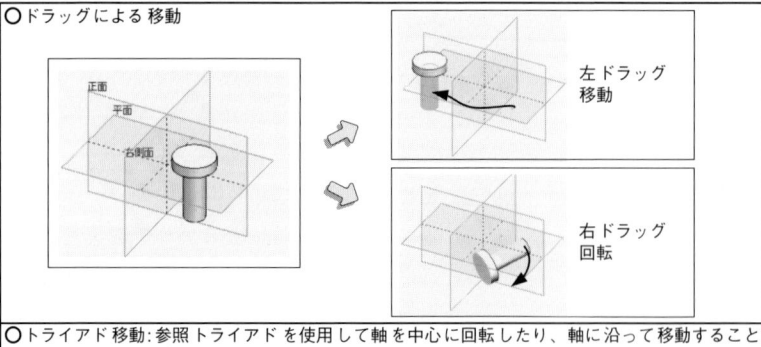

○ドラッグによる移動

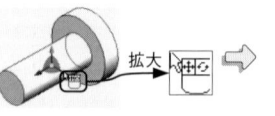

左ドラッグ 移動

右ドラッグ 回転

○トライアド移動：参照トライアドを使用して軸を中心に回転したり、軸に沿って移動することができる。

構成部品を右クリックしトライアド移動を選択すると参照トライアドが表示される。

軸にポインタを移動し、上のような表示状態で移動する。
移動：左ボタンでドラッグ
回転：右ボタンでドラッグ

構成部品移動 (Move Component)

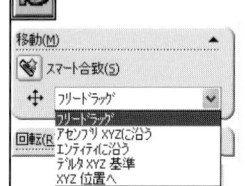

- フリードラッグ：部品を選択し、任意の方向にドラッグする。
- アセンブリXYZに沿う：部品を選択し、アセンブリのX、Y、Zの方向にドラッグする。
- エンティティに沿う：選択アイテムにエンティティ(直線、エッジ、軸、平面、平坦な面)を指定してから部品をドラッグする。
- デルタXYZ基準：ΔX、ΔY、ΔZの値を入力し、適用をクリックすることで部品を指定距離だけ移動する。
- XYZ位置へ：部品の任意の点を選択し、X、Y、Zの座標を指定し、適用をクリックすることで部品の任意の点が指定の座標に移動する。点以外を選択した場合、部品の原点が指定の座標に移動する。

構成部品回転 (Rotate Component)

- フリードラッグ：部品を選択し、任意の方向にドラッグする。
- エンティティ基準：選択アイテムにエンティティ(直線、エッジ、軸)を選択し、部品をドラッグする。
- デルタXYZ基準：ΔX、ΔY、ΔZの値を入力し、適用をクリックすることで部品がアセンブリの軸を中心に、指定角度だけ回転する。

○構成部品移動と構成部品回転のその他のオプションについて

- 衝突検知：構成部品の移動、回転時に他の構成部品との衝突を検知できる。衝突は、アセンブリ全体や選択した構成部品グループに対して検出できる。
- フィジカルダイナミックス：構成部品のドラッグによる移動で接触によって他の構成部品(移動可能な場合)を動かすことができる。
- ダイナミッククリアランス：構成部品の移動や回転時に、他の構成部品との間の最小距離が寸法線として表示され確認できる。また2つの構成部品の移動および回転時に、指定距離内に互いが近づかないようにすることができる。

構成部品移動・回転のコマンドについて：
　回転と移動のコマンドはどちらのコマンドを実行してもオプションを展開することで2つのコマンドが切り替えられる。

図 7.3　構成部品の移動

7-2 構成部品の合致

■ 合致について

合致とは，アセンブリ内での構成部品の位置関係をつけることで，2つのオブジェクト間に対して合致をつける。さまざまな合致設定があるが，基本的に標準合致の一致，正接，同心円で十分である。図7.4は，合致の作成例とPropertyManagerについて説明している。

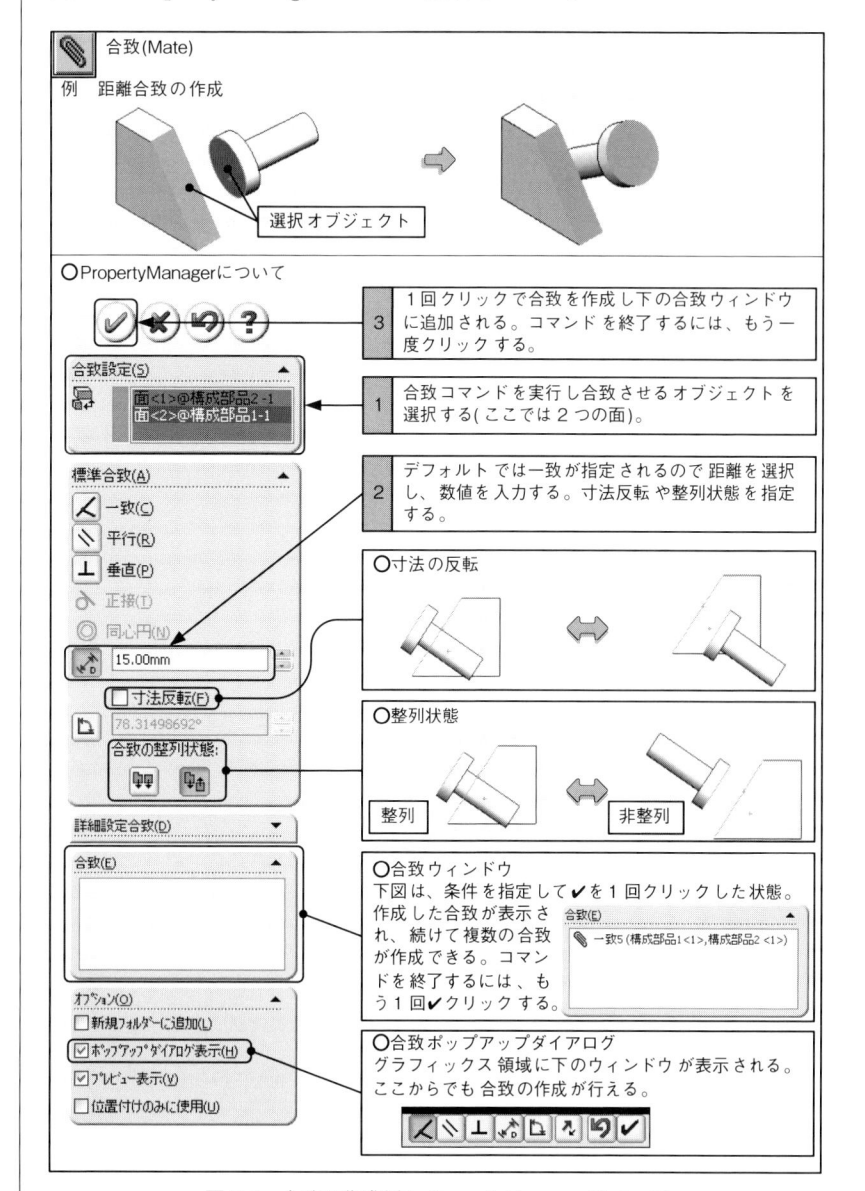

図 7.4 合致の作成例と PropertyManager について

固定について：

アセンブリで最初に挿入する構成部品は，自動的に固定されるので，新たに合致関係を設定するには固定を解除する必要がある。固定の解除は，FeatureManagerやグラフィックス領域で構成部品を右クリックし，非固定を選択する。

スマート合致について：

スマート合致とは，合致を簡単に作成する機能のことである。アセンブリ内で部品を移動するときに，Altキーを押しながら配置したり，スマート合致コマンドを使用したりする。他には次のようなものがある。

・部品ウィンドウからアセンブリウィンドウへ部品をドラッグアンドドロップで挿入するときに合致を追加する。
・合致参照の定義
部品ファイルであらかじめ合致関係をつけるエンティティを指定しておくことができる。

作成した合致条件は，図7.5のようにFeatureManagerから確認ができる。また，展開した状態から合致条件を右クリックし，削除やフィーチャー編集から合致条件の編集が行える。

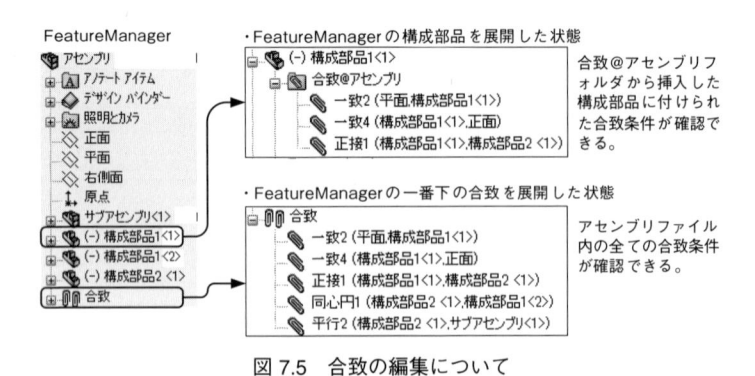

図7.5　合致の編集について

■ 合致の状態について

図7.5のFeatureManagerの構成部品の文字の横の(-)は，構成部品の合致の状態を示している。以下に示すような合致の状態がある。

- なし　　＝完全定義：合致関係により完全に定義されている。
- (−)　　＝未定義：合致関係にまだ自由度がある。
- (固定)　＝固定：合致関係はなく，現在の位置に固定されている。
- (+)　　＝重複定義：合致関係により，構成部品の位置が重複定義されている。
- (?)　　＝未解決：ジオメトリ上の理由から有効な合致関係でない状態。

■ 標準合致

図7.6は，標準合致と使用できるオブジェクトの組み合わせについて示している。

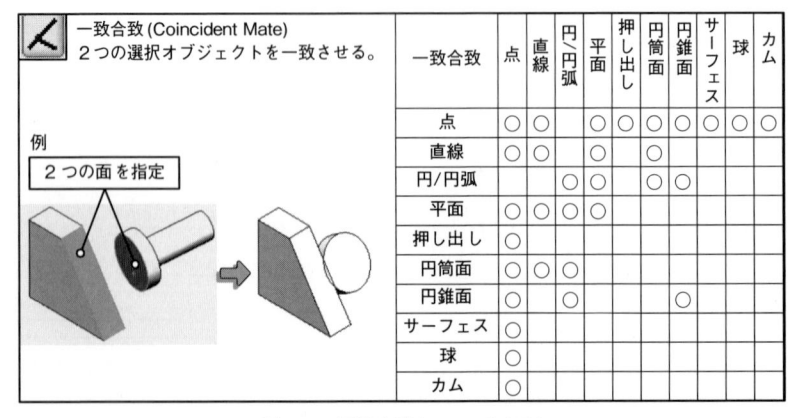

図7.6　標準合致について (1/2)

合致の状態について：
修正が必要なのは，重複定義や未定義の状態である。固定も場合によっては注意が必要である。
この他にエラーの状態もあるのでその際にも修正が必要になる。問題がなくてもエラーが表示される場合は，とりあえず再構築を実行してみるとよい。

標準合致について：
円/円弧は円や円弧のエッジのことである。
押し出しは，押し出されたソリッドフィーチャー，またはサーフェスフィーチャーの1つの面を表す。抜きこう配をもつ押し出しは使用できない。

7-2 構成部品の合致　　　189

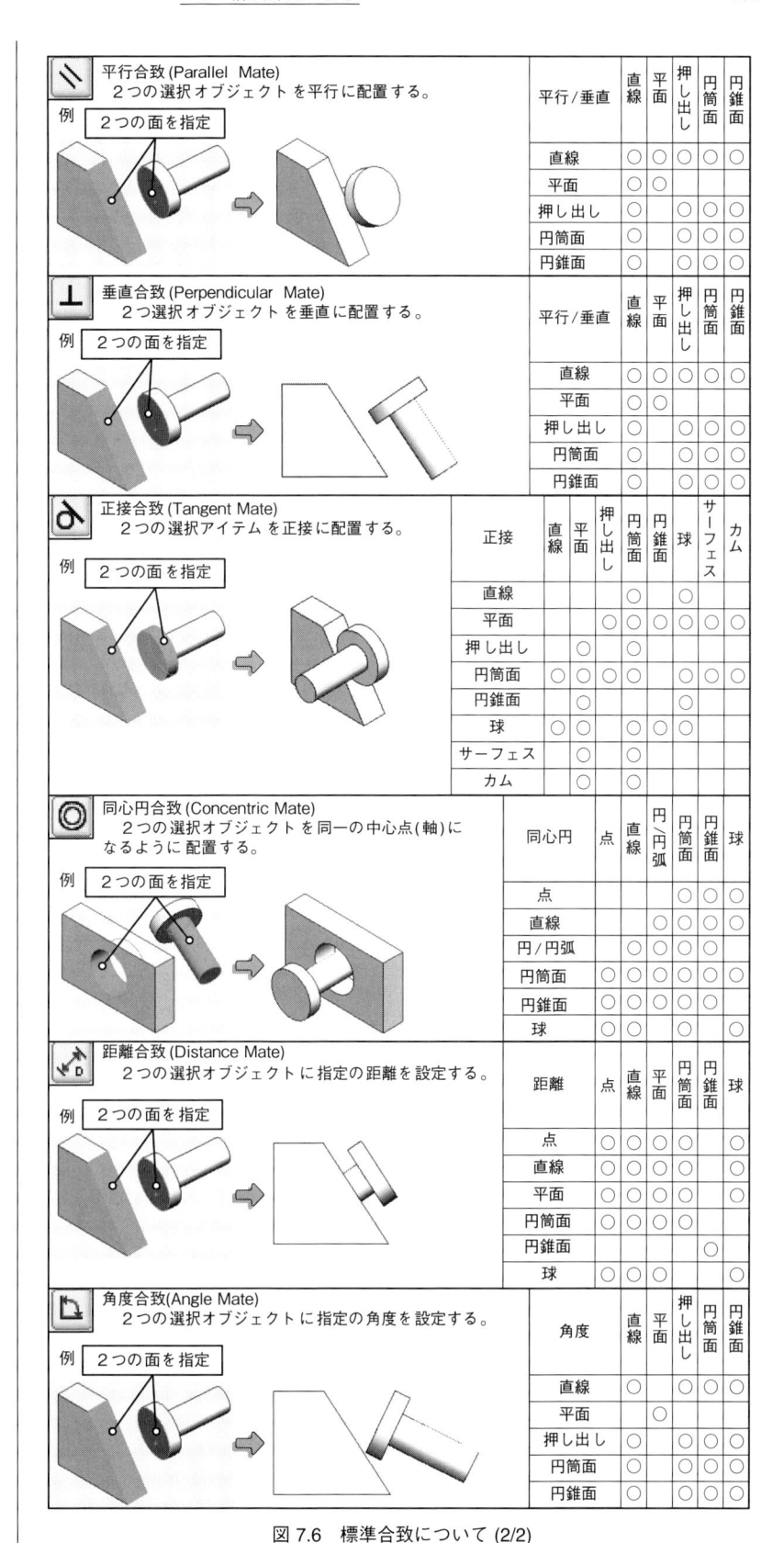

平行合致 (Parallel Mate)
2つの選択オブジェクトを平行に配置する。

例：2つの面を指定

平行/垂直	直線	平面	押し出し	円筒面	円錐面
直線	○	○	○		
平面	○	○			
押し出し	○		○	○	○
円筒面	○		○	○	○
円錐面	○		○	○	○

垂直合致 (Perpendicular Mate)
2つ選択オブジェクトを垂直に配置する。

例：2つの面を指定

平行/垂直	直線	平面	押し出し	円筒面	円錐面
直線	○	○	○	○	○
平面	○	○			
押し出し	○		○	○	○
円筒面	○		○	○	○
円錐面	○		○	○	○

正接合致 (Tangent Mate)
2つの選択アイテムを正接に配置する。

例：2つの面を指定

正接	直線	平面	押し出し	円筒面	円錐面	球	サーフェス	カム
直線				○	○			
平面			○	○	○	○		
押し出し		○		○				
円筒面	○	○	○	○				
円錐面		○						
球		○						
サーフェス		○						
カム		○						

同心円合致 (Concentric Mate)
2つの選択オブジェクトを同一の中心点(軸)になるように配置する。

例：2つの面を指定

同心円	点	直線	円/円弧	円筒面	円錐面	球
点			○	○	○	
直線			○	○	○	
円/円弧	○	○	○			
円筒面	○	○		○	○	○
円錐面	○	○		○	○	
球	○	○		○		○

距離・角度合致について：
距離・角度合致は，PropertyManagerの角度や距離ボックスに値を入力する必要がある。デフォルト値は，選択したエンティティの現在の値となる。

距離合致 (Distance Mate)
2つの選択オブジェクトに指定の距離を設定する。

例：2つの面を指定

距離	点	直線	平面	円筒面	円錐面	球
点	○	○	○	○		○
直線	○	○	○	○		○
平面	○	○	○	○		○
円筒面	○	○	○			
円錐面					○	
球	○	○	○			○

角度合致 (Angle Mate)
2つの選択オブジェクトに指定の角度を設定する。

例：2つの面を指定

角度	直線	平面	押し出し	円筒面	円錐面
直線	○			○	○
平面		○			
押し出し			○	○	○
円筒面	○		○		○
円錐面	○		○	○	○

図 7.6　標準合致について (2/2)

■ 詳細設定合致

詳細設定合致について図 7.7 に示した。合致の PropertyManager の標準合致の下に詳細設定合致があるので展開して合致をつける。

対称合致 (Symmetry Mates)

対称となる基準平面と2つの構成部品の平坦な面等を指定することで、対称の関連付けが行える(ミラーとは異なる)。

対称合致が可能なエンティティ
- 頂点やスケッチ点等の点　・エッジ、軸、スケッチ線等の線
- 平面または平坦な面　　　・等しい半径の球面
- 等しい半径の円筒形

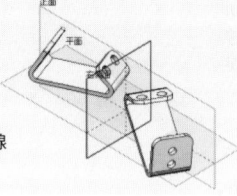

カムフォロワー合致 (Cam-Follower Mates)

正接や一致合致の種類の1つで、カムにフォロワーを合致させることができる。

カム：一連の正接面等で閉じたループを指定する。
　　　カムの輪郭は直線、円弧、スプラインで作成できる。
フォロワー(従動子)：円筒形、平面、点

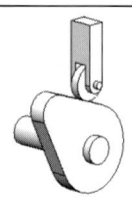

幅合致 (Width Mates)

溝の幅等の2つ平坦面の中央に、タブを配置する。

幅に指定できるエンティティ：
- 2つの平行な平坦面
- 2つの平行でない平坦面

タブに指定できるエンティティ：
- 2つの平行な平坦面
- 2つの平行でない平坦面
- 単一の円筒形面または軸

ギア合致 (Gear Mates)

2つのギア(歯車)の軸と歯数比を指定することで回転を制御する。軸には、円筒面、円錐面、軸、直線エッジが指定できる。

制限合致 (Limit Mates)

距離や角度の合致を使用し指定範囲内で構成部品を動かすことができる。距離または角度を指定し、最大値や最小値を指定する。

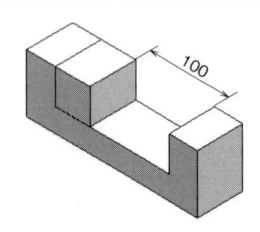

最大値
最小値

図 7.7　詳細設定合致について

7-3 アセンブリの例

5章の練習問題で作成した小型万力の部品ファイルを使用してアセンブリを行う（図7.8）。ここで紹介するアセンブリの方法は，一例にすぎない。

組立図を作成する場合は，アセンブリを動かすと図面ファイルも更新されるため，完全定義になるように合致条件を設定した方がよい。

分解図 (Exploded View)：
右図のような分解図は，分解図のコマンドを使用して作成できる。次からアクセスできる。
→ ツール（メニュー）
→ 分解図

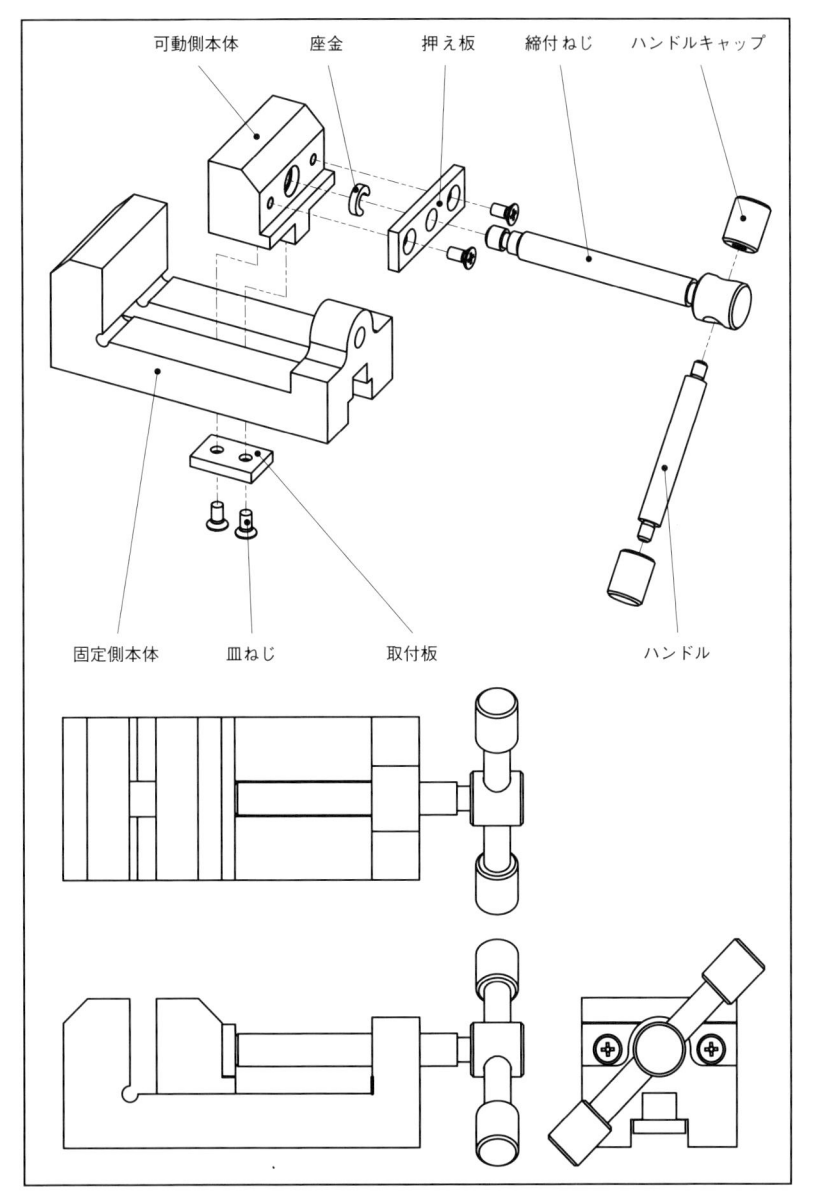

図7.8 小型万力

新規にアセンブリファイルを作成し，固定側本体を挿入すると自動的に固定の合致がつく（図 7.9）。

この例では固定の合致のまま行うが，別な合致条件を設定する場合，FeatureManager で右クリックから非固定を選択してから合致条件を指定する。

① 新規アセンブリファイルを開くと図のように構成部品挿入のコマンドが実行された状態になる。参照から保存先の固定側本体を指定する。

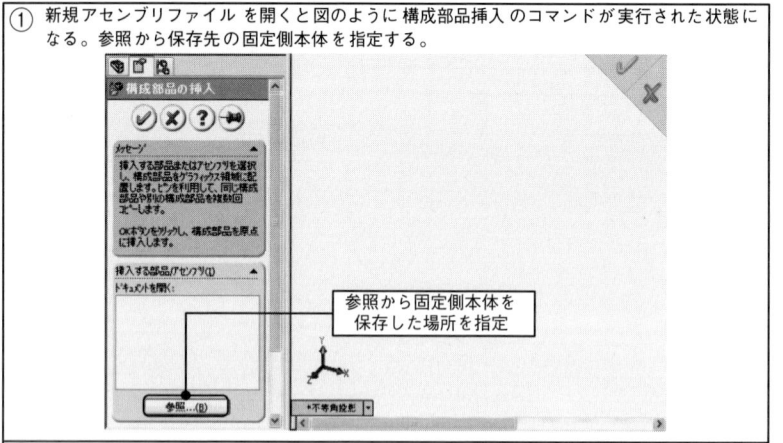

参照から固定側本体を保存した場所を指定

② 図のようにグラフィックス領域に表示される。ここでは何も設定せずに✔を選択する。

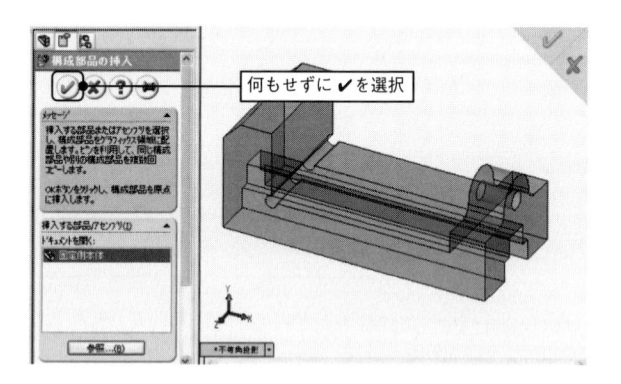

何もせずに✔を選択

③ 固定側本体の原点とアセンブリファイルの原点が同じ位置で固定される。挿入した固定側本体は，グラフィックス領域上でドラッグしても動かない。ファイル名をつけ保存する。

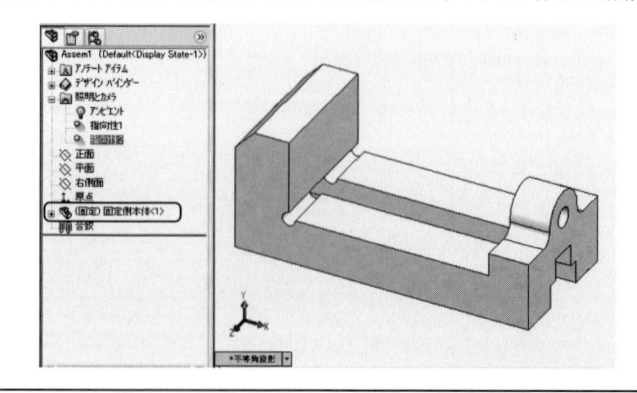

図 7.9　新規アセンブリファイルの作成と固定側本体の挿入

7-3 アセンブリの例

　図 7.10 は，可動側本体の挿入と合致の設定について示している。合致を追加した後にコマンドを終了し，合致の状態を確認するとよい。

　この例では詳細合致の制限合致を使用しているが，標準合致の距離合致を使用してもよい。組立図を作成する場合は，標準の距離合致を使用した方がよい。

　状況に応じて整列状態の切り替えを行うとよい。

① 既存の部品/アセンブリのコマンドを実行し，固定側本体と同様に参照から可動側本体を挿入し，グラフィックス領域の適当な位置をクリックし配置する。合致条件が何も指定されていないのでグラフィックス領域上でドラッグすると自由に動く。

② Ctrl キーを押しながら 2 つの面を選んで合致コマンドを実行すると自動で一致合致が選択される。✔を1回選択すると続けて合致の設定が行える。

2つの面を選択して合致のコマンドを実行する

③ 続けて 2 つの面を指定し，一致合致を設定する。✔を 1 回選択。

2つの面を指定

④ 続けて 2 つの面を指定し，詳細合致を開き距離を選択し，最大値62mm、最小値0mmを入力して合致コマンドを終了する。

2つの面を指定

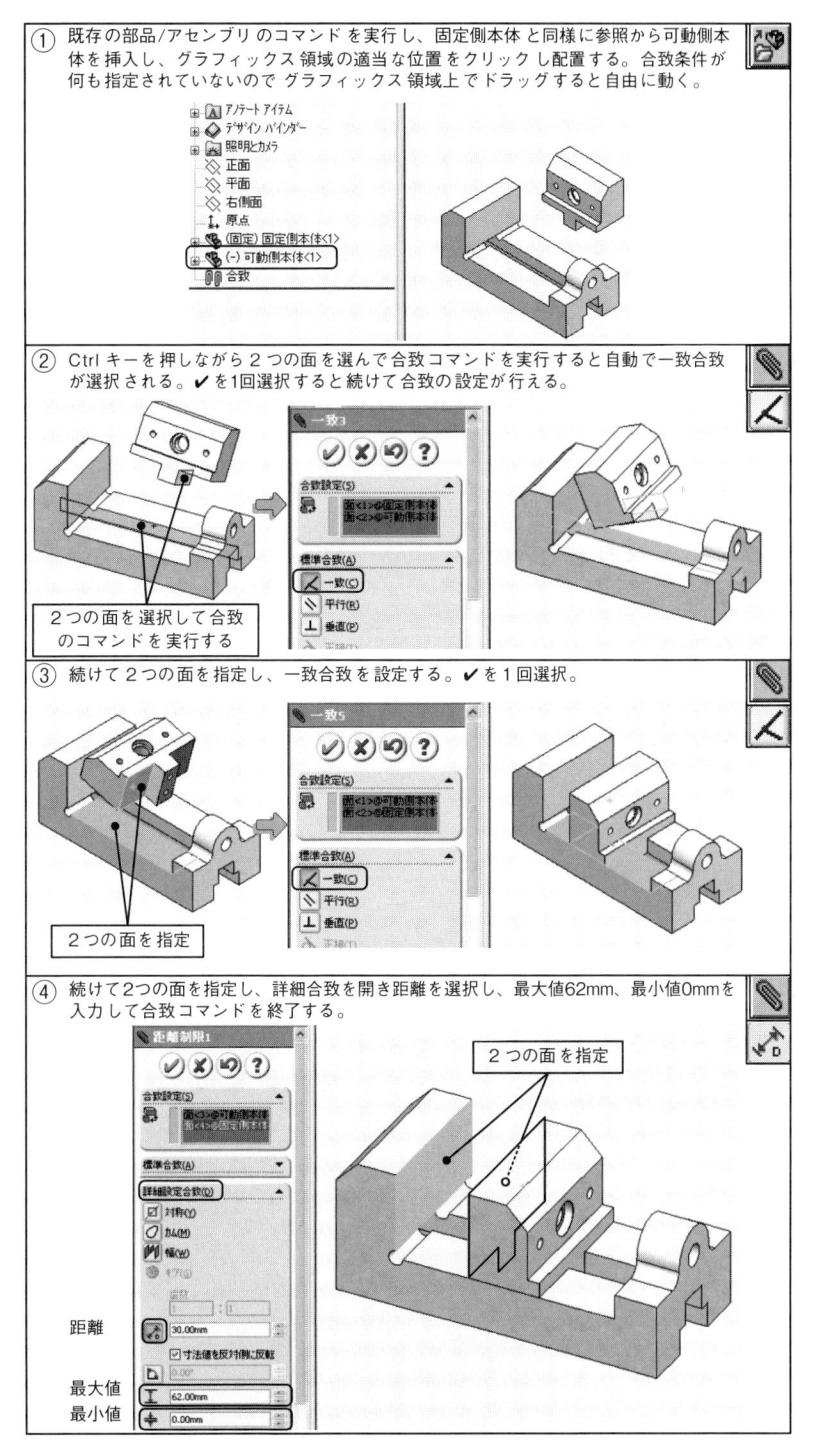

距離　30.00mm
最大値　62.00mm
最小値　0.00mm

図 7.10　可動側本体の挿入と合致の設定

図 7.11 は，取付板の挿入と合致の設定について示している。

① 既存の部品/アセンブリのコマンドを実行し、取付板をグラフィックス領域の適当な位置をクリックし配置する。

② Ctrlキーを押しながら2つの面を選んで合致コマンドを実行すると自動で一致合致が選択されるので✔を1回選択する。

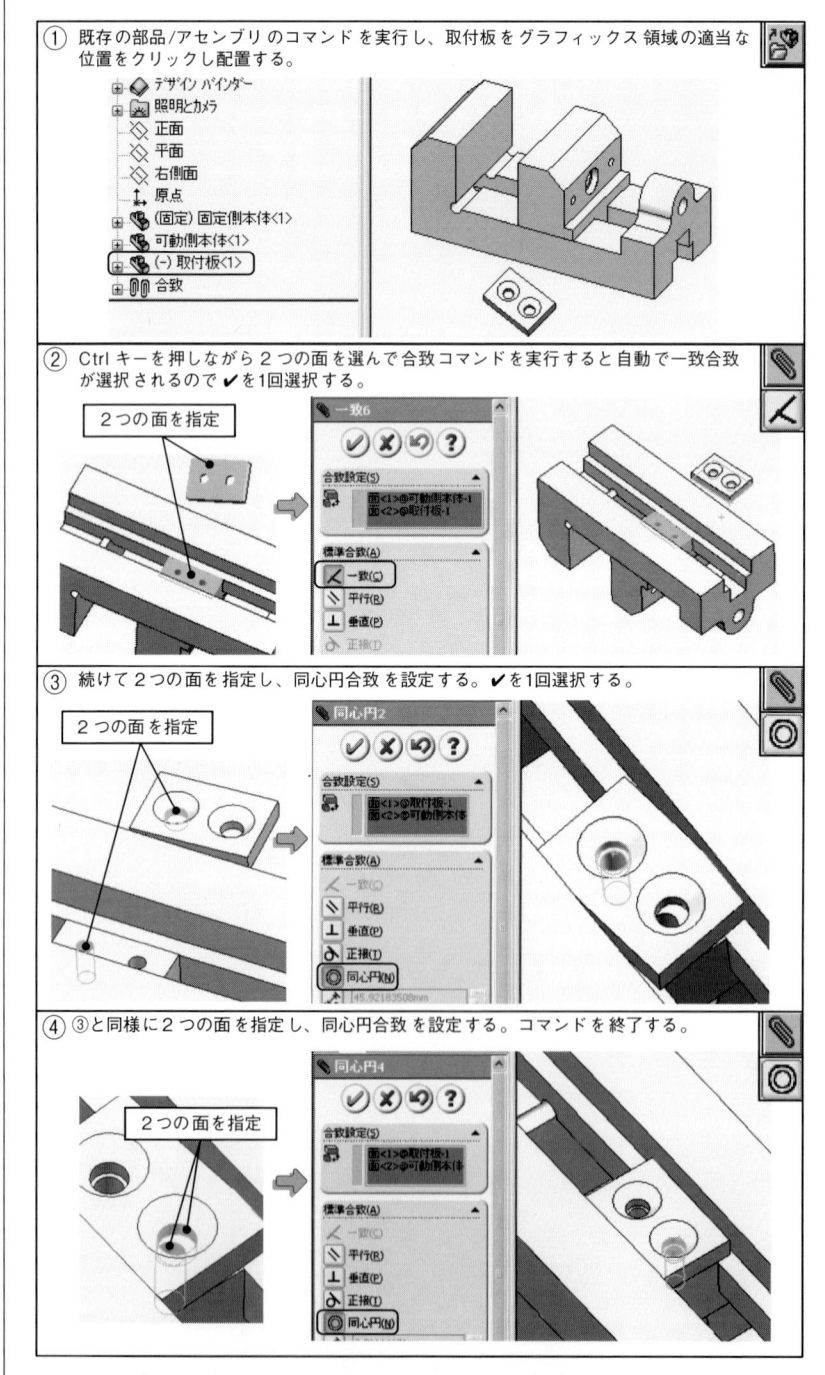

③ 続けて2つの面を指定し、同心円合致を設定する。✔を1回選択する。

④ ③と同様に2つの面を指定し、同心円合致を設定する。コマンドを終了する。

図 7.11 取付板の挿入と合致の設定

7-3 アセンブリの例

図 7.12 は，デザインライブラリを使用した皿ねじの挿入と合致の設定について示している。

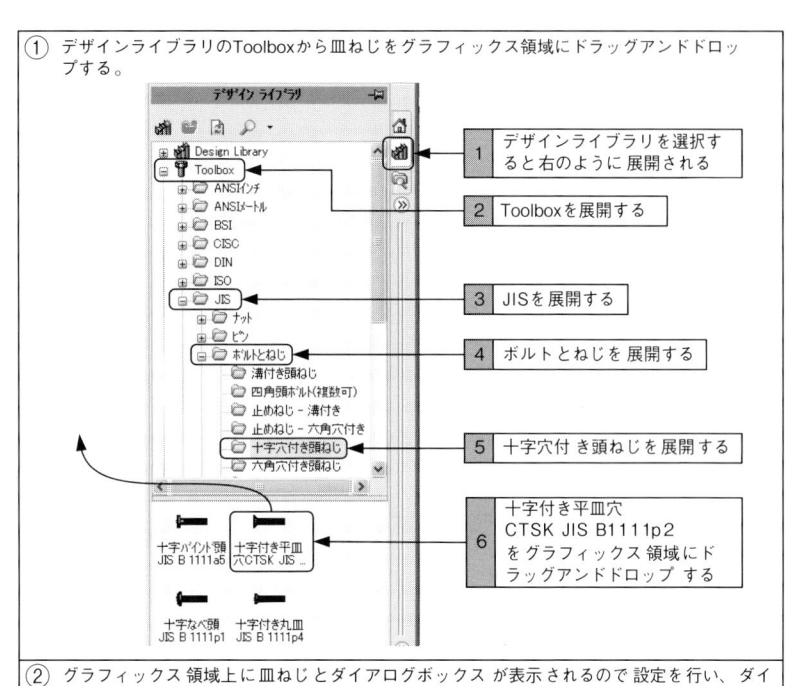

① デザインライブラリのToolboxから皿ねじをグラフィックス領域にドラッグアンドドロップする。

1	デザインライブラリを選択すると右のように展開される
2	Toolboxを展開する
3	JISを展開する
4	ボルトとねじを展開する
5	十字穴付き頭ねじを展開する
6	十字付き平皿穴 CTSK JIS B1111p2 をグラフィックス領域にドラッグアンドドロップする

②で余分にねじを追加した場合は，削除を行うとよい。1つしか配置しなかった場合は，Ctrl キーを押しながらドラッグすることでコピーができる。

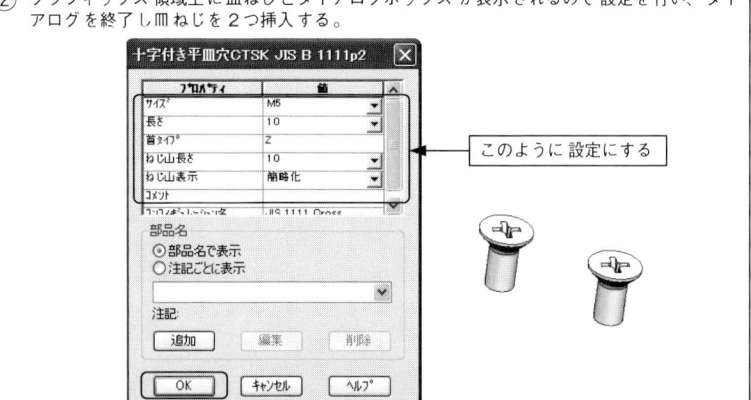

② グラフィックス領域上に皿ねじとダイアログボックスが表示されるので設定を行い、ダイアログを終了し皿ねじを2つ挿入する。

このように設定にする

③ Ctrl キーを押しながら2つの面を選んで合致コマンドを実行し、一致合致を設定する。もう1つの皿ねじについても同様の合致条件を指定する。

2つの面を指定

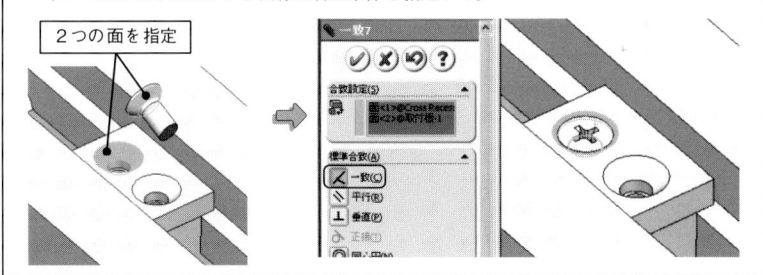

図 7.12　皿ねじの挿入と合致の設定

図7.13は，押え板の挿入と合致の設定について示している。

① 既存の部品/アセンブリのコマンドを実行し押え板をグラフィックス領域の適当な位置をクリックし配置する。

② Ctrlキーを押しながら2つの面を選んで合致コマンドを実行すると一致合致が選択されるので✔を1回選択し続けて合致の設定を行う。

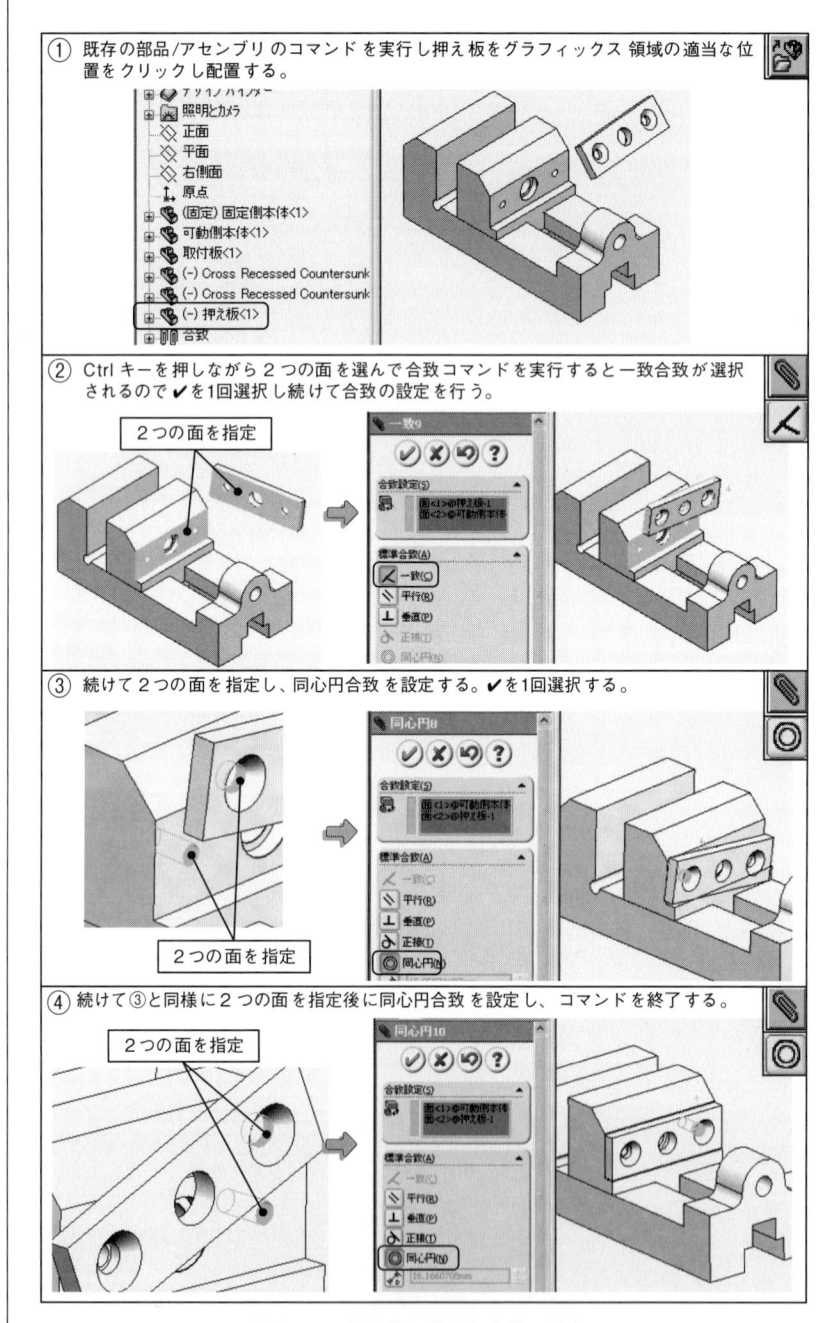

③ 続けて2つの面を指定し、同心円合致を設定する。✔を1回選択する。

④ 続けて③と同様に2つの面を指定後に同心円合致を設定し、コマンドを終了する。

図7.13 押え板の挿入と合致の設定

7-3 アセンブリの例

図7.14は，スマートファスナーを使用した皿ねじの挿入について示している。

① スマートファスナーを実行し選択箇所に皿ねじ用の穴を選択し，追加を選択する。

② 追加を選択するとファスナーに十字穴付き平皿穴というように追加されるのでシリーズの箇所を右クリックしプロパティを表示させるとダイアログが表示されるので設定を行いコマンドを終了する。

③ 確認のため断面表示を使用した状態。

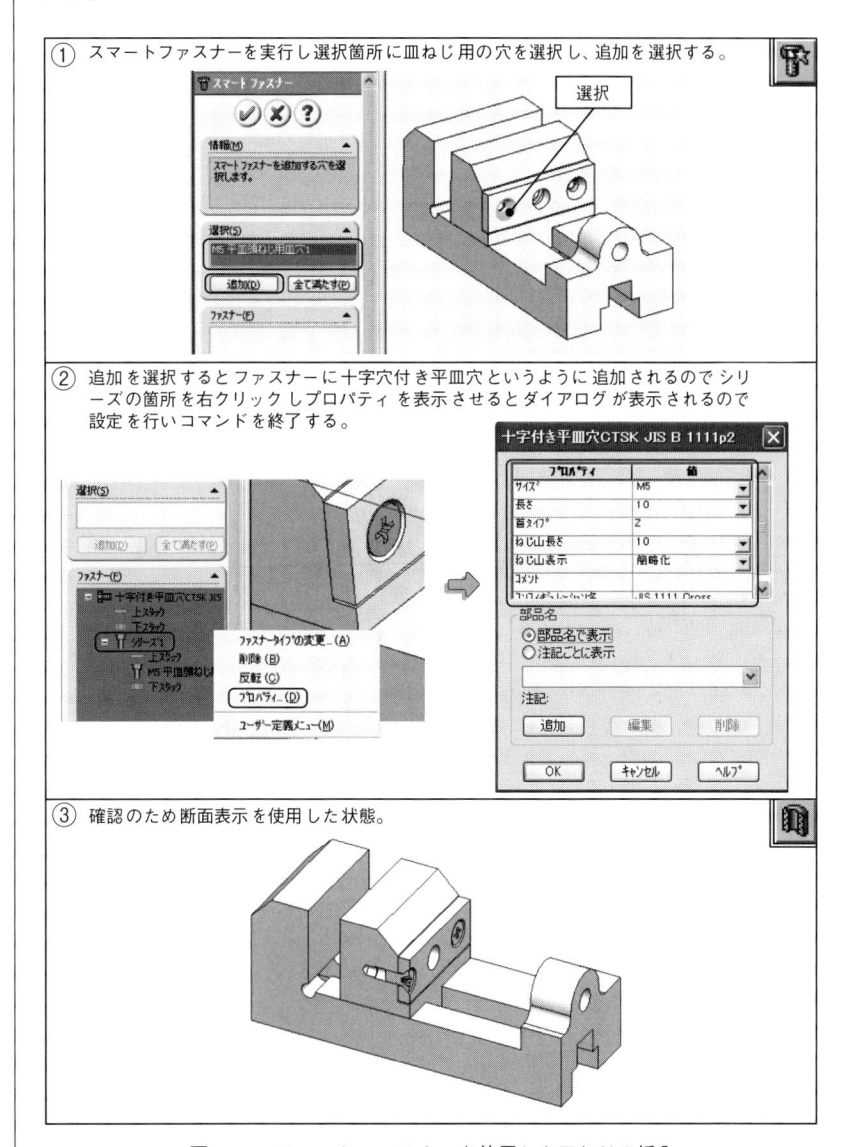

図7.14 スマートファスナーを使用した皿ねじの挿入

198 第7章 アセンブリの基本

アセンブリでは，部品ごとに表示/非表示，抑制，ライトウェイト表示などが行える。

図7.15 は，締付ねじ，座金の挿入並びに合致の追加について示している。

① 既存の部品/アセンブリのコマンドを実行し締付ねじと座金をグラフィックス領域の適当な位置をクリックし配置する。

② Ctrlキーを押しながら2つの面を選んで合致コマンドを実行すると自動で同心円合致が選択されるので✔を1回選択し続けて合致の設定を行う。

2つの面を指定

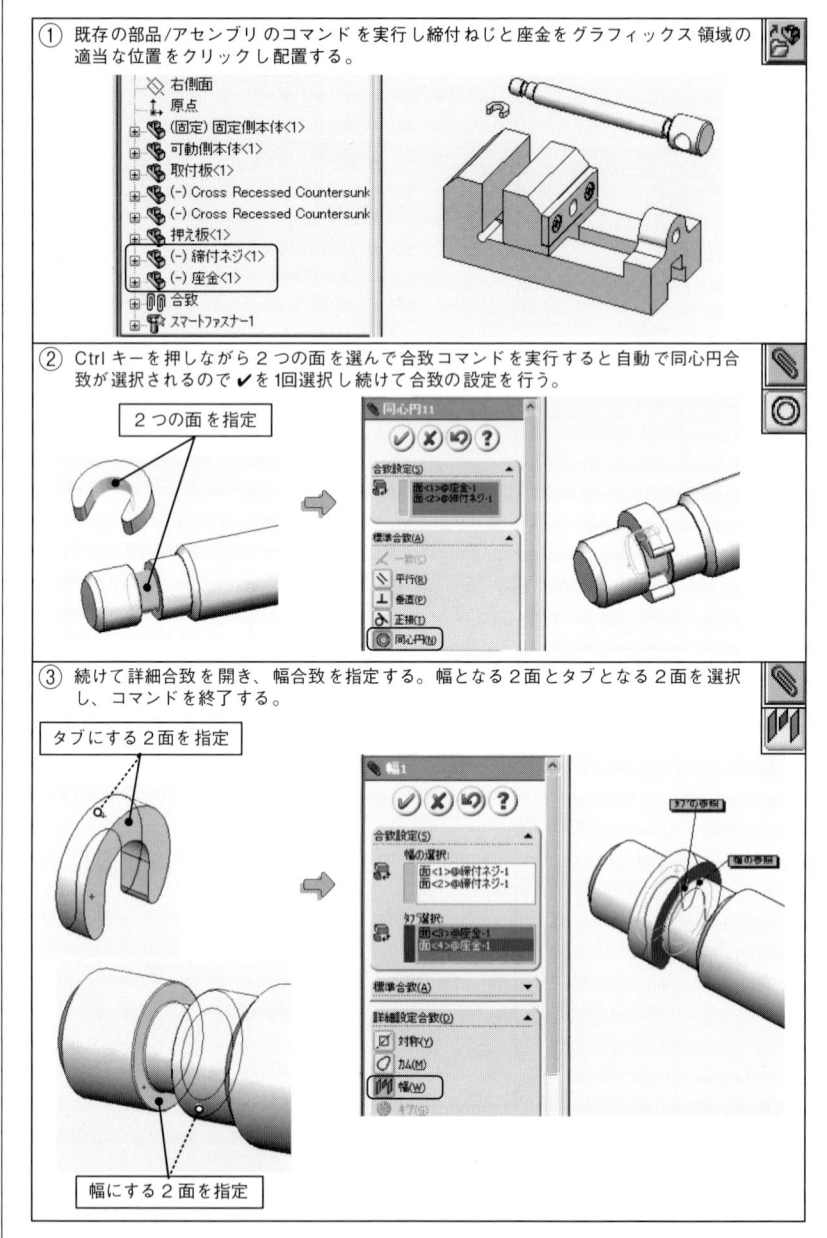

③ 続けて詳細合致を開き，幅合致を指定する。幅となる2面とタブとなる2面を選択し，コマンドを終了する。

タブにする2面を指定

幅にする2面を指定

図7.15 締付ねじ，座金の挿入並びに合致の設定 (1/2)

7-3 アセンブリの例

ここでは断面表示を使用して説明しているが，順次選択を使用してもよい。

またグラフィックス領域上やFeatureManagerで構成部品を右クリックから透明度の変更も行える。

④ 断面表示を使用し固定側本体の中心位置で断面を作成する。

⑤ Ctrlキーを押しながら2つの面を選んで合致コマンドを実行すると自動で同心円合致が選択されるので✔を1回選択すると続けて合致の設定が行える。

2つの面を指定

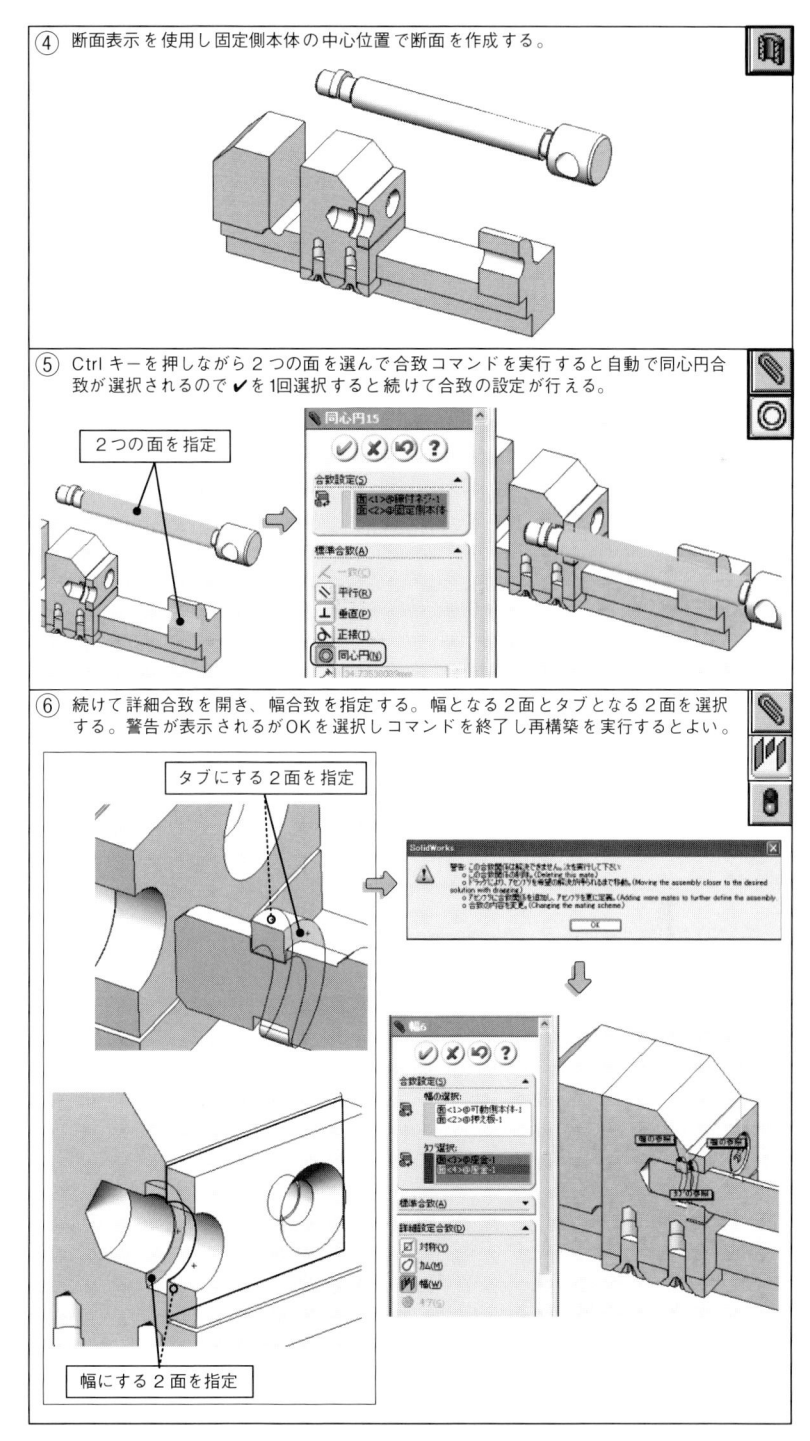

⑥ 続けて詳細合致を開き、幅合致を指定する。幅となる2面とタブとなる2面を選択する。警告が表示されるがOKを選択しコマンドを終了し再構築を実行するとよい。

タブにする2面を指定

幅にする2面を指定

図7.15 締付ねじ，座金の挿入並びに合致の設定 (2/2)

図 7.16 は，ハンドル，ハンドルキャップの挿入並びに合致条件の追加について示している。

① 既存の部品/アセンブリのコマンドを実行しハンドル、ハンドルキャップをグラフィックス領域の適当な位置をクリックし配置する。

② Ctrl キーを押しながら2つの面を選んで合致コマンドを実行すると自動で同心円合致が選択されるので✔を1回選択し、続けて合致の設定を行う。

2つの面を指定

③ 続けて2つの面を指定後に一致合致を設定し、コマンドを終了する。

2つの面を指定

④ ハンドルボスをアセンブリ内でCtrlキーを押しながらドラッグするとハンドルボスのインスタンスが追加できる。ハンドルの反対側に②③と同様に合致条件をつける。

Ctrl キーを押しながら
ハンドルボスをドラッグ

合致条件をつけた状態

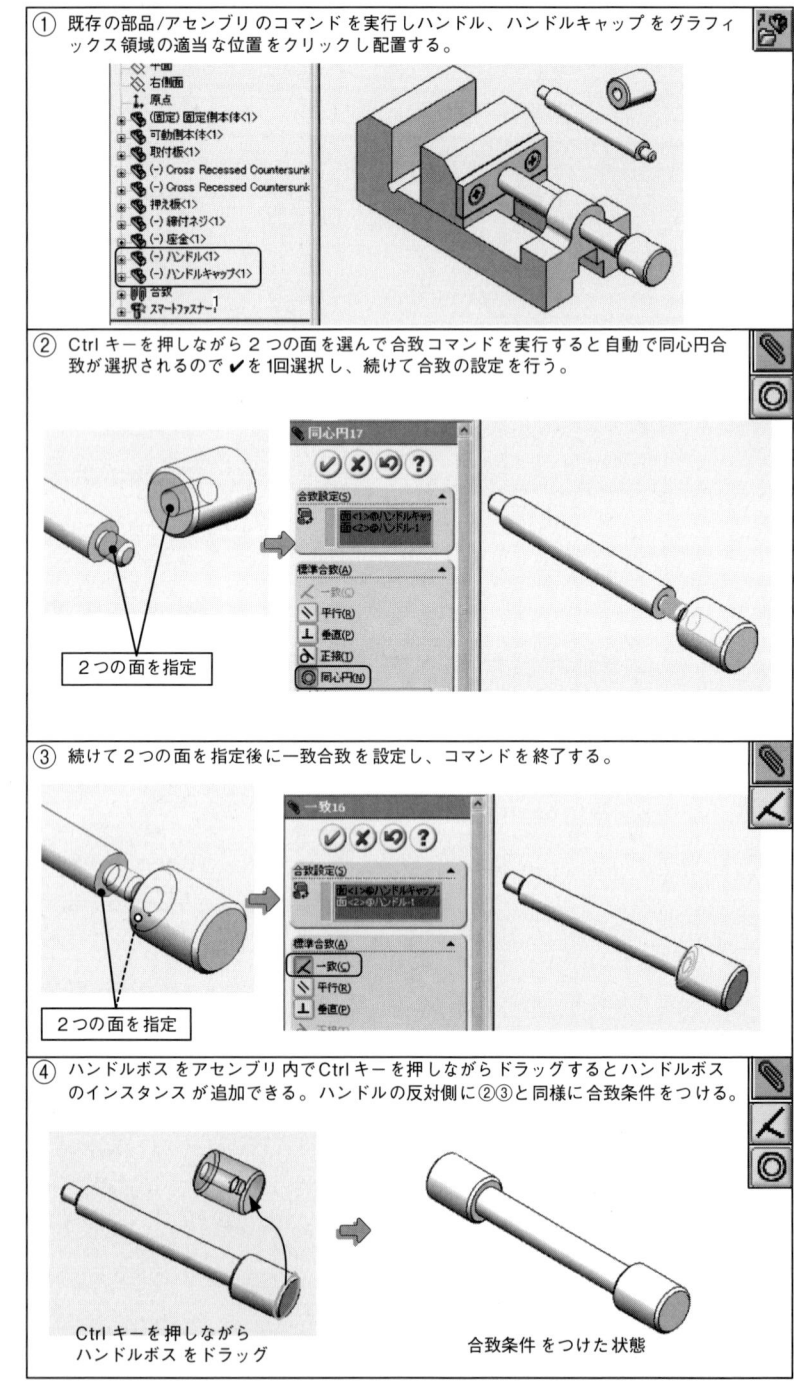

図 7.16　ハンドル，ハンドルキャップの挿入並びに合致の設定 (1/2)

7-3 アセンブリの例

① Ctrl キーを押しながら2つの面を選んで合致コマンドを実行すると自動で同心円合致が選択されるので✔を1回選択する。

2つの面を指定

② 続けて詳細合致を開き、制限合致を指定する。2つの面を指定、距離を選択、最大値54mm、最小値10mmを入力して合致コマンドを終了する。

2つの面を指定
(締付ねじの中間になる平面を使用している)

距離
最大値
最小値

干渉チェックについて：
このモデルは、干渉しているのでチェックしてみるとよい。次からアクセスできる。
　→ ツール（メニュー）
　→ 干渉認識

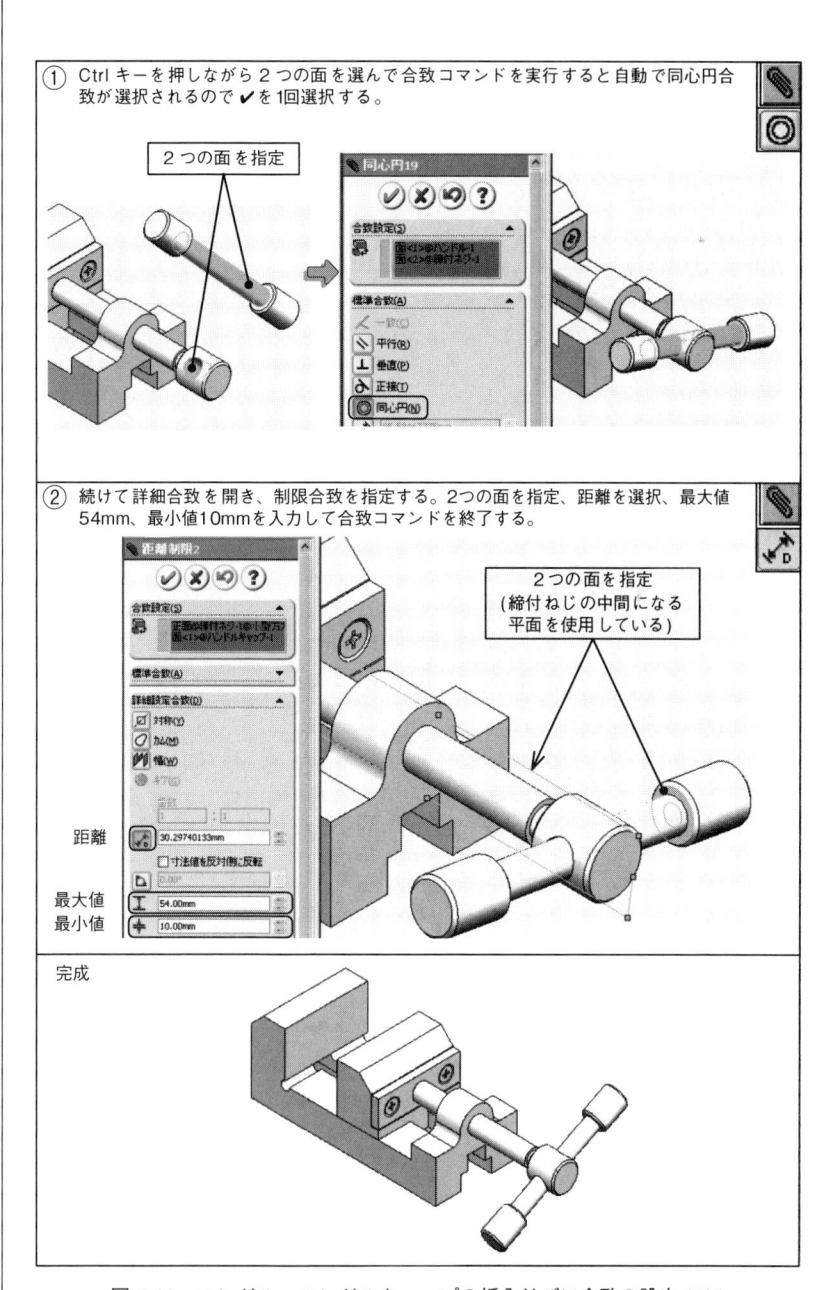

完成

図 7.16　ハンドル，ハンドルキャップの挿入並びに合致の設定 (2/2)

バイスに触れ，どのような仕組みなっているか分解してみるとよい。

7-4　設計について

■ いろいろなバイス

現在，どのようなバイスがあるかインターネットや他書を利用して探してみるとよい。バイス，万力，クランプ等の用語がワークを固定する工具として使われている。図7.17は，いろいろなバイスの例（概略図）を示している。この他にも小型や大型，高精度，油圧式やエアー式，磁石，木工作業用のバイスなど，さまざまな企業で設計され製作されている。概略の寸法や重量などは公開されているが，図面の詳細については公開されていない。

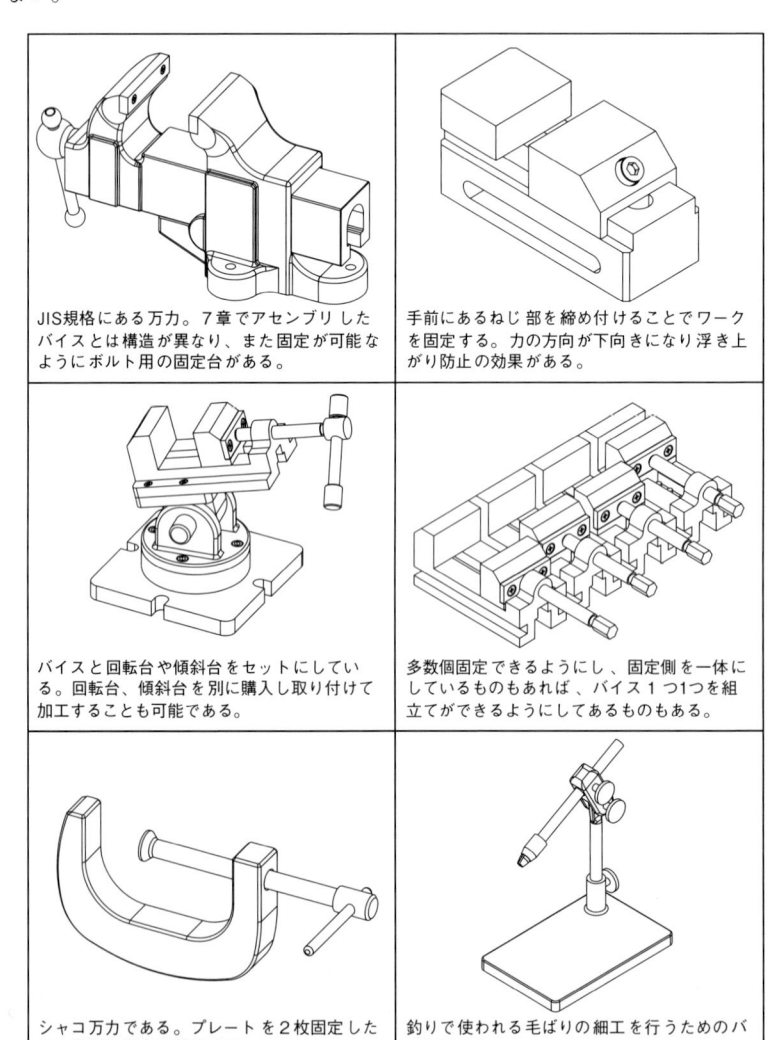

JIS規格にある万力。7章でアセンブリしたバイスとは構造が異なり、また固定が可能なようにボルト用の固定台がある。	手前にあるねじ部を締め付けることでワークを固定する。力の方向が下向きになり浮き上がり防止の効果がある。
バイスと回転台や傾斜台をセットにしている。回転台、傾斜台を別に購入し取り付けて加工することも可能である。	多数個固定できるようにし、固定側を一体にしているものもあれば、バイス1つ1つを組立てができるようにしてあるものもある。
シャコ万力である。プレートを2枚固定したり、簡単な固定に使用する。	釣りで使われる毛ばりの細工を行うためのバイスである。

図7.17　いろいろなバイス

■ いろいろなバイスからの考察

いろいろなバイスからさまざまなことが考えられる。いくつか例を挙げておく。例えば，ワークの形状はどのようなものが考えられるか？（図7.18）

○ワークの形状は？
材質は？ 柔らかい？ 硬い？……

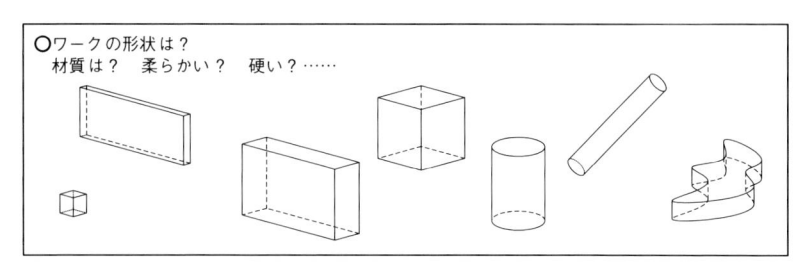

図7.18　ワークの形状について

基本的な固定をどのように行うか？（図7.19）

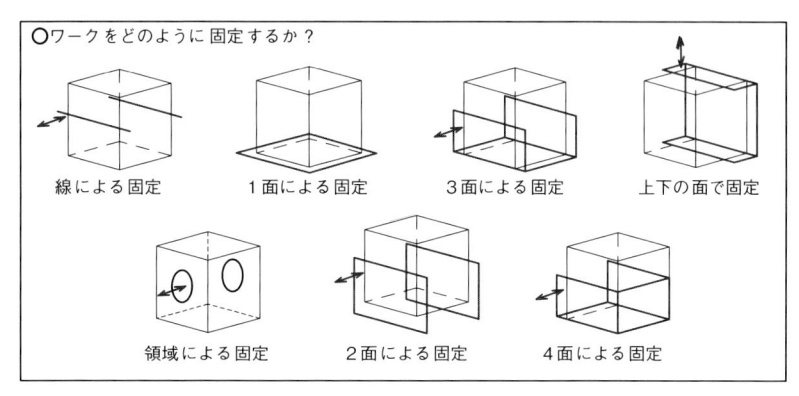

○ワークをどのように固定するか？

線による固定　　1面による固定　　3面による固定　　上下の面で固定

領域による固定　　2面による固定　　4面による固定

図7.19　ワークの固定方法

一般的には，安く扱いやすいねじを使用した機構が用いられる。ねじでなく別な機構を考えてもよい。どのような機構，構造，大まかな形状が考えられるか？（図7.20）

○機構、構造、大まかな形状は？

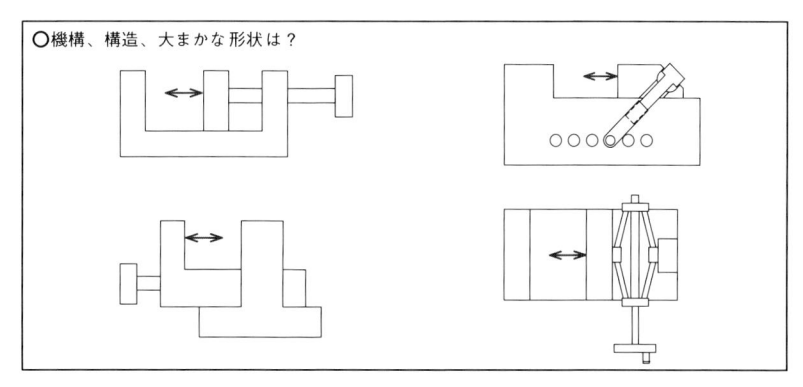

図7.20　機構・構造・大まかな形状

構想を練る際は，CADを使用してもよいが，手書きの図（ポンチ絵）やアイデアスケッチをする方がよい。設計でどの段階からCADを使用して設計を進めていくかを決めることも重要なことである。

また，設計で重要な検討事項は最初に決めておく必要がある。後から変更が難しいためである。CADを使用して設計の途中に良いアイデアが浮かんだとしても納期やコストの都合上，大幅な設計変更は難しい場合が多い。

この場合，次回の同じ製品を設計する際に改良（バージョンアップ）して製作することもある。

アイデアを得る方法は，数多くある。次にオズボーンのチェックリストと改善のキーワードを挙げておくので考えてみるとよい。

オズボーンのチェックリスト：
・転用 (Put it other use?)
・応用 (Adopt?)
・変更 (Modify?)
・拡大 (Magnify?)
・縮小 (Minify?)
・代用 (Substitute?)
・再利用 (Rearrange?)
・逆転 (Reverse?)
・結合 (Combine?)

改善のキーワード：
・速く
・安く
・楽に
・正しく

その他の形状や機能は他に考えられないか？（図7.21）

〇スライド部や固定側、可動側の形状は他にないか？

〇可動側の座金をボルトにしたら？

〇ハンドルの形状は他にないか？

〇固定側、可動側に口金をつけるとしたら？

〇固定できるようにするとしたら？

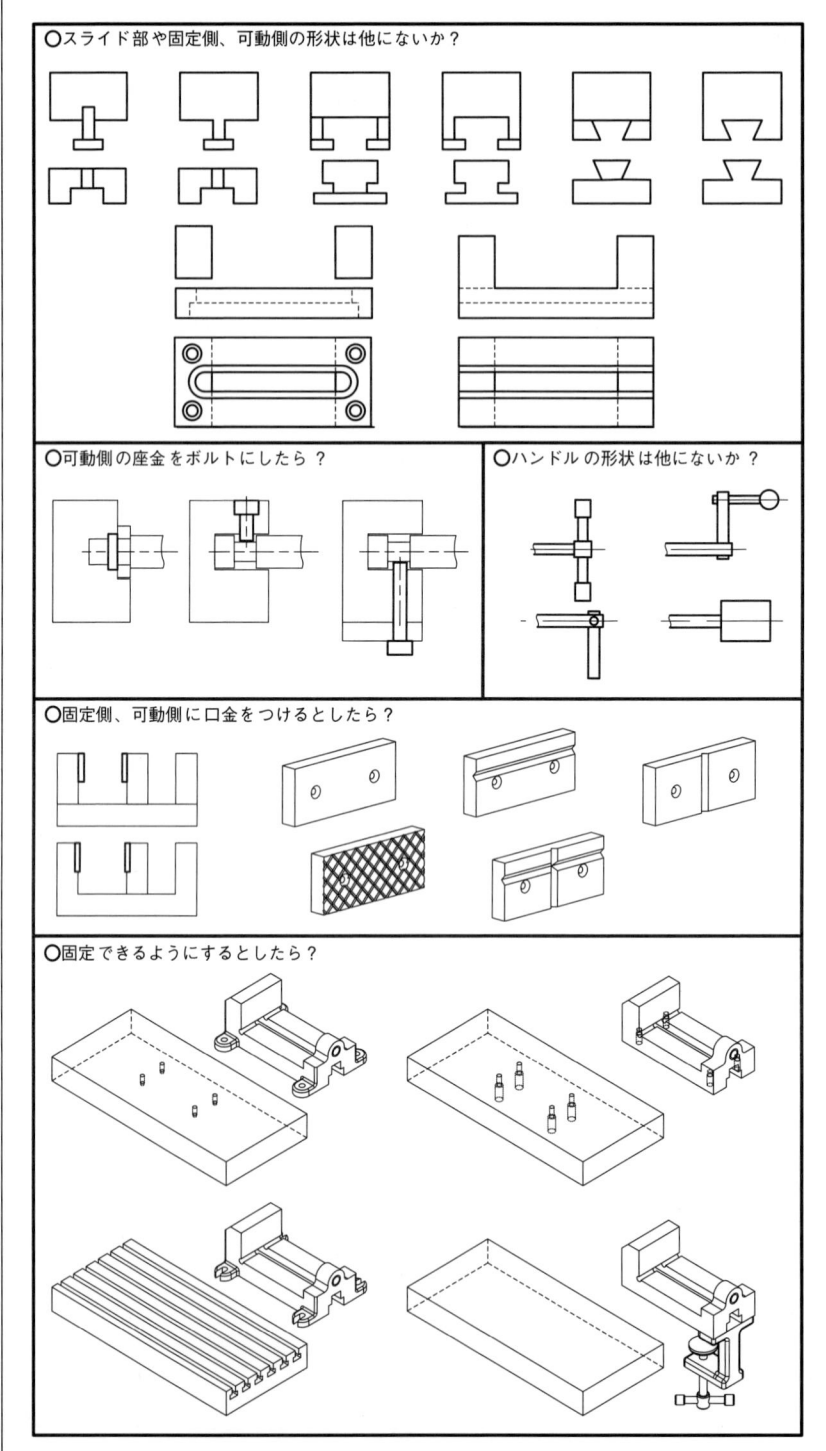

図7.21　形状やその他の機能

7-5 3次元CADに関して

■ アセンブリの方法について

アセンブリにもいくつかの方法がある（図7.22）。またアセンブリフィーチャーを使用して部品間に関連をもたせるか，アセンブリフィーチャーを使用しないようにするか，コンフィギュレーションを使用するかなど，どのような方法でモデリングやアセンブリを進めていくかというのは重要なことで，あらかじめ決めておく必要がある。

○部品ファイルを個別に作成した後、アセンブリファイルを作成し合致関係をつける。

○ポンチ絵で検討を行い、フィーチャーなしの状態または1～2フィーチャーの部品モデルでアセンブリを行った後、アセンブリを参照しながら部品のモデリングを行う。

○アセンブリファイルで検討用にスケッチを行い、そのスケッチを使用して部品ファイルのモデリングを行う。

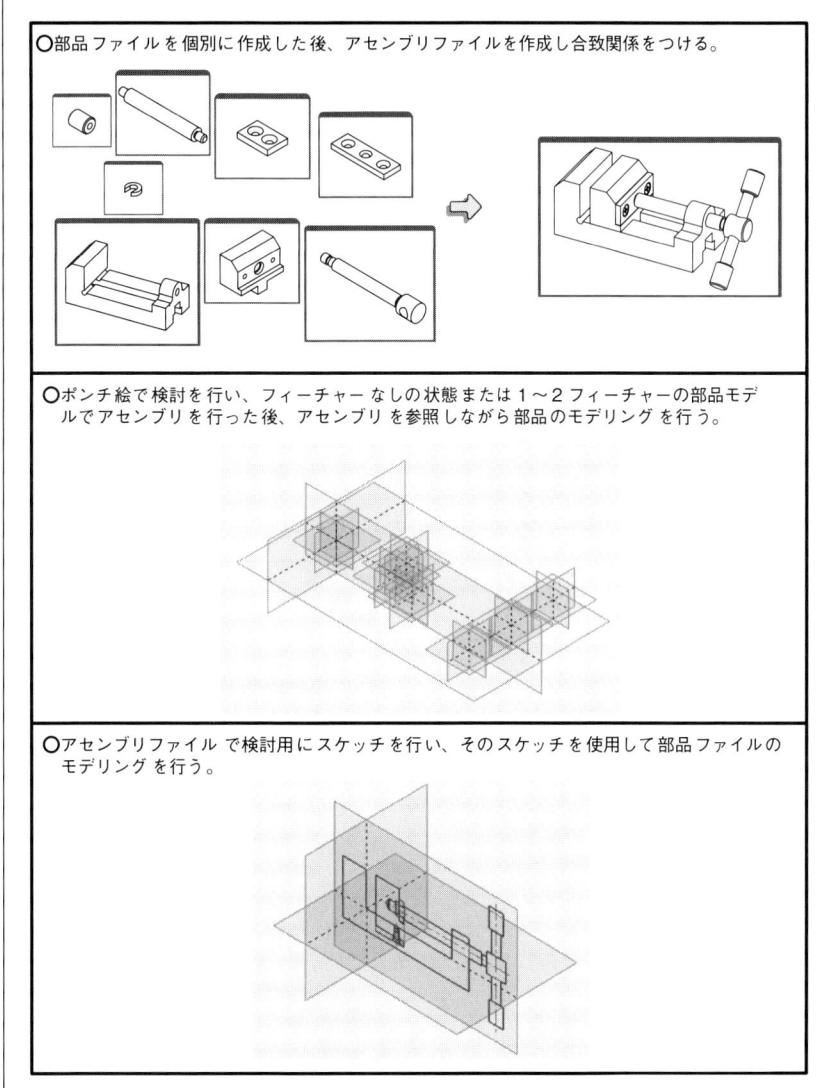

図7.22 アセンブリの方法について

強度の計算やCAEをいつの段階で，どのようなモデルを使用して行うか考えてみるとよい。

また，SolidWorks自体には公差解析の機能はないが，6章で説明した公差をモデリングの際に寸法に設定し，公差解析を行えるツールもある。

■ アセンブリの階層構造とデータの管理について

アセンブリを行う際，サブアセンブリを作成し階層構造をもたせてもよい（図7.23）。部品数が多くなるにつれてわかりにくくなるので，アセンブリごとにフォルダを作成するのも1つの方法である。ファイル名を「ME000-1」や「固定側本体」というように，どのような名前で管理するのかもあらかじめ決めておく必要がある。サーバーでの管理やデータのバックアップの取り決めなども重要な事柄である。

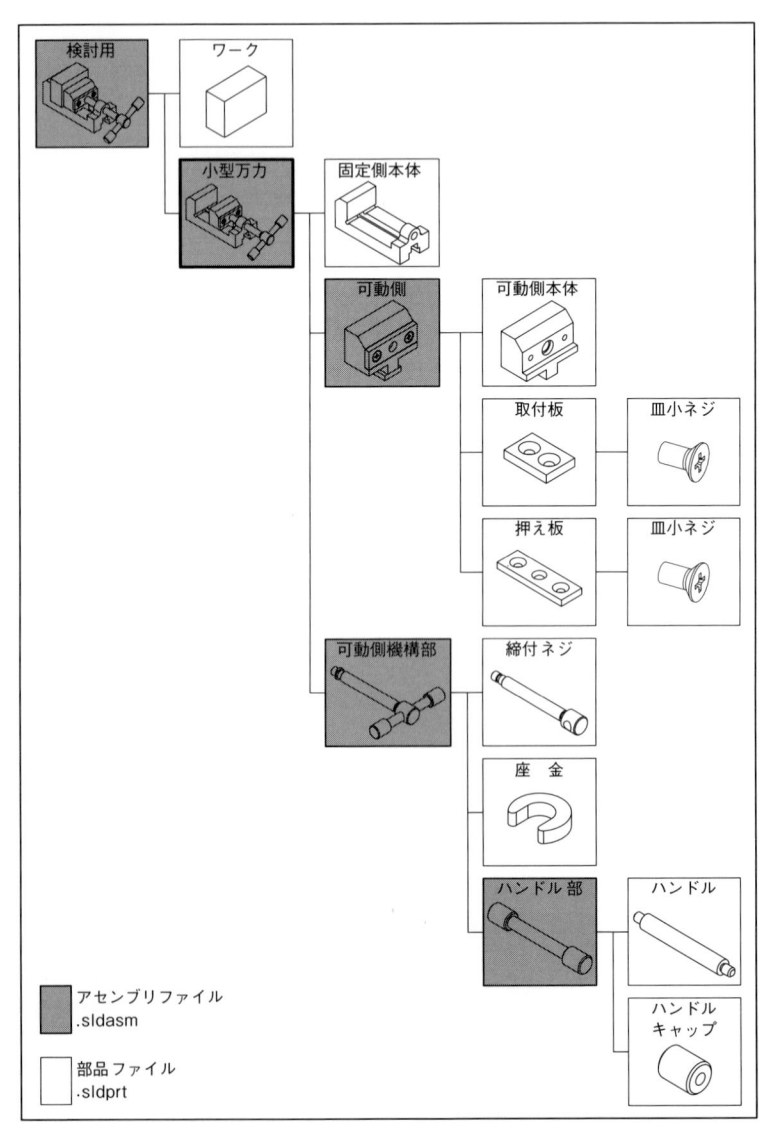

> Toolbox を使用している場合は，他のパソコンで開くとうまくデータが読み込まれない。これを回避するには，複数のパソコン間で同一の Toolbox を参照するようにするか，コピー指定保存で Toolbox のファイルを全て保存する必要がある。

図7.23 アセンブリファイルの階層構造の例

部品ファイルやアセンブリファイルの原点はあらかじめ決めておいた方がよい。部品ファイルでは、「移動/コピー」のコマンドを使用して、部品ファイル内で作成したモデルの移動は可能だが、FeatureManagerのところにボディ移動というフィーチャーが作成され、移動も形状生成履歴として残る。

この設計の原点（基準、基準平面）は、組立ての基準面、加工の基準、検査の基準とは異なり、モデリング（設計）をする上での原点のことである。またどのような順序で進めるか、修正や変更のしやすさも含め、モデリングやアセンブリを行うのがよい。

SolidWorksでは、ヒストリーベースかつパラメトリックモデラーであるため、原点やモデリングの手順をあらかじめ考慮して使用する必要がある。この煩わしさを避けるため、ノンヒストリーやノンパラメトリックという履歴やパラメータなしでモデリングを行うことが可能なCADソフトもある。

図面の3次元表示について

現在ISOでは、図面の3次元表示の標準化が進められている。3次元CADでモデリングを行い、その3次元モデルデータを使用してデジタル情報を一元化するという考えである。

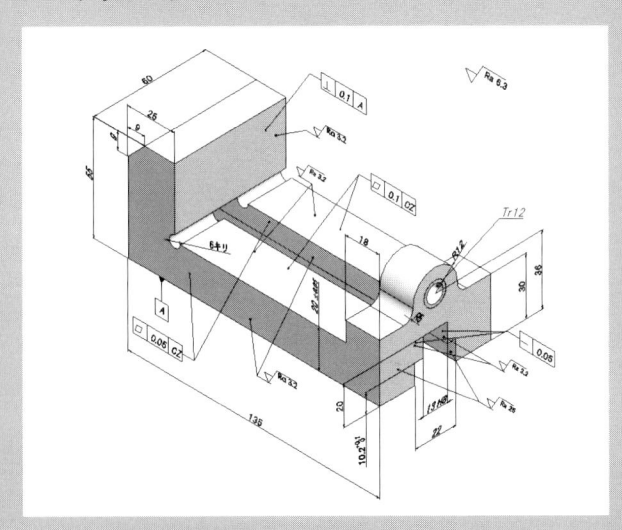

図面の3次元表示の例

練習問題

1 オンラインチュートリアル

多少難しいものもあるが上から順番に進めていくとわかりやすい。

○**アセンブリ合致**
右図のような自在継手のアセンブリの作成しながら以下について学習できる。

・アセンブリへの部品挿入
・合致条件の設定
　一致、同心円、平行、正接、スマート合致
・合致関係のテスト
・アセンブリの分解と分解解除

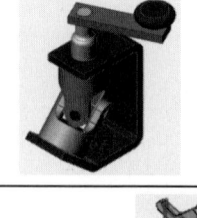

○**ブロック**
右図のような2つの機構のレイアウトスケッチを作成しながら以下について学習できる。

・レイアウトスケッチの作成
・スケッチのブロック化と編集
・複雑なスケッチの管理
・レイアウトスケッチを基に、アセンブリ構成部品を作成。

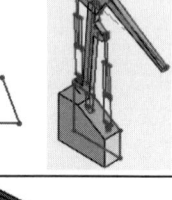

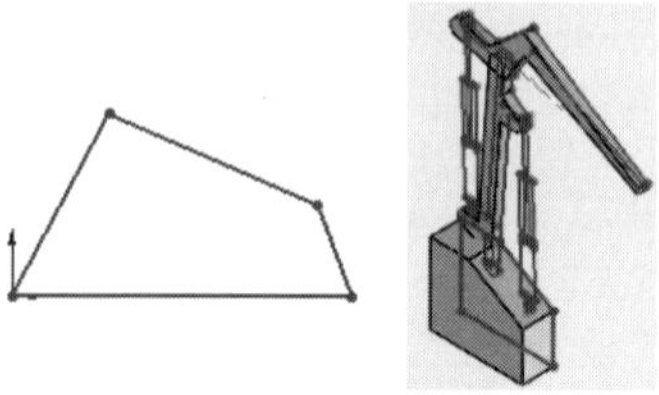

○**デザインの応用**
右図のようなヒンジのアセンブリを作成し、それに変更を加えて似たようなアセンブリを作成することで以下について学習できる。
・レイアウトスケッチの使用
・部品コンフィギュレーション作成のためのフィーチャー抑制
・アセンブリの参照関係に沿って新規部品を作成
・アセンブリの衝突検知

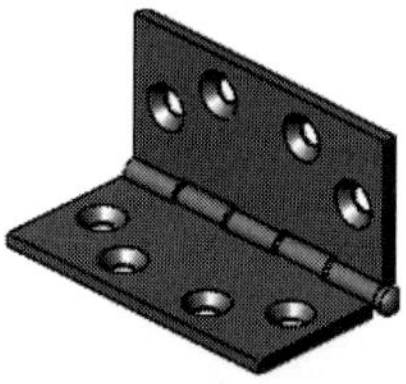

○**モールド設計**
右図のような受話器のモデルを使用してモールド金型を作成しながら以下について学習できる。

・モールド金型の基本
・使用コマンド：抜きこう配分析、シャットオフサーフェス、アンダーカット認識、パーティングサーフェス、抜きこう配、キャビコア分割、スケール、コア、パーティングライン

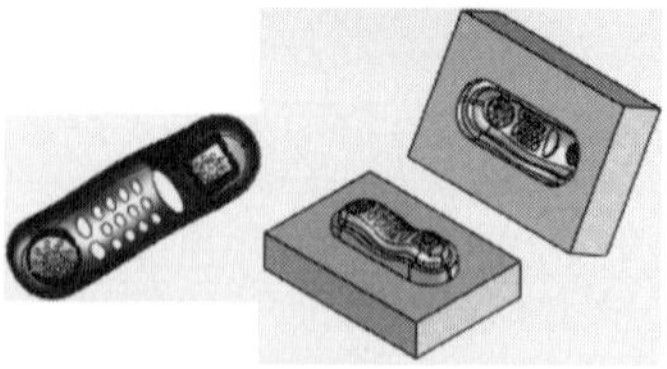

○**モールド製品設計 - 応用**
右図のマウスのような複数の構成部品をもつモールド製品の設計に関するテクニックについて学習できる。

・ベース部品 - ベース挿入
・部品の分割 - 分割
・マルチボディ - ボディ保存

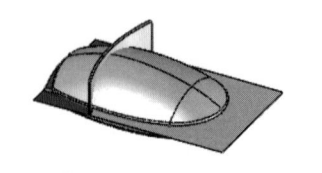

図7.24　図6.72　オンラインチュートリアル

この他には、以下のようなチュートリアルがある。解析のチュートリアルもあるのでチャレンジしてみよう。

・インポート/エクスポート　・AutoCAD と SolidWorks
・MoldflowXpress　・PDMWorks　・PhotoWorks　・COSMOSXpress
・SolidWorks Animator　・Design Checker　・SolidWorks API
・SolidWorks Utilities　・eDrawings　・FeatureWorks

練習問題

2 組立図の作成

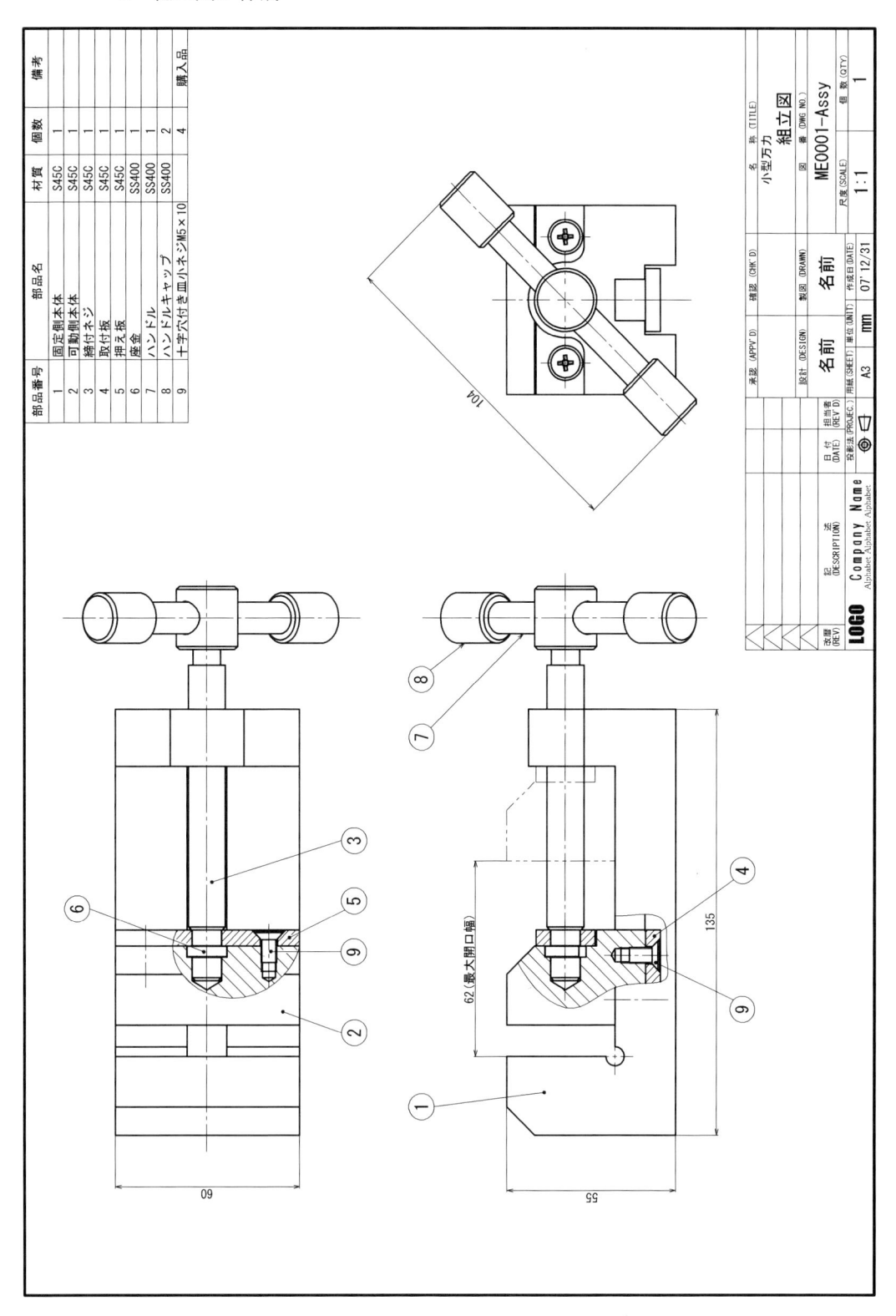

部品番号	部品名	材質	個数	備考
1	固定側本体	S45C	1	
2	可動側本体	S45C	1	
3	締付ネジ	S45C	1	
4	取付板	S45C	1	
5	押え板	S45C	1	
6	座金	SS400	1	
7	ハンドル	SS400	1	
8	ハンドルキャップ	SS400	2	
9	十字穴付き皿小ネジM5×10		4	購入品

名称(TITLE): 小型万力　組立図
図番(DWG NO.): ME0001-Assy
尺度(SCALE): 1:1
個数(QTY): 1
用紙(SHEET): A3
単位(UNIT): mm
作成日(DATE): 07' 12/31

3　調べる問題

インターネットや書籍等を利用して調べなさい。

(1) 作成したデータをどのように管理するかマニュアルを作成しなさい。
(2) 一般的な設計の流れについてフローチャートを描きなさい。
(3) 一般的な製品のライフサイクルに関するフローチャートを描きなさい。
(4) 作りたい製品に対して設計のフローチャートを描きなさい。（簡単な製品や世の中にあるものでよい）
(5) 作りたい製品に対して製品のライフサイクルに関するフローチャートを描きなさい。（簡単な製品や世の中にあるものでよい）
(6) 作りたい製品がどのような製造工程で作られるか調べなさい。（簡単な製品や世の中にあるものでよい）

4 用語に関する問題

SolidWorks のヘルプ，インターネット，書籍等を利用して，以下の用語について簡単に説明しなさい．

1	サブアセンブリ	
2	合致	
3	スマート合致	
4	ポンチ絵	
5	ワーク	
6	機構	
7	Toolbox	
8	サーバー	
9	階層構造	
10	ライトウェイト表示	
11	スマートファスナー	
12	コンフィギュレーション	
13	ボトムアップアセンブリ	
14	トップダウンアセンブリ	
15	インスタンス	
16	オブジェクト	
17	エンティティ	
18	キャビティ（主型）	
19	コア（中子）	

参 考 文 献

(1) 3次元デジタル化技術関連
- (1-1) 武藤一夫：トヨタのデジタル生産システムのすべて，技術評論社，2007
- (1-2) 久次昌彦：図解で分かる PLM システムの構築と導入，日本実業出版社，2007
- (1-3) ツールエンジニア編：CAD/CAM/CAE 活用ブック，でか版技能ブックス17，大河出版，2006
- (1-4) 日本設計工学会編：3次元 CAD 実践活用法，コロナ社，2006
- (1-5) 日経ものづくり，ローランドディーシー編：3Dものづくり製造業勝利への道，日経BP社，2004
- (1-6) ラピッドプロトタイピング技術の世界的動向，日本精密工学会誌，Vol.70, No.2, 2004
- (1-7) デジタルエンジニアリング特集，日本機械学会誌，Vol. 106, No. 1013, 2003年4月号
- (1-8) デジタルモックアップの落とし穴，日経 Digital Engineering，No.51, 2002年3月号
- (1-9) 雨宮好文監修，安田仁彦：図解メカトロニクス入門シリーズ，CAD/CAM/CAE 入門（改訂2版），オーム社，1999
- (1-10) N.P. スー（著），畑村洋太郎（訳）：設計の原理―創造的機械設計論，朝倉書店，1992
- (1-11) 人見勝人：生産システム工学（第2版），共立出版，1990

(2) 製品設計関連
- (2-1) Nam Pyo Shu（著），中尾政之他2名（訳）：公理的設計，複雑なシステムの単純化設計，森北出版，2004
- (2-2) 中尾政之：機械工学基礎コース，創造設計，丸善，2003
- (2-3) 山川宏ら編集：最適設計ハンドブック，朝倉書店，2003
- (2-4) Joseph E. Shigley and Charles R. Mischke： Mechanical Engineering Design (6th Ed), McGraw-Hill, 2001
- (2-5) 吉川弘之他6名編：岩波講座現代工学の基礎1，設計の方法論，岩波書店，2000
- (2-6) 稲城正高，米山猛，実際の設計研究会（監修）：設計者に必要な加工の知識，日刊工業新聞社，1999
- (2-7) Chris McMahon and Jimmie Browne： CADCAM, Principles, Practice and Manufacturing Management (2nd Ed.), Addison-Wesley, 1998
- (2-8) M.F.Ashby（著），金子純一，大塚正久（訳）：機械設計のための材料選定，内田老鶴圃，1997
- (2-9) G.I.N. Rozvany (Eds.): CISM Courses and Lectures No.374, Topology Optimization Structural Mechanics, Springer Wien NewYork, 1997
- (2-10) 畑村洋太郎（編），実際の設計研究会（著）：続・実際の設計―機械設計に必要な知識とデータ，日刊工業新聞社，1996
- (2-11) G. ブースロイド，ペーターデューハースト：生産コスト削減のための製品設計，日経BP社，1996

(2-12) Serope Kalpakjian : Manufacturing Engineering and Technology (3rd Ed.), Addison-Wesley, 1995

(2-13) 吉川弘之, 木村文彦：設計とCAD, 朝倉書店, 1993

(2-14) U. Kirsch : Structural Optimization, Fundamentals and Applications, Springer-Verlag, 1993

(2-15) 米山猛, 実際の設計研究会（監修）：機械設計の基礎知識, 日刊工業新聞社, 1993

(2-16) Jasbir S. Arora : Introduction to Optimum Design, McGraw-Hill, 1989

(2-17) 畑村洋太郎：実際の設計, 機械設計の考え方と方法, 日刊工業新聞社, 1988

(2-18) G. Pahl and W. Beitz : Engineering Design, A Systematic Approach, Springer-Verlag, 1988

(2-19) E. Raul Degarmo, J. Temple Black and Ronald A. Kohser : Materials and Process in Manufacturing (7th Ed.), Prentice Hall, 1984

(2-20) G.V. Reklaitis, A. Ravindran and K. M. Ragsdell : Engineering Optimizaiton, Methods and Applications, John Wiley and Sons, 1983

(2-21) 沖野教郎：自動設計の方法論, 養賢堂, 1982

(3) 3次元モデリング関連

(3-1) 牛山直樹：よくわかる3次元CADシステムSolidWorks入門, 日刊工業新聞社, 2007

(3-2) 岸佐年監修, 栗山弘, 伊達政秀：3次元CAD完全マスター, 図解Solidworks実習, 森北出版, 2007

(3-3) 筒井真作, 西川誠一：初歩から学ぶ3次元CAD活用設計再入門, 日刊工業新聞社, 2007

(3-4) Mechnical Design Technology 2007-2008, CAD&CGマガジン, エクスナレッジ, 2007

(3-5) Mechnical Design Technology 2006-2007, CAD&CGマガジン, エクスナレッジ, 2006

(3-6) 長坂保美：3次元CAD SolidWorks入門, 実業出版, 2006

(3-7) David Murray：Inside SolidWorks (4th Edition), Thomson Delmar Learning, 2006

(3-8) SolidWorks 2006, オンラインヘルプ, オンラインチュートリアル

(3-9) 岸佐年, 賀勢晋司他4名：3次元CADから学ぶ 機械設計入門 ～ 初心者のための設計7つ道具, 森北出版, 2005

(3-10) 上智大学設計製図教育委員会編：Pro/Engineer Wildfire 2.0による実践3次元CADテキスト, 日刊工業新聞社, 2005

(3-11) プラーナー：SolidWorks基本操作解説書, プラーナー, 2005

(3-12) Mechnical Design Technology 2005-2006, CAD&CGマガジン, エクスナレッジ, 2005

(3-13) David C. Planchard and Marie P. Planchard : Engineering Design with SolidWorks 2005, Schroff Development Corporation, 2005

(3-14) Sham Tickoo: SolidWorks 2006 for Designers, CADCIM Technologies, 2005

(3-15) SolidWorks 2005 トレーニングマニュアル Essentials: Parts and Assemblies, ソリッドワークス・ジャパン

(3-16) SolidWorks 2005 トレーニングマニュアル Essentials: Drawings, ソリッドワークス・ジャパン

(3-17) SolidWorks 2005 トレーニングマニュアル Advanced Part Modeling，ソリッドワークス・ジャパン
(3-18) SolidWorks 2005 トレーニングマニュアル Advanced Assembly Modeling，ソリッドワークス・ジャパン
(3-19) 飯田吉秋：思いのままモノづくり 3D CAD マガジン徹底解説，オーム社，2004
(3-20) Mechnical Design Technology，CAD&CG マガジン 2004 年 5 月増刊号，エクスナレッジ
(3-21) 栗山弘，水本幸孝：CAD 実務キャリア－3 次元 CAD トレーサ認定試験 SolidWorks 部門 作図解説書，プラーナー，2003
(3-22) 正しい設計のススメ，CAD&CG マガジン 2002 年 5 月増刊号，エクスナレッジ
(3-23) 機械設計 2002 年 11 月別冊，CAD 攻略マガジン，第 14 号
(3-24) Jan Haudrum：Creating the Basic for Process Selection in the Design Stage, Ph.D Thesis, IPS TUD, Denmark Technical University, 1994

(4) 製図関連

(4-1) JIS ハンドブック 59 製図 2007，日本規格協会
(4-2) 永島滋雄：図解入門，現場で役立つ機械製図の実務と心得，秀和システム，2007
(4-3) David A. Madesen, David P.Madsen and J. Lee Turpin：Engineering Drawing and Design (Fourth Edition)，Thomson Delmar Learning, 2007
(4-4) 山田学：図面ってどない描くねん！，日刊工業新聞社，2007
(4-5) 山田学：図面ってどない描くねん！ LEVEL2，日刊工業新聞社，2007
(4-6) 桑田浩志，中里為成：図面の新しい見方・読み方（改訂 2 版），日本規格協会，2006
(4-7) 塚田忠夫，小泉忠由：機械設計・製図の基礎，数理工学社，2006
(4-8) 堀幸夫，富家知道他 3 名：新編 JIS 機械製図（第 4 版），森北出版，2006
(4-9) 服部延春：機械製図―理論と実際（第 24 版），工学図書，2006
(4-10) 山田学，一色桂：CAD ってどない使うねん，日刊工業新聞社，2006
(4-11) David C. Planchard and Marie P. Planchard：Drawing and Detailing with SolidWorks 2006, Schroff Development Corporation, 2006
(4-12) 高橋眞太郎，三宅閏博他 2 名：見方・かき方機械図面，オーム社，2005
(4-13) 大西清：JIS にもとづく機械製作図集（第 5 版），理工学社，2004
(4-14) 林洋次他 11 名：基礎シリーズ，最新機械製図，実教出版，2003
(4-15) 大西清：JIS にもとづく機械設計製図便覧（第 10 版），理工学社，2001
(4-16) 中里為成：機械製図のおはなし「改訂版」，日本規格協会，2000

索　引

〈ア　行〉

アセンブリ編集・・・・・・・・・・・・・185
穴ウィザード・・・・・・・・・・・71, 72
穴テーブル・・・・・・・・・・・・・・・・129
穴フィーチャー・・・・・・・・・・・・・71
暗黙知・・・・・・・・・・・・・・・・・・・・・14
位相要素情報・・・・・・・・・・・・・・20
一品一葉・・・・・・・・・・・・・・・・・・96
上の寸法許容差・・・・・・・・・・・144
薄板積層法・・・・・・・・・・・・・・・・・5
薄板フィーチャー・・・・・・・・・・62
エンティティーのオフセット・・・・43
エンティティーのトリム・・・・・・43
エンティティーの変換・・・・・・・・43
エンティティーのミラー・・・・・・43
オクトリー・・・・・・・・・・・・・・・・18
押し出しカット・・・・・・・・・・・・31
押し出しサーフェス・・・・・・・・・31
押し出しフィーチャー・・・・・・・57
押し出しボス・・・・・・・・・・・・・・30
おねじ・・・・・・・・・・・・・・・・・・・171
親子関係・・・・・・・・・・・・・・・・・・63

〈カ　行〉

階層構造・・・・・・・・・・・・・・・・・206
回転図示断面図・・・・・・・・・・・113
回転投影図・・・・・・・・・・・・・・・111
回転フィーチャー・・・・・・・・・・68
回転ボス・・・・・・・・・・・・・・・・・・30
概念設計・・・・・・・・・・・・・・・・・・12
角度合致・・・・・・・・・・・・・・・・・189
角度（の）寸法・・・・・・・・・・・122
片側断面図・・・・・・・・・・・・・・・113

括弧寸法・・・・・・・・・・・・・・・・・129
合　致・・・・・・・・・・・・・・・・・・・187
合致（の）状態・・・・・・・・・・・188
カムフォロワー合致・・・・・・・・190
下面図・・・・・・・・・・・・・・・・・・・107
環境インパクト・・・・・・・・・・・・12
環境負荷・・・・・・・・・・・・・・・・・・・3
完全定義・・・・・・・・・・・・・・・・・・48
ギア合致・・・・・・・・・・・・・・・・・190
機械要素・・・・・・・・・・・・・・・・・168
幾何公差・・・・・・・・・・・・143, 158
幾何拘束・・・・・・・・・・・・・21, 44
基準寸法・・・・・・・・・・・・・・・・・144
基準面・・・・・・・・・・・・・・・・・・・121
機能寸法・・・・・・・・・・・・・・・・・121
協調設計・・・・・・・・・・・・・・・・・・・4
共通データム・・・・・・・・・・・・・162
局部投影図・・・・・・・・・・・・・・・111
許容限界寸法・・・・・・・・・・・・・144
距離合致・・・・・・・・・・・・・・・・・189
クイックスナップ・・・・・・・・・・43
具体化設計・・・・・・・・・・・・・・・・12
駆動寸法・・・・・・・・・・・・・・・・・・48
区分記号・・・・・・・・・・・・・・・・・・98
組立図・・・・・・・・・・・・・・・96, 191
形式知・・・・・・・・・・・・・・・・・・・・14
原　点・・・・・・・・・・・・・・・・・・・・29
公　差・・・・・・・・・・・・・・・・・・・143
公差付き形体・・・・・・・・・・・・・160
構想設計・・・・・・・・・・・・・・・・・・12
国際標準化機構・・・・・・・・・・・・94
コンカレント・エンジニアリング
　・・・・・・・・・・・・・・・・・・・・・4, 16

〈サ　行〉

再帰性・・・・・・・・・・・・・・・・・・・・13
最小許容寸法・・・・・・・・・・・・・144
最大許容寸法・・・・・・・・・・・・・144
最大高さ・・・・・・・・・・・・・・・・・154
材料記号・・・・・・・・・・・・・・・・・142
作図ジオメトリ・・・・・・・・・・・・43
座標寸法記入法・・・・・・・・・・・129
サブアセンブリ・・・・・・・・・・・206
サーフェスモデル・・・・・・・・・・17
参考寸法・・・・・・・・・・・・・・・・・121
算術平均高さ・・・・・・・・・・・・・154
参照ジオメトリ・・・・・・・・・・・・65
3点円弧・・・・・・・・・・・・・・・・・・42
シェル・・・・・・・・・・・・・・・31, 80
シェルフィーチャー・・・・・・・・80
試作品・・・・・・・・・・・・・・・・・・・・・5
矢示法・・・・・・・・・・・・・・・・・・・109
視線に垂直・・・・・・・・・・・・・・・・26
下の寸法許容差・・・・・・・・・・・144
実寸法・・・・・・・・・・・・・・・・・・・144
自動寸法・・・・・・・・・・・・・・・・・・47
シートフォーマット・・・・・・・100
尺　度・・・・・・・・・・・・・・・・・・・・99
集合演算・・・・・・・・・・・・・・18, 19
従動寸法・・・・・・・・・・・・・・・・・・48
主投影図・・・・・・・・・・・・・・・・・106
仕　様・・・・・・・・・・・・・・・・・・・・12
照合番号・・・・・・・・・・・・・・・・・126
詳細設計・・・・・・・・・・・・・・・・・・12
詳細設定合致・・・・・・・・・・・・・190
正　面・・・・・・・・・・・・・・・・・・・・26
正面図・・・・・・・・・・・・・・・・・・・107

索　引

垂直合致 ････････････････ 189
スイープ ･･････････････････ 82
スイープフィーチャー ･･････ 82
スイープボス ････････････････ 30
スケッチ ･･････････････････ 33
スケッチ・フィーチャー ････ 21
スケッチ平面編集 ････････････ 38
スケッチ編集 ････････････････ 38
ストラクチャー表 ･･･････････ 3
スプライン ･･････････････････ 42
スマート合致 ････････････ 187
スマート寸法 ･･････････ 42, 45
図面の大きさ ････････････････ 99
図面の3次元表示 ･･････････ 207
寸法許容差 ･･････････････ 144
寸法公差 ･･･････････ 143, 144
寸法線 ･･････････････････ 122
寸法補助記号 ････････ 122, 130
寸法補助線 ･･････････････ 122
制限合致 ････････････････ 190
製作図 ･･･････････････････ 95
生産管理 ･････････････････ 12
生産設計 ･････････････････ 14
正接円弧 ･････････････････ 42
正接合致 ････････････････ 189
製造工法 ･････････････････ 13
製品ライフサイクル ･･････････ 3
整列断面図 ･･････････････ 114
設計意図 ･････････････････ 50
設計プロセス ･････････････ 12
全断面図 ････････････････ 112
線の種類 ････････････････ 103
線の太さ ････････････････ 103
想像線 ･･････････････････ 120
ソリッドモデル ･････････････ 18

〈タ　行〉

第一角法 ････････････････ 107
第三角法 ････････････････ 107
対称合致 ････････････････ 190
多品一葉 ･････････････････ 96

断面図 ･･････････････････ 111
中心線 ･･････････････････････ 33
中心点円弧 ･････････････････ 42
中心マーク ･････････････････ 98
重複定義 ･･････････････････ 48
直列寸法記入法 ････････････ 129
底　面 ･･･････････････････ 26
デザインフォーエックス ････ 14
デザイン・レビュー ･･････ 4, 7
デジタル・エンジニアリング 8, 16
デジタル・モックアップ ･････ 7
データム ････････････････ 162
データム系 ･･････････････ 162
データムターゲット ･･････ 162
テンプレートファイル ････ 100
投影図 ･･････････････････ 106
投影法 ･･････････････････ 106
等角投影 ･････････････････ 26
同心円合致 ･･････････････ 189

〈ナ　行〉

長さ（の）寸法 ･･････････ 122
日本工業規格 ････････････････ 94
抜き勾配 ･････････････････ 62
ねじの種類 ･･････････････ 170
ねじの図示 ･･････････････ 171

〈ハ　行〉

背　面 ･･･････････････････ 26
背面図 ･･････････････････ 107
幅合致 ･･････････････････ 190
はめあい ･････････････ 143, 148
パラメトリック機能 ････････ 21
パラメトリック設計 ････････ 21
光造形法 ･････････････････ 5
引出線 ･････････････ 122, 126
非機能寸法 ･･････････････ 121
左側面 ･･･････････････････ 26
左側面図 ････････････････ 107
標準合致 ････････････････ 188
表題欄 ･･････････････ 98, 101

表面性状 ･････････････ 143, 154
フィーチャー ･････････････ 21
フィーチャー編集 ･････････ 37
フィレット ･･･････ 31, 74, 75
フィレットフィーチャー ･･ 74
普通幾何公差 ････････････ 166
普通公差 ･････････････ 143, 146
部品構成表 ･･････････････････ 2
部品図 ････････････････ 96, 97
部品編集 ････････････････ 185
部分拡大図 ･･････････････ 110
部分断面図 ･･････････････ 113
部分投影図 ･･････････････ 110
プリミティブ形状 ･････････ 18
分解図 ･･････････････････ 191
粉末固着法 ･･･････････････ 5
粉末焼結法 ･･･････････････ 5
平行合致 ････････････････ 189
平　面 ･･･････････････････ 26
平面図 ･･････････････････ 107
並列寸法記入法 ･･････････ 129
ベースフィーチャー ･･････ 63
ボクセル ･････････････････ 18
補助投影図 ･･････････････ 110

〈マ　行〉

右側面 ･･･････････････････ 26
右側面図 ････････････････ 107
めねじ ･･････････････････ 171
面取り ･･････････････････ 31, 78
面取りフィーチャー ･･････ 78

〈ヤ　行〉

溶融物堆積法 ･････････････ 5

〈ラ　行〉

ラピッドプロトタイピング ･･ 5
輪郭線 ･･････････････････ 98
累進寸法 ･････････････････ 47
累進寸法記入法 ･･････････ 129
ロフト ･･････････････････ 30, 84

ロフトフィーチャー ············ 84

〈ワ 行〉

ワイヤフレームモデル ········ 17

〈英 名〉

BOM ························· 2
B-Reps ······················ 20
CAD ························ 12
CAM ························ 12
CAPP ······················· 12
CAT ························· 8
CRM ························· 5
CSG ························ 18
3D スケッチ ················· 43
E-BOM ······················ 2
ERP ························· 5
ISO ························· 94
JIS ························· 94
LCA ························· 3
M-BOM ····················· 2
MRP ························ 2
PDM ························ 2
PLM ························ 3
RP ·························· 5
SCM ························ 5
XVL ························ 4

〈著者紹介〉

宋　　相載（そうん　さんちぇ）
- 1959年　韓国生まれ
- 1992年　京都大学大学院工学研究科博士課程修了（精密工学専攻）
  同年　博士（工学）を取得
- 1992年　広島工業大学専任講師
- 1995年　ドイツ・アーヘン工科大学 (RWTH)，デンマーク技術大学 (DTU) に各 6 ヶ月間客員研究員として従事
- 2005年　広島工業大学教授，現在に至る
- 専門分野　生産システム工学ならびに生産管理工学，特にセル生産やショップフロア・コントロール，CAD/CAM，デジタル・エンジニアリングの設計・管理・運用法などの研究に従事

日高　慶明（ひだか よしあき）
- 1980年　広島生まれ
- 2002年　広島工業大学工学部経営工学科卒業
- 2002年　株式会社今西製作所入社
- 2006年　広島工業大学プロジェクト研究センター研究員，現在に至る
- 専門分野　機械設計と CAD/CAM/CAE の仕事に従事
  主に　Pro/Engineer, AutoCAD, SolidWorks, Rhinoceros, MICRO CADAM, Unigraphics, GOelan などのアプリケーションを使用

SolidWorks で始める
3 次元 CAD による機械設計と製図

2008 年 5 月 25 日　初版 1 刷発行
2020 年 2 月 25 日　初版 7 刷発行

検印廃止

著　者　宋　　相載　© 2008
　　　　日高　慶明

発行者　南條　光章

発行所　共立出版株式会社
　　　　〒112-0006　東京都文京区小日向 4 丁目 6 番 19 号
　　　　　　　　　　電話＝ 03-3947-2511（代表）
　　　　　　　　　　振替＝ 00110-2-57035
　　　　URL www.kyoritsu-pub.co.jp

一般社団法人
自然科学書協会
会員

印刷：啓文堂／製本：協栄製本
NDC 531.9/Printed in Japan

ISBN 978-4-320-08160-4

JCOPY ＜出版者著作権管理機構委託出版物＞
本書の無断複製は著作権法上での例外を除き禁じられています．複製される場合は，そのつど事前に，出版者著作権管理機構（ＴＥＬ：03-5244-5088，ＦＡＸ：03-5244-5089，e-mail：info@jcopy.or.jp）の許諾を得てください．

JIS対応 機械設計ハンドブック

武田信之 [著] 武田工学技術士事務所所長・工博
鎌田 実 [監修] 東京大学大学院教授・工博

◆ 主要目次 ◆

- 第1章 JISの閲覧,単位,数学
- 第2章 材料／第3章 材料力学
- 第4章 機械力学／第5章 機械製図
- 第6章 機械要素／第7章 熱工学
- 第8章 流体力学／第9章 電気

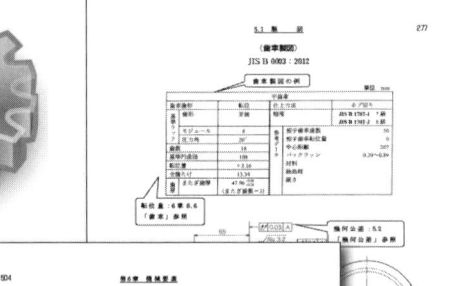

ネット（JISC）活用！
JIS規格に基づく機械設計!!

- ●機械設計を行う上で必須となる機械工学の要項と基本式を簡潔にまとめ,併せて設計に関連する「**JIS規格の主要部分**」をもれなく収録したハンドブック。
- ●これを参考に,読者はJISの全容をインターネットにより捉えることができる。
- ●JISの内容が理解できるよう基礎知識を簡潔にまとめ,読者とJIS規格の橋渡しをできるよう意図した。
- ●本書の随所には,筆者の経験に基づいた「**設計のポイント**」を挿入。章末にはJIS規格と関連づけた実際に即した「**設計例**」を掲げた。
- ●掲載したJIS規格には,内容をより理解できるように「**吹き出し**」による補足説明を加えた。

共立出版

レイアウト見本

A5判・ソフト上製・752頁
定価（本体9,000円＋税）
※価格は変更される場合がございます※

http://www.kyoritsu-pub.co.jp/